智能管理研究方法

——基于机器学习和大语言模型

主编 胡 楠 张 婷 王昊楠

西安交通大学出版社
XI'AN JIAOTONG UNIVERSITY PRESS

图书在版编目(CIP)数据

智能管理研究方法 ：基于机器学习和大语言模型 / 胡楠，张婷，王昊楠主编. -- 西安 ：西安交通大学出版社，2025.6. -- ISBN 978-7-5693-4082-2

Ⅰ. TP181-3；TP391-3

中国国家版本馆 CIP 数据核字第 2025PR6209 号

书　　名　智能管理研究方法——基于机器学习和大语言模型
ZHINENG GUANLI YANJIU FANGFA——JIYU JIQI XUEXI HE DAYUYAN MOXING

主　　编　胡　楠　张　婷　王昊楠

责任编辑　魏照民

责任校对　郭　剑

装帧设计　伍　胜

出版发行　西安交通大学出版社
（西安市兴庆南路 1 号　邮政编码 710048）

网　　址　http://www.xjtupress.com

电　　话　(029)82668357　82667874(市场营销中心)
(029)82668315(总编办)

传　　真　(029)82668280

印　　刷　陕西天意印务有限责任公司

开　　本　787mm×1092mm　1/16　**印张**　18.5　**字数**　462 千字

版次印次　2025 年 6 月第 1 版　2025 年 6 月第 1 次印刷

书　　号　ISBN 978-7-5693-4082-2

定　　价　49.90 元

如发现印装质量问题，请与本社市场营销中心联系。

订购热线：(029)82665248　(029)82667874

投稿热线：(029)82668133

读者信箱：8987899804@qq.com

前　言

随着信息技术的飞速发展，人工智能(artificial intelligence，AI)已从技术概念演进为驱动社会变革的核心引擎。在管理研究领域，AI 正通过范式重构的方式重塑复杂问题的分析框架与解决路径。作为 AI 的关键分支，自然语言处理(natural language processing，NLP)凭借其语义解析与生成能力，为管理研究提供了前所未有的数据洞察与决策支持。特别是机器学习与大语言模型(large language model，LLM)技术的突破性进展，使得 NLP 在管理研究中的应用场景从传统的文本分析扩展到智能决策、风险预测等纵深领域。在此背景下，培养兼具 AI 技术素养、财经文本挖掘能力与智能管理研究思维的复合型人才，已成为高等教育亟待解决的战略课题。

为响应这一时代需求，我们编纂了《智能管理研究方法——基于机器学习和大语言模型》教材。本书系统阐述了自然语言处理、机器学习与 AI 大语言模型的原理及其在管理领域中的典型应用，包括自然语言处理基础(第 1—3 章)、智能管理研究方法与实战(第 4—5 章)和 AI 大语言模型(第 6—7 章)三个篇章。本书在详细阐述智能管理研究基本理论和方法的基础上，重点介绍智能管理研究中的数据分析思维，并通过丰富的实战案例、翔实的代码解析，全面覆盖机器学习、人工智能方法与大语言模型在文本预处理、指标测度、大语言模型应用等关键领域的应用。本书的知识结构体系由浅入深，强化学生在自然语言处理、人工智能及大语言模型方面的数据感知与分析能力，旨在培养人工智能时代下具备智能管理研究能力的复合型人才，适合于会计学、财务管理、金融学、工商管理等经管类本科生和研究生教学。

本教材知识体系设计具有以下显著特征：

1. 在学术思想上，聚焦经管领域问题、重视理论与实践的深度融合

传统的管理研究教材往往侧重于理论知识的传授，缺乏与实践的紧密结合。本书力求打破这一局限，通过引入大量经管领域实战内容，提供从数据采集到结果分析的端到端的案例，以充分还原智能管理研究的学术应用场景。这是与以往教材相比最显著的亮点。读者在分析案例的过程中，能够建立对智能管理研究方法和学术应用的立体化认识，从而避免书面知识与实操脱节的问题。本书旨在培养学生的实战能力，确保他们能够在实际研究中灵活运用所学知识。

2. 在内容范围上，突出管理学、人工智能与大语言模型的交叉特色

本书是一部融合管理学、机器学习与大语言模型技术的交叉学科教材。除了详细介绍自然语言处理、机器学习及大语言模型的基础理论外，本书还结合课程讲授与实战操作，每一章节均包含丰富的原始数据和详细的代码实现步骤。通过引导学生使用 Python 等编程工具，本书旨在培养管理学学子在智能管理研究中的跨学科思维。同时，本书通过逻辑严密的案例，提高学生运用机器学习与大语言模型技术进行文本分析、指标构建及结果应用的实操能力。

3. 在结构体系上，强调基础知识与前沿动态的融合贯通

随着新兴技术的不断涌现，智能管理研究领域也在不断更新迭代。本书在介绍传统管理研究方法的基础上，重点关注了最新前沿技术对智能管理研究的影响。特别是在大语言模型篇中，本书深入探讨了 GPT 等前沿大语言模型在智能管理研究中的应用，并辩证地分析了人工智能技术带来的挑战，人工智能相关法规出台的必要性、利弊，以及基于人工智能法规的前沿研究领域与未来发展趋势。这种紧跟技术前沿并反映人本关怀的编写思路，使得本书具有较强的前瞻性和实用性。

4. 在写作特点上，注重逻辑清晰、循序渐进与归纳总结

本书在写作上注重逻辑性和条理性，通过逐步展开对知识点的讲解和代码的解析，使读者能够循序渐进地掌握智能管理研究的方法和技术。同时，本书在每一章节的结尾部分都附有小结，对涉及的知识点和代码进行归纳和提炼。这种写作方式不仅便于读者迅速总结所学内容，还能巩固他们对相关知识点的理解。此外，本书还提供了丰富的参考文献和扩展阅读资源，为读者提供了进一步学习和研究的路径。

本书各章最后附有习题，读者可通过封底“学习卡”获取密码，进行练习和测试。本书还附有实战案例配套的数据资源和完整代码文件，读者可访问 https://ai.wingodata.com **进行注册，注册后通过封底“学习卡”获取密码进入。**

在本书的编写过程中，我们遵循系统化理念，在明确总体目标的前提下，分工明确、紧密配合，经过多次研讨与完善，最终的成稿是全体编写人员集体智慧的结晶。本书由胡楠、张婷和王昊楠主编，编委成员包括方瑞瑞、薛付婧、吴兴颖、马妍、贾印龙、陈丹、梁鹏、段巍、邱芳娟、贾舒扬、陈芷怡、薛星楠和杨旭。每章的具体编写分工如下：第 1 章由胡楠和方瑞瑞编写；第 2 章由王昊楠、薛付婧、吴兴颖和马妍编写；第 3 章由贾印龙和陈丹编写；第 4 章由胡楠、张婷、梁鹏和段巍编写；第 5 章由薛付婧、王昊楠、邱芳娟、贾舒扬、陈芷怡和薛星楠编写；第 6 章由胡楠、杨旭和马妍编写；第 7 章由胡楠和薛星楠编写。

本书在编写过程中参考了大量国内外文献，在此对文献作者致以敬意。此外，本书得以顺利出版还要感谢西安交通大学出版社的编辑。限于研究动态的快速演进，书中部分技术细节可能存在讨论空间，恳请学界同仁和广大读者批评指正，以便修订和日臻完善。

编者谨识

2025 **年** 4 **月** 10 **日**

目　录

第1章　导　论

本章导读

本章首先介绍了人工智能(AI)和自然语言处理(NLP)的基本概念、发展历程及其应用场景。随后,本章详细探讨了NLP在管理研究中的关键步骤,包括文本数据处理、语言模型构建、文本指标构建和应用。最后,本章介绍了NLP在不同利益相关者视角下的实际应用,讨论了大语言模型和人工智能在管理领域中的应用前景以及面临的挑战。本章节的主要学习目标点包括:

- 了解AI和NLP的基本概念、特征及其应用场景。
- 理解结构化和非结构化数据的区别,了解管理领域的文本数据类型。
- 掌握NLP在管理领域中的应用步骤,包括文本预处理、语言模型构建方法、指标构建与应用。
- 了解NLP在企业管理、股东决策、审计与监管等场景下的实际应用。
- 分析AI与NLP在管理领域中的应用前景、挑战以及应对策略。

1.1　人工智能概述

1.1.1　概念

近年来,人工智能(AI)呈现爆发式发展,已成为横跨产业界与学术界的核心研究领域。作为计算机科学的重要分支,AI技术致力于开发具有类人智能特征的系统,其应用场景从基础数据处理延伸至复杂决策支持,现已成为该学科最具发展潜力的方向之一。

人工智能的概念演进可追溯至20世纪50年代,计算机科学家约翰·麦卡锡(John McCarthy)将其定义为“制造智能机器的科学与工程”。这一定义凸显了AI的双重属性:既是技术工具,又是通过科学方法论赋予机器智能的研究领域。早期AI系统主要基于预设规则模拟人类推理能力,在棋类博弈、逻辑证明等封闭场景中取得突破,但缺乏应对开放环境的能力。

21世纪以来,随着三大关键要素——海量数据、算力提升与机器学习算法的协同突破,AI范式发生了根本性转变。现代AI更强调数据驱动的智能系统特征,其核心能力包括环境感知与数据解析、知识推理与决策生成、自主行动执行。

欧盟委员会的权威定义进一步指出，现代 AI 系统通过持续学习和环境交互实现行为优化，这种动态演进特性使其在医疗诊断、金融建模、自动驾驶等复杂领域展现出超越人类专家的潜力。

从技术发展轨迹来看，AI 已实现从规则驱动到数据驱动、从静态系统到自适应系统的范式迁移。深度学习、自然语言处理等突破性技术不仅使 AI 能够模拟人类智能，更在特定领域形成“超人类”表现，这种跨越式发展正持续重塑各行业的运作范式。

1.1.2 应用

AI 凭借其强大的技术能力，正在全球范围内驱动产业变革。其核心能力体系主要包含四大维度：预测推理、模式识别、智能优化和自动化增强。这些能力正在重塑金融、医疗、物流、制造等关键领域的运营范式，显著提升生产效能与决策质量。下文将结合具体应用场景展开分析。

1. 预测推理能力

作为 AI 的基础能力之一，预测推理通过深度挖掘历史数据中的潜在规律，实现对未来趋势的精准预判。金融证券领域典型应用包括：基于多维市场数据的量化分析模型，可生成股票价格波动预测，为投资组合优化提供数据支撑。在医疗诊断方面，通过整合患者电子病历、基因组学数据和临床研究文献，AI 系统能够预测疾病演进路径，辅助医生制定精准治疗方案。这种数据驱动的决策模式，特别适用于需要处理高维度复杂数据的应用场景。

2. 模式识别创新

现代 AI 的模式识别能力已突破传统边界，表现为以下三个演进方向。

(1)聚类分析。电商平台通过用户行为聚类，构建精细化客户画像，实现千人千面的营销策略。

(2)异常检测。金融风控系统利用实时交易流分析，可识别百万分之一概率的欺诈模式。

(3)生成创造。基于 Transformer 架构的生成式 AI，不仅能解析数据模式，更能创作符合人类审美标准的文本、图像及音乐作品。

3. 智能优化引擎

在复杂系统优化领域，AI 展现出超越传统算法的卓越性能。

(1)物流调度。融合实时交通数据、天气预测和成本约束的路径优化算法，可降低配送成本 15%～30%。

(2)能源管理。智能电网通过需求响应模型，实现发电—用电的动态平衡，提升能源利用率 20%以上。

(3)动态定价。航空收益管理系统通过机器学习持续优化票价策略,单个航线的年收益可提升8%~12%。

4. 自动化增强

AI赋能的智能自动化正在重构业务流程。

(1)文档处理。基于NLP的智能录入系统实现发票识别的准确率达99.3%,处理速度提升40倍。

(2)人才选拔。AI招聘助手通过语义分析匹配岗位JD(job description)与简历关键词,筛选效率提高15倍。

(3)仓储物流。AMR(autonomous mobile robot)配合视觉识别系统,可实现99.9%的分拣准确率和24小时不间断作业。

这种智能自动化转型不仅实现降本增效,更创造了人机协同的新型工作模式。

1.1.3 数据类型

人工智能技术的快速发展显著拓展了数据在决策支持与商业洞察中的应用范围。在各类企业信息系统与智能分析平台中,数据不仅是模型训练的核心基础,更是理解用户行为、优化业务流程与制定战略决策的关键资源。从实际应用来看,数据主要可分为两种基本形态:结构化数据和非结构化数据。二者在表现形式、处理方式和应用价值上各具特点。深入理解这两类数据的差异,是掌握人工智能系统运行机制的重要基础。

1. 结构化数据

结构化数据指具有预定义格式,通过规范化字段组织的信息体系,通常以二维表格或关系型数据库形式存储。其核心价值体现在与SQL(structured query language)数据库系统的天然兼容性,能够实现高效的数据查询与批量处理。

例如,企业的客户订单系统中通常记录着交易编号、时间、客户ID、产品类别、付款方式及成交金额等字段,这些信息不仅可用于构建销售预测模型,也有助于识别高价值客户群体,进行有针对性的营销策略设计。又如,一家物流公司的配送数据库记录着每笔订单的发货地、收货地、运输方式和时效信息,通过这些结构化字段,企业可以优化配送路径,提高准时交付率,甚至预测未来的运力需求。此外,金融机构在进行风险评估时,也会使用结构化数据如信用评分、还款历史、账户余额等,用于训练信贷审批模型或进行欺诈检测。

结构化数据的另一个重要特点是其在历史记录分析中的可追溯性。企业可以基于多年积累的结构化运营数据进行趋势识别和异常检测,为战略决策提供有力支持。正因其标准化程度高、处理成本低,结构化数据长期以来一直是商业智能系统的核心素材。

2. 非结构化数据

相比之下，非结构化数据没有固定字段或预设格式，其内容形式多样，往往以文本、音频、图像、视频等方式存在。这类数据虽不便于直接量化处理，但却蕴含着极其丰富的情境信息和行为线索。随着自然语言处理、计算机视觉和语音识别等技术的发展，非结构化数据正在成为理解用户、预测趋势和优化组织管理的重要资源。

在客户服务领域，企业每天都会收到大量聊天记录、电子邮件或在线评论，这些文本形式的非结构化数据揭示了用户真实的情绪与需求。分析这些内容，可以帮助企业发现服务短板、优化流程，甚至提前识别潜在危机。在人力资源管理中，员工满意度调查中开放式问题的回答，以及绩效面谈记录中的语音内容，也构成了重要的非结构化信息来源。通过对这些数据的挖掘，管理者能够更深入理解员工的真实想法，为构建积极的组织氛围提供参考。

此外，视觉信息的快速增长也让图像与视频成为非结构化数据中的重要组成部分。例如，零售企业通过监控视频分析顾客在商店内的行动轨迹，可以判断商品陈列是否合理；而品牌公关部门则可能通过社交媒体图像分析，评估公众对企业品牌活动的情感反应。更复杂的多模态数据还包含图像、语音与文本的混合表达，企业可以通过分析一场新品发布会的视频录制，综合判断产品展示、观众反馈与媒体评价之间的匹配度。

在实际应用中，结构化与非结构化数据并不是各自独立使用的。越来越多的智能系统正在尝试打通两者之间的壁垒，以实现更高层次的认知与预测。例如，一家银行在开展客户风险评估时，既会参考结构化的财务数据如账户余额与交易频率，也会分析客户打给客服的语音通话内容，判断其是否对产品持有消极态度。在人力资源分析中，员工的基本档案数据可以与其在公司内部平台上的发帖内容、会议发言语调等非结构化数据联合建模，用于预测人才流失风险。

结构化数据提供了决策的“框架”，而非结构化数据则提供了“细节”和“语境”。两类数据的融合分析，不仅提升了预测模型的准确性，也让人工智能系统更接近人类的理解方式。未来，谁能更有效地整合这两类数据，谁就更有可能建立起具有竞争优势的智能分析体系。

1.1.4 分析方法

在数据成为企业重要资产的今天，如何从数据中提取有意义的信息，成为管理者和分析人员面临的核心任务。在数据分析的实践中，有两种主流方法论逐渐形成互补：一种以假设和理论为出发点，即理论驱动方法；另一种则以数据本身为起点，借助算法自动提取规律，即机器学习驱动方法。两者代表了不同的思维路径，适用于不同类型的问题场景。本节将以真实背景中的管理与商业问题为基础，深入剖析这两种方法的特征与应用。

1. 理论驱动方法

理论驱动方法通常以已有的学术理论、管理框架或经验规则为出发点，研究者首先提出需要验证的假设，然后借助数据进行实证检验。这种方法强调因果推理与变量之间的机制解释，其优势在于模型结构清晰，结果容易为管理者所理解。它尤其适用于政策制定、市场结构分析和企业战略调整等问题。

【案例 1-1】2008年金融危机后的次级抵押贷款分析。2008年全球金融危机的爆发，引发了对次级抵押贷款市场的深入分析。经济学家提出了一个假设：宽松的贷款标准和对房价持续上涨的乐观预期是造成次贷危机的关键因素。通过分析历史贷款数据、房价波动和违约率，研究人员验证了这一假设，确认了次贷市场过度扩张是危机的根源。这一理论驱动的分析帮助政府和金融机构制定了更为严格的信贷政策，减少了未来类似金融危机的风险。这种分析路径清晰易懂，使得决策者能够直观理解复杂市场现象背后的因果关系。

【案例 1-2】星巴克定价策略调整。基于经济学中的价格弹性理论调整定价策略，星巴克作出假设，适度提高产品在高收入市场的价格能够保证不显著影响销量的同时提升整体利润。通过分析不同市场的销售数据，星巴克验证了这一假设，结果表明在高收入市场价格提升带来了更高的利润，而在价格敏感市场，销量有所下降。此理论驱动的分析帮助星巴克更精确地定位了全球不同市场的定价策略，提升了利润率，同时也避免了对价格敏感市场的负面影响。

理论驱动方法的优势在于其结果通常易于解释，能够帮助管理者明确理解业务决策背后的逻辑。然而，它的局限性在于依赖于研究者的假设和领域知识，难以处理高度复杂或数据量巨大的问题。

2. 机器学习驱动方法

机器学习驱动方法则不依赖于预设的假设，而是通过算法自动从数据中学习模式和规律，并基于这些模式做出预测或分类。这种方法的优势在于其强大的数据处理和预测能力，特别是在面对复杂、动态变化的环境时，机器学习可以通过不断更新的数据进行自我调整。然而，机器学习模型往往具有"黑箱"特性，难以解释其做出决策的具体原因，这使得管理者在某些情况下难以理解其决策逻辑。

【案例 1-3】Visa和Mastercard的欺诈检测系统。对于每天处理数十亿笔交易的全球支付公司Visa和Mastercard等公司来说，防止欺诈行为是其业务稳定的基石。该类公司往往依赖于机器学习模型来监控交易数据，识别潜在的欺诈行为。通过对历史交易数据的学习，机器学习系统能够实时识别异常模式并发出警报。尽管这些系统的预测准确性极高，但由于其内部决策机制复杂，用户和管理者往往无法理解系统如何做出某个具体的判断，形成了"黑箱"效应，管理者在处理误报时需要更加谨慎。

【案例 1-4】亚马逊的个性化推荐系统。亚马逊的成功在很大程度上得益于其强大的个性化推荐系统。该系统基于机器学习算法对用户的浏览和购买历史进行分析并自动生成个性化的产品推荐。尽管推荐效果显著提升了用户留存率和销售转化率，但系统的内部运作机制较为复杂，难以向用户解释为何某些产品会被推荐。对于亚马逊而言，这种“黑箱”问题带来了隐私和数据使用方面的挑战，企业在调整和优化算法时需要兼顾透明度和用户信任。

总体而言，理论驱动方法和机器学习驱动方法各有其优势和适用场景。理论驱动方法适用于基于领域知识的推理和假设验证，具有较高的可解释性和逻辑性，适合用于战略决策和政策制定。相对而言，机器学习驱动方法则更加依赖数据，通过自动学习发现规律，适合处理复杂的、动态变化的环境，但因其决策过程难以解释，存在一定的“黑箱”问题。在实际管理和商业应用中，企业往往需要结合两种方法，根据具体问题的复杂性和数据可用性来选择最优的解决方案。

1.2 自然语言处理概述

1.2.1 概念

自然语言处理(NLP)是人工智能的一个重要分支，旨在使计算机能够理解、解释和生成人类语言。NLP 的核心目标是通过计算机来模拟和处理人类语言的复杂性，这不仅包括词汇、句法等语言的基础结构，还涉及语义、语用以及上下文理解等更深层次的语言现象。在管理领域，NLP 被广泛应用于文本数据的分析和处理，帮助研究人员和从业者从大量的非结构化数据中提取有价值的信息。例如，通过分析企业的年报、新闻文章或社交媒体评论，NLP 技术可以揭示市场趋势、消费者行为模式和企业战略等关键信息，从而为决策提供有力支持。

1.2.2 发展历程

作为人工智能和计算语言学的重要分支，NLP 经历了数十年的发展，从最初的理论构想到如今的广泛应用，每个阶段都涌现出了代表性的人物和事件，并推动了这一技术领域的不断前进。

NLP 的起源可以追溯到 20 世纪 50 年代，计算机科学家艾伦·图灵(Alan Turing)提出了“图灵测试”，他认为，如果一台计算机能够在对话中成功欺骗一个人，使其相信自己在与另一位人类交谈，那么这台计算机就可以被认为具备了“智能”。这一思想奠定了人工智能和 NLP 的理论基础。随后，1957 年，诺姆·乔姆斯基(Noam Chomsky)在《句法结构》一书中提出了生成语法理论并引发了语言学和计算机科学结合的热潮，该理论为后来的语言处理技术提供了重要的理论支持。

20 世纪 60 年代和 70 年代,NLP 进入了早期探索阶段。1966 年,约瑟夫·魏岑鲍姆(Joseph Weizenbaum)开发了 ELIZA,这是一个早期的自然语言理解程序,能够模拟心理治疗师与患者的对话。ELIZA 虽然功能简单,但它展示了计算机与人类语言互动的潜力,引发了社会的广泛兴趣。与此同时,约翰·麦卡锡(John McCarthy)等人在 1970 年提出了语义网络(semantic networks)概念并将其用于表示知识结构。该概念的提出为后来基于规则的语言处理系统奠定了基础。

进入 20 世纪 80 年代,NLP 领域逐渐从基于规则的方法转向基于统计的方法。1983 年,IBM 的弗雷德·杰林(Fred Jelinek)等人开始研究基于统计模型的语音识别系统,这一研究方向引领了 NLP 的统计革命。随后,1988 年,贾里德·鲁宾(Jared Rubin)等人开发了首个大规模基于统计模型的机器翻译系统 Candide,这标志着 NLP 进入了一个新阶段,基于数据驱动的方法逐渐取代了早期的基于规则的方法。

20 世纪 90 年代是 NLP 快速发展的时期,随着互联网的兴起和计算能力的提升,NLP 技术在实际应用中得到了广泛推广。1997 年,Google 的联合创始人之一谢尔盖·布林(Sergey Brin)和拉里·佩奇(Larry Page)开发了 PageRank 算法,这一基于链接分析和文本分析的搜索引擎算法为现代搜索引擎奠定了基础。1999 年,斯坦福大学的克里斯·曼宁(Chris Manning)等人出版了 *Foundations of Statistical Natural Language Processing* 一书,系统地介绍了统计自然语言处理方法。该书为这一领域的研究者提供了重要的指导。

进入 21 世纪,NLP 领域迎来了深度学习的浪潮。2013 年,托马斯·米科洛夫(Tomas Mikolov)等人提出了 Word2Vec 模型,这是一个基于神经网络的词向量表示方法,能够有效捕捉词语之间的语义关系。该模型的提出极大地推动了 NLP 在词嵌入技术上的发展。2017 年,谷歌的研究团队提出了 Transformer 架构,这一架构大幅提高了序列到序列任务的处理能力,成为许多 NLP 任务的基础。同年,BERT(bidirectional encoder representations from transformers)模型的问世标志着预训练语言模型时代的到来,BERT 在多项 NLP 任务上取得了突破性成果,使得自然语言理解能力达到了一个新的高度。

近年来,生成式预训练模型(如 GPT 系列)进一步拓展了 NLP 的应用边界。这些模型通过海量数据的预训练和任务适配,展现了强大的语言生成和推理能力,从而推动了 NLP 从理解语言到生成语言的全面发展。与此同时,多模态学习也逐渐成为焦点,将文本与图像、语音等数据结合,为更复杂的应用场景提供了解决方案。

1.2.3 应用场景

随着 NLP 技术的快速发展,其应用已渗透到多个关键领域,并显著改变了人类与信息交互的方式。从语音助手到机器翻译,从情感分析到文本生成,NLP 技术不仅简化了日常生活中的语言处理任务,也在商业、金融、医疗等专业领域中发挥着重要作用。这些应用不仅展示了 NLP 技术的广度与深度,也凸显了其在推动行业创新和提升效率方面的巨大潜力。以下将详细介绍 NLP 的几个关键子领域及其应用场景。

1. 语音识别

语音识别是 NLP 的重要子领域,通过将人类的语音转换为文本,推动了人机交互的自然化发展。该技术广泛应用于语音助手(如苹果的 Siri 等)、语音输入法和语音控制系统中。这项技术通过将语音信号转化为可分析的文本来帮助用户与设备更自然地互动。

在商业应用中,语音识别被用于客户服务中心,通过语音自动应答系统(IVR)提供更高效的客户支持服务。例如,银行和电信公司通过语音识别技术自动处理客户查询,提高了服务效率并减少了客户等待时间。此外,在医疗领域,语音识别可以帮助医生快速记录病历,从而减少文书工作并提高诊断效率。

2. 语义分析

语义分析关注的是理解文本的深层含义,而不仅仅是字面意义。这一领域的技术应用于需要深入理解文本内容的场景,如法律文本分析、问答系统和知识图谱构建。在法律领域,语义分析可以自动解析合同和法规文本,提取关键信息,并帮助法律从业者更快速地找到与案件相关的法律条款。在企业管理中,语义分析技术被用来挖掘内部文档和报告中的有价值信息,支持企业决策。例如,大型企业可以通过语义分析技术分析员工的反馈以识别潜在的管理问题或改进空间。

3. 情感分析

情感分析是 NLP 的另一个重要应用领域,其主要用于识别和分析文本中的情感倾向。该技术广泛应用于社交媒体监测、品牌管理和市场研究中,通过分析用户生成的内容(如推文、评论等)帮助企业更深入地了解公众对品牌或产品的看法和情感倾向。例如,在市场营销中,企业可以使用情感分析工具来监控社交媒体上的品牌讨论,识别消费者的情感变化,从而调整营销策略或品牌传播方式。在金融领域,情感分析也被用于分析新闻和投资者评论进而对股票市场的波动进行预测。例如,当情感分析工具检测到投资者对某家公司持负面情绪时,这可能预示着该公司股价的下跌风险。

4. 机器翻译

机器翻译涉及将文本从一种语言自动翻译成另一种语言,这项技术已成为全球化背景下不可或缺的工具。经典的机器翻译系统包括谷歌翻译和百度翻译等,它们利用 NLP 技术,将复杂的语言转换过程自动化,帮助人们跨越语言障碍进行沟通。

在国际商务中,机器翻译使得跨境贸易和多语言客户支持成为可能,极大地降低了语言不通带来的沟通成本。例如,跨国公司在与全球客户沟通时,可以通过机器翻译提供多语言支持,提升客户体验。在出版和内容创作领域,机器翻译帮助内容创作者将其作品快速翻译成多种语言，扩大其全球影响力。

5. 信息检索

信息检索是NLP的另一核心应用领域，其主要涉及从大量文本数据中找到与用户查询相关的信息。搜索引擎是信息检索技术的典型应用，该技术通过分析用户输入的关键词，检索并排序相关的网页和文档，为用户提供最符合需求的信息。

信息检索技术被用于知识管理系统，通过快速查找和检索公司内部的文档和报告，支持员工获取所需的知识资源。例如，在法律事务所，律师可以使用信息检索工具从数以百万计的法律文献中快速找到相关案例和法律条款，支持法律研究和诉讼准备。在医疗领域，医生可以利用信息检索技术，从大量的医学研究和文献中找到最新的治疗方法和研究成果，提升医疗决策的科学性。

6. 文本生成

文本生成是指通过算法来自动生成自然语言文本。这一技术在新闻写作、内容生成、对话系统等多个场景中得到了广泛应用。文本生成技术通过学习大量的文本数据来生成语法正确、逻辑连贯的文章或对话。

在新闻媒体领域，文本生成技术被用来自动撰写财经新闻报道、体育赛事回顾等。例如，当股市闭市后，系统可以根据市场数据自动生成当天的市场分析报告。在内容营销中，文本生成可以帮助企业快速生成产品描述、广告文案等内容，节省人力成本。同时，在对话系统中，文本生成技术被用于创建更加自然和互动性强的聊天机器人，提升用户体验。

1.2.4 交叉学科属性

NLP作为一项旨在让计算机理解和生成自然语言的技术，具有高度的交叉学科属性。它融合了多个学科的理论和技术，以处理人类语言的复杂性和多样性。以下从语言学、计算机科学、数学、认知心理学和人类学五个角度探讨NLP的交叉学科属性。

1. 语言学：理论基础

语言学为NLP提供了处理人类语言的理论框架。语言学研究涵盖了语音学（研究语言声音）、句法学（研究句子结构）、语义学（研究语言的意义）等多个领域。这些领域为NLP的开发提供了重要指导。例如，语音识别技术需要依赖语音学的知识来处理音素与音节的转化，句法分析依赖于句法规则来解析句子结构，而语义学的研究则帮助系统理解上下文中的词义。在实际应用中，如语法分析、机器翻译和自动摘要生成等任务，语言学的理论是必不可少的。

2. 计算机科学:技术支持

NLP 的核心是通过计算机实现语言的自动处理,因此计算机科学为 NLP 提供了算法和技术工具等基础。机器学习、深度学习和数据处理等技术广泛应用于 NLP 的各个任务中。例如,机器翻译和自然语言生成任务使用深度学习算法来处理语言的生成和翻译问题,情感分析通过机器学习对文本中的情感倾向进行分类。计算机科学的技术进步使得 NLP 能够处理更复杂、更大规模的文本任务。

3. 数学:模型构建

数学是 NLP 技术实现的核心支柱,在语言模型的构建、数据分析和算法优化等方面发挥着至关重要的作用。例如,概率论广泛用于构建统计语言模型,如隐马尔可夫模型(HMM)和条件随机场(CRF),以捕捉语言中的概率分布与序列模式;图论则在依存句法分析中帮助揭示句子中词语间的结构关系;线性代数在词嵌入(word embeddings)的构建以及神经网络模型的设计中更是不可或缺。通过数学工具,NLP 能够更有效地提取语言中的复杂模式,并在此基础上优化算法性能。此外,数学为 NLP 的理论发展提供了坚实的基础,使得模型的设计和改进具有更强的科学性和可解释性。

4. 认知心理学:语言学习和处理过程

认知心理学研究人类如何学习、理解和使用语言,为 NLP 系统的设计提供了重要启示。理解人类的语言处理机制,特别是如何通过记忆和认知结构来处理语言,有助于实现对 NLP 模型的进一步优化。例如,NLP 中的注意力机制(attention mechanism)受到人类语言注意力分配过程的启发,用于在语言理解和生成任务中聚焦于最重要的信息。此外,认知心理学还通过探索人类语言学习的方式,指导 NLP 系统的开发,使其更具人性化和自然的互动体验。通过借鉴人类的语言学习特点,研究者可以设计出更加高效、自然的模型,进一步提升语言技术的用户体验。

5. 人类学:文化与语言的关系

语言不仅是交流工具,也是文化的载体。人类学通过研究语言与文化的关系,帮助 NLP 系统更好地理解不同文化背景下的语言使用方式。不同语言的文化特征,例如对时间、空间的表达差异,都会影响 NLP 系统在不同文化背景下的表现。例如,语言系统中针对未来时这一概念的表示差异会影响 NLP 系统在多语言翻译任务中的表现。理解文化差异有助于开发更加包容和灵活的 NLP 系统,确保其在多语言、多文化环境中的准确性和适应性。

总而言之,NLP 的交叉学科属性使其成为融合多种学科力量的技术体系。这些学科的交汇推动了 NLP 的发展,使其能够有效处理语言中的复杂性,并应用于多种现实领域。

1.2.5　自然语言的复杂性与 NLP 挑战

与数字、符号等形式化信息相比，人类自然语言具有极高的灵活性和表达自由度，这种特性虽然使语言在沟通中更具表现力，却也为计算处理带来了显著难度。自然语言处理技术需要在复杂语言现象中识别结构、理解含义并生成合理的回应，而这正是其面临的一大技术挑战。从根本上看，语言的歧义性、高维性和变异性是影响 NLP 系统性能的三个核心问题，它们不仅增加了算法设计的复杂度，也影响了模型在不同环境中的泛化能力。

1. 歧义性：词义、结构、语义

语言的歧义性是指单词、短语或句子在不同上下文中可能具有不同的含义。这种特性使得 NLP 系统在理解和生成语言时面临巨大挑战。

词义歧义：同一个词在不同的上下文中可能有不同的含义。例如，单词“杠杆”通常指物理学中的工具，用来撬动重物，例如“撬动地球的杠杆”。在财经领域，“杠杆”指的是在投资或公司运营中使用借贷资金放大回报的行为。例如，“公司杠杆率过高”意味着企业负债过重，相较于其自有资本，可能存在财务风险。假设我们在分析一篇关于市场风险的文章，如果 NLP 系统无法正确区分“杠杆”是指物理学概念还是金融领域的财务策略，可能会导致对风险来源或企业行为的错误解读，进而影响分析结果的准确性。

结构歧义：句子的结构也可能带来歧义。以句子“投资者担心信贷紧缩将影响企业盈利，导致股价下跌”为例，这里可以有两种解读。第一种解释是投资者的担忧直接导致了股价的下跌，即市场情绪直接影响了市场价格。第二种解释则更加复杂，投资者不仅担心企业盈利受到信贷紧缩的影响，还担心这种影响最终会导致股价下跌。为了减少这种歧义，NLP 分析可以利用依存句法分析来明确句子的结构，同时结合上下文分析和行业专业知识，以更准确地捕捉句子的真正含义。这种方法能够帮助分析师更好地理解市场动态，作出更为精确的决策。

语义歧义：语义上的模糊性也会对 NLP 系统带来挑战。例如，在财务分析中，术语“资本”可能指代财务资本（如资金），也可能指代人力资本（如员工的技能和经验）。如果 NLP 系统无法正确理解这些术语的语境含义，可能会影响对公司财务状况的评估。

2. 高维性：计算复杂度、稀疏性、纬度灾难

在数据科学中，维度是指描述数据特征的不同变量或属性。当数据集中包含大量维度时，我们称其为高维数据。文本数据的高维性主要体现在其丰富的词汇表和复杂的表示方法上，这使得文本数据与传统的数值型数据存在显著差异。

首先，文本数据的高维性主要源于其庞大的词汇量。在一个典型的文本数据集中，可能

包含成千上万的不同单词,每个单词都可以视为一个独立的维度。例如,在词袋模型中,每个文档被表示为一个词频向量,这个向量的每个元素代表某个特定单词在文档中出现的次数。如果词汇表有1000个单词,那么每个文档都被表示为一个1000维的向量。即使不考虑单词的顺序,这种表示方法也会导致高维性问题,因为维度数目与词汇表大小成正比。

此外,单词的出现顺序增加了高维性问题的复杂性。假设我们有一个包含w个单词的文档,每个单词都可以是词汇表中的任意一个,那么这个文档可能的组合数将达到词汇表大小的w次方。例如,一条包含30个单词的微博消息,如果使用一个包含1000个单词的词汇表,其可能的组合数将是1000^{30},这是一个极其庞大的数字,远超宇宙中的原子总数。这种高维性展示了文本数据的复杂性。

高维数据为NLP任务带来了许多挑战。首先,计算复杂度显著增加,传统的数据分析方法可能无法适用或需要大量的计算资源。其次,数据稀疏性问题频繁出现,因为在高维空间中,绝大多数维度的值可能为零。最后,随着维度的增加,数据点之间的距离变得难以计算和比较,导致许多算法的性能显著下降,这被称为维度灾难。

为了应对这些挑战,数据科学家和研究人员开发了多种技术来处理高维文本数据。例如,主成分分析(PCA)和线性判别分析(LDA)通过将高维数据投射到低维空间中来减少计算复杂度。词嵌入方法,如Word2Vec、GloVe和BERT,则将高维的词汇表表示为低维的稠密向量,并同时保留语义信息。此外,通过选择性地保留对任务最重要的特征,如TF-IDF技术选择频繁但具有区分能力的单词,也可以有效减少维度。

总之,文本数据的高维性是其与传统数据类型的一个显著区别,这种高维性带来了计算和分析上的挑战,但通过适当的降维和特征选择技术,我们可以有效地处理和利用这些高维文本数据。

1.3 管理领域中的自然语言处理步骤

1.3.1 财经文本数据类型

在资本市场中,信息作为关键资产,对投资者、公司管理层、审计师以及政府监管机构的决策具有重要影响。从股票交易到公司并购,再到企业战略规划,所有这些活动都依赖于对信息的精确分析和深入理解。随着NLP技术的迅猛发展,财经文本数据成了信息分析的宝贵资源。这些数据包括但不限于公司年报、新闻报道、社交媒体评论及分析师报告。这类非结构化数据中蕴含着关于公司策略、风险评估和管理层决策的丰富信息,为投资和经营决策提供了有力支持。

财经文本数据主要分为三类：企业强制性信息披露文本、企业自愿性披露文本和第三方机构信息披露文本。下面将简要介绍这些类别，并探讨它们在管理学和财务分析中的应用。

1. 企业强制性信息披露文本

根据法律和监管规定，企业需定期公开如年度报告、季度报告、管理层讨论与分析(management discussion and analysis，MD&A)、财务报表附注及IPO招股说明书等信息。这些文本通常标准化程度高，信息全面，便于进行结构化分析。利用NLP技术，研究者能够深入挖掘这些文本，评估企业的财务健康状况、管理层决策倾向和潜在风险。

例如，管理层讨论与分析部分不仅揭示了公司的当前财务状况，也披露了管理层对未来潜在风险和机遇的评估。借助NLP技术中的主题建模(如LDA模型)，研究者可以自动化地识别MD&A文本中的主导话题，并提取出管理层关注的焦点。以零售行业的MD&A报告为例，主题模型可能突显“供应链管理”“市场扩展”和“成本控制”为核心议题，这些分析有助于深入理解公司针对未来市场动向的策略布局。同时，通过词频分析可以量化管理层对特定战略或风险的关注程度，如频繁提及的“技术投资”可能指示着公司在数字化转型方面的策略重心。

2. 企业自愿性披露文本

自愿性披露文本是企业根据自身战略需要所披露的信息，相对于强制性信息披露文本，其内容更加灵活多样。常见的自愿性披露文本包括业绩说明会、内部控制评价报告、互动易与e互动平台上的交流记录，以及ESG(环境、社会和公司治理)报告等。虽然这类文本数据并非强制要求披露，但反映出公司管理层的态度和战略调整方向，具备较高的信息价值。例如，ESG报告中详细阐述了企业在环境保护、社会责任和公司治理方面的承诺。利用NLP中的实体识别技术，研究者可以从文本中自动提取出与环境目标相关的具体行动，如“减少碳排放”或“可再生能源投资”。通过对这些目标的追踪，研究者能够评估企业是否在逐步实现其ESG承诺。此外，文本中对社会责任的描述可以通过自动摘要技术进行概括，为投资者快速提供关键信息，从而支持投资决策。

3. 第三方机构信息披露

第三方机构信息披露指的是企业外部相关方提供的信息，通常包括审计报告、分析师报告、证监会问询函、社交媒体评论以及证券交易所互动平台上的讨论等。这类文本内容丰富且形式多样，通常涉及第三方对企业的独立评价或对市场环境的分析，对市场决策具有显著影响。

以分析师报告为例，这类报告不仅预测了企业的未来表现，还深入了解读市场环境。应用NLP技术的信息抽取方法，用户可以自动提取报告中的关键性能指标，如“预期收入增长率”和“资本支出计划”，为作出有关企业未来发展的战略决策提供依据。此外，利用预测性文本分析，用户还可以监测到分析师对同一企业在不同时间点的预测变化，这有助于评估市场对该企业信心的动态变化。

在社交媒体领域，通过对金融论坛等平台的讨论进行情感分析，可以评估公众情绪并识别出具有影响力的意见领袖或关键信息传播者。例如，当某企业的负面新闻在社交平台上快速传播时，通过网络分析技术可以追踪到首批传播这些信息的关键节点，这对企业或投资者在舆情管理和危机响应中是极其宝贵的信息。

这种对第三方机构披露文本的系统化分析，不仅增强了对市场动态的理解，还为企业决策和投资策略的制定提供了实时和全面的数据支持。

综上所述，利用 NLP 技术对各类财经文本进行系统化分析，不仅能揭示市场动态，还能为战略制定、风险预测和政策评估提供数据支持。本书第 2 章将详细介绍的管理领域中涉及的各类财经文本数据的种类、概念、内容和格式，以及其在学术研究中的应用场景。

1.3.2 文本数据处理框架

在管理领域使用 NLP 技术时，研究者面临的首要任务是如何将日常语言构成的文本信息转化为结构化的分析对象。文本信息的语义表达丰富、上下文依赖性强，而管理研究常常需要在大量文本中提取可量化的变量或语义信号。这要求我们在保持一定信息完整性的前提下，对文本进行合理的简化与抽象。

一般而言，文本数据的处理过程包括三个核心步骤：定义分析单位、规范化语言表达、构建数值化表征。这些步骤并非线性执行，而是一个动态调整的流程，需要根据研究目标、数据来源和应用模型灵活配置。

首先，定义文本的分析单元是整个流程的起点。在不同管理研究中，“文档”的定义可能差异显著：它可以是一整份年报、一段新闻、一条微博、一篇访谈，也可以是多个发言拼接成的复合文本。划分的原则应当服务于研究问题的粒度。例如，在研究高管风格时，研究者可能将一个季度内的电话会议记录作为分析单位；而在进行市场反应分析时，则可能将每日舆情动态合并为一份“日文档”。分析单位的设定不仅影响语义理解的完整性，也直接影响后续模型训练与变量构建的稳定性。

接下来，对文本内容进行清洗与语言规范化是提升处理效率与分析质量的关键。该阶段的主要任务包括去除无效格式元素（如页眉页脚、图表符号）、统一数字与日期格式、过滤掉无实际语义的停用词、对近义词或同义短语进行归并等。中文文本中还涉及一个特殊步骤——分词处理，由于中文书写缺乏明确的词边界，分词质量的优劣将直接影响语义建模的精度。例如，将“公司利润增长率”误切分为“公司/利润/增长/率”，会导致词组之间的结构关系丢失，进而影响“财务健康”类主题的识别效果。

最后，构建可供算法处理的文本表示是将语言转化为“数据”的关键一步。最早的文本表示方法如词袋模型(bag of words)和 TF-IDF,已经可以在不考虑词序的情况下帮助我们识别文本中的核心词汇,并用于相似性计算或分类建模。虽然这些方法忽略了语言的上下文依赖性,但在许多场景下仍具备良好的可解释性和建模效率。近年来,随着深度学习的发展,词嵌入模型如 Word2Vec、GloVe 以及上下文感知模型如 BERT 等,逐步增强了文本的语义表示能力,使 NLP 技术能在更复杂的管理情境中展开分析。关于这些高级方法的原理与实现,我们将在第 4 章详细讨论。

需要强调的是,文本简化的过程往往伴随着语义信息的“压缩”,即我们在追求结构化效率的同时,也不可避免地牺牲了一部分语言特有的微妙含义。因此,研究者应具备对文本预处理策略进行批判性选择的能力,明确哪些信息需要保留、哪些简化是可接受的。这种判断力将在后续的测度构建、回归建模和结果解释中体现出关键作用。

1.3.3　语言模型构建方法

语言模型的核心任务,是为文本赋予结构与意义。它通过提取文本中的词语特征、主题分布或语义向量,使文本信息能够参与到管理学中常见的回归建模、分类分析或因果推断等研究范式中。与结构化数据的“变量清晰”相比,文本是一种高度复杂的、上下文敏感的数据形态,因此,语言模型的选择与建构也需要基于具体研究问题的特征进行权衡。

在管理研究中,常用的语言建模方法可以大致划分为三类:统计型模型、语义型模型与深度语言模型。这三类方法在建模复杂度、所保留的语义信息和对管理变量的解释力方面呈现出逐级递进的关系。

第一类是统计型模型,如词袋模型与 TF-IDF。这类方法将文本视为词语的集合,关注词频或词权重的分布,忽略词序与语法结构。尽管表达能力有限,但其优点在于易于解释和操作,适用于构建如“积极词比率”“模糊措辞密度”“风险词使用频率”等直观的语言指标。许多早期的财务文本研究即采用此类方法,如衡量年报可读性、CEO 措辞模糊性等变量。

第二类是语义型模型,典型如 Word2Vec、GloVe 等词嵌入技术。它们通过学习词语之间的上下文共现关系,建立起低维度的语义向量表示。该类模型能够识别语义接近但表述不同的词汇组群,有助于构建更具概括力的文本特征,适用于识别公司战略方向、高管风格等需要捕捉语义延展的管理议题。在这类模型中,“创新”“突破”“变革”可能在语义空间中接近,从而被归入“战略积极性”相关变量中。

第三类是深度语言模型,代表如 BERT 等基于 Transformer 架构的预训练模型。这类模型能动态捕捉词义随上下文变化的特征,适合建模复杂的语境结构与语言风格,如高管语调、问答互动情绪、文本情感倾向等。它们的引入,使得管理研究者得以从句子层面乃至整段文本层面提取动态语义信号,例如衡量 CEO 在不同季度的表达一致性,或分析组织对外部风险事件的情绪反应。

需要特别指出的是，语言模型并非单纯的技术工具，而是研究设计的一部分。在管理研究中，文本变量常常服务于某种理论命题的检验，如战略模糊性对投资者预期的影响，或者高管情绪对企业风险承担的引导作用。因此，语言模型的使用应以变量建构为核心目标，而不是为了追求模型本身的复杂性。研究者需要结合理论逻辑，明确模型输出如何被转化为可解释的管理含义。

此外，不同建模方法之间并非彼此排斥。实际研究中，研究者常将统计型方法与深度模型结合使用，以实现可解释性与表现力的平衡。例如，先用 BERT 提取段落向量，再统计其与特定情绪词汇的相似度；或者利用 LDA 提取文档主题后，再基于 TF-IDF 计算每个主题的代表性关键词。这类混合策略越来越成为管理语言研究中的常见实践。

综上所述，语言模型的构建，是连接文本与管理变量的桥梁。理解不同模型的原理、能力与适用情境，将帮助研究者更有策略地设计研究方案，并提升实证分析的有效性。在本书的第 4 章中，我们将系统介绍这些模型的构建方法与在管理研究中的典型应用，帮助读者从“看懂文本”走向“用好文本”。

1.3.4　文本指标构建与应用

在管理学研究中，文本数据不仅是信息的重要载体，更是揭示企业行为、管理决策和市场动态的重要来源。在文本分析中，如何从文本中提取出可量化的指标，来描述和分析管理现象，是一个关键问题。文本指标的构建大致可以分为内容相关指标和内容无关指标两大类。这两类指标基于不同的理论基础，适用于不同的研究与实践场景。

1. 内容相关的指标

内容相关指标通过分析文本的语义和主题来直接反映管理现象或经济行为。这类指标依赖于 NLP 技术，利用文本中的词语分布、主题关联和上下文关系，揭示如管理层决策倾向、市场预期及企业战略等关键信息。例如，通过分析管理层讨论与分析部分中提及的风险和不确定性，研究者可以构建反映公司未来风险水平的指标；利用文本分析量化管理层在财报中对增长潜力的描述，有助于评估企业未来发展前景。这类指标不仅需要扎实的理论基础，还需要灵活运用先进的语言模型（如 BERT 或 Word2Vec）来捕捉文本中的深层语义。

2. 内容无关的指标

内容无关指标聚焦于文本的形式特征，而非具体的语义内容。这类指标通过分析文本的可读性、语调和相似性等特征，揭示信息传递过程中的隐藏规律及其对市场反应的影响。例如，可读性指标用来衡量文本对不同受众的理解难度。复杂的财报或其他披露文件可能因为可读性较低而影响投资者的判断，进而影响市场反应。语调分析通过识别文本中积极或消极的情感倾向，揭示管理层在财报或公告中的态度。这类分析可以用于预测公司未来表现或市场风险。文本相似性指标评估公司披露文件之间的一致性，用于衡量企业信息披露的透明度和可靠性。例如，通过比较同一公司在不同年份年报中的相似程度，可以检测披露内容的一致性与变化趋势。

综上所述，文本指标的构建不仅需要从文本内容本身出发，通过 NLP 技术提取出有意义的语义信息，还需要从文本形式和特征着眼，构建出对信息传递与市场反应有着关键作用的无关内容的指标。在本书第 5 章中，我们将更深入地探讨这些指标的构建方法，以及它们在管理学研究和实践中的实际应用，通过结合理论与实证，展示这些指标如何有效支持企业战略分析、风险评估和投资决策。

3. 变异性：领域、应用、语言

领域特定的语言变异性。不同领域有其独特的语言风格和术语。例如，法律领域的语言严谨且结构复杂，而社交媒体上的语言则更加口语化且非正式。在管理领域，财务报告、营销文案和客户反馈之间的语言差异显著，这些变异性要求 NLP 系统能够根据不同领域的特点进行调整和优化。

应用特定的语言变异性。同一领域的不同应用场景也可能导致语言的表达方式发生变化。例如，在企业内部的邮件沟通中，员工之间的语言往往较为简洁明了，而在面向公众的企业公告中，语言则更为正式且富有说服力。在财务分析和风险评估中，NLP 系统需要识别并适应这些应用场景的差异，以确保分析的准确性。

多语言变异性。在全球化的背景下，跨语言的文本分析变得越来越重要。不同语言的语法结构、词汇使用和文化背景都存在显著差异，这增加了 NLP 系统处理多语言任务的复杂性。例如，在跨国公司的年报分析中，NLP 系统需要处理不同语言和文化下的财务术语和表达方式，这对系统的语言适应性提出了更高的要求。

总的来说，自然语言的复杂性为 NLP 带来了诸多挑战，包括语言的歧义性、文本数据的高维性和不同领域、应用中的语言变异性。这些挑战要求 NLP 系统具备灵活性和适应性，能够根据不同的语言特征、数据规模和应用场景做出精细调整。通过降维、特征选择和上下文理解等技术手段，NLP 能够有效应对这些挑战，提升其在管理和其他领域中的应用效果。

1.4 NLP 在管理领域的应用、发展及挑战

1.4.1 NLP 在管理领域中的应用

在现代企业环境中，管理活动已不再局限于内部资源的配置与流程的优化，而是处于一个多方利益主体交织的动态网络之中。企业管理者、投资者、客户、供应商、审计师、债权人

以及监管机构等各类利益相关者，在日常运营中都依赖信息来做出判断。而信息的最大来源之一，便是文本——财报、合同、评论、新闻、邮件、公告、社交媒体等构成了企业环境中庞大的非结构化信息流。自然语言处理技术，作为理解和利用文本信息的关键工具，正在成为推动管理实践数字化和智能化的重要力量。

对企业内部的管理者而言，NLP 技术最直接的价值是提升信息处理能力与洞察力。在战略制定阶段，管理层可以利用文本挖掘工具分析行业趋势报告、竞争对手动态与消费者声音，快速获取宏观与微观层面的情报。在运营管理中，员工调查、内部沟通邮件、会议纪要等文本可以借助情感分析与关键词提取方法，揭示组织氛围、识别管理瓶颈，辅助人力资源和流程优化决策。在某种意义上，NLP 为管理者提供了一种将定性文本转化为定量依据的能力，使“软信息”首次具备了大规模自动分析的可能。

而对于外部投资者而言，NLP 的关键作用在于降低信息不对称，强化信息解读能力。在面对年报、分析师电话会纪要、企业公告等结构松散、语言策略性强的文本时，NLP 技术可以揭示其中的隐含信号。例如，通过识别措辞变化、情感基调转向、风险词频率上升等指标，投资者能够捕捉到企业信心变化、经营预期调整等细微动态。此外，自动化舆情监测工具可以帮助投资者掌握市场情绪演变，提前识别市场过热或恐慌信号，从而辅助资产配置和风险规避。

客户与供应商之间的信息互动也正在被 NLP 深刻重塑。客户在购买过程中会留下大量的文字痕迹，包括评论、咨询、投诉等，这些数据蕴含着产品质量、服务满意度与品牌信任的关键信号。企业借助文本分类和主题建模技术，可以对客户反馈进行结构化分析，实现精准的客户细分与产品迭代。而供应商也可以通过分析客户公司发布的公告、财务信息和市场反馈，评估其履约能力和未来订单潜力，从而优化供货策略，提升供应链弹性。NLP 在此处扮演的角色，不只是信息处理工具，更是一种关系管理的智能助手。

对审计师和风险控制人员来说，NLP 的出现正逐步改变传统依赖人工查阅的审计流程。大量财务文本的结构化处理使异常交易识别、信息披露一致性校验、法规合规检查等任务变得更为高效可靠。模型可以自动识别不寻常语言模式、重复性语言、模糊措辞等潜在风险点，提升审计深度与反舞弊能力。这不仅提高了审计工作的效率，也提高了监管可信度。

最后，在监管机构与政策制定者视角下，NLP 被广泛用于市场监控与政策效果评估。海量的企业公告、舆情数据和政策文本通过语义理解与信息抽取工具加以整理与分析，可以实现自动化的合规审查、舆情热度追踪以及政策响应检测。例如，证券市场监管机构可以利用 NLP 监测上市公司是否存在虚假陈述、风险未披露等问题，及时采取干预措施，提升市场透明度与稳定性。

总而言之，NLP 技术在管理领域的应用覆盖了从战略制定到风险评估的多个方面。不同利益相关者通过 NLP 技术获得更高效、更可靠的信息支持，能够在复杂的市场环境中做出更明智的决策。随着NLP技术的不断发展,其应用范围将进一步扩展,并与其他技术(如知识图谱、因果推断和情感分析)深度融合,为管理学研究与实践带来更多的可能性。

1.4.2 大语言模型在管理领域中的应用

NLP的语言模型经过多次迭代,从基于统计的N-Gram模型到词嵌入模型,再到深度学习方法下的复杂神经网络,逐步演进为当前基于Transformer架构的大语言模型(large language models,LLMs)。这种技术革新极大地提升了文本理解与生成能力,特别是以BERT和GPT为代表的大语言模型,不仅优化了文本分析,还在生成式任务中展现出前所未有的效率。

大语言模型的核心在于其"预训练-微调"的训练范式。首先,模型在海量的无标注文本数据上进行预训练,学习语言的模式、语义关系及上下文依赖。例如,BERT采用了掩码语言模型(masked language model)任务,通过预测被遮蔽的单词来学习双向语义信息;GPT则通过自回归模型预测下一个单词,专注于生成任务。预训练过程让模型形成广泛的语言理解能力。随后,在特定任务中,模型通过微调实现功能优化,无须大量标注数据即可适应分类、问答、文本生成等多种任务。这种训练方法极大降低了对数据的依赖,提升了模型的通用性与高效性。

在管理领域,大语言模型带来了诸多创新,显著改变了文本分析、投资决策和政策解读的传统方式。首先,大语言模型使得文本分析突破了传统方法的局限,尤其在数据有限的情境下表现出独特优势。传统的文本分析方法往往依赖大规模数据,但LLMs可以在少样本条件下进行高效学习。这种能力对于小众行业或新兴市场尤为重要。例如,在初创企业的融资报告分析中,LLMs能够基于少量历史数据识别出行业趋势,辅助投资者在不完全信息下做出更精准的决策。

在风险识别与语调分析方面,大语言模型也展现了重要作用。与传统依赖于定量财务数据的风险评估不同,LLMs能够从公司报告、公告和市场新闻等非结构化文本中提取隐藏的风险信息。例如,通过分析公司年报的管理层讨论与分析部分,模型可以自动识别潜在的市场风险或战略调整信号。此外,大语言模型的语调分析功能能够捕捉文本中管理层的情感倾向和市场态度。例如,通过识别会议记录中的积极或消极语调,投资者可以判断管理层对未来业务发展的信心,从而优化投资策略。

在财务分析与投资预测中,大语言模型的潜力进一步显现。其强大的文本生成和解析能力,使得复杂政策解读和盈利预测成为可能。例如,LLMs能够自动解析政府政策文件和公告,提取关键内容,帮助企业和投资者快速了解政策变化对行业和市场的影响。此外,通过结合公司历史数据和市场环境,模型能够生成未来的盈利预测。这种预测可以支持股票投资决策,并提升财务分析的精准性和效率。通过将定量数据与非结构化文本相结合,LLMs大幅扩展了财务分析的深度。

不限于传统的财务领域，大语言模型的应用还在社会经济现象模拟和社会公平的推动上展现了巨大潜力。例如，通过生成式模型模拟人类行为，研究者可以构建虚拟社会实验，探索不同政策或经济行为的潜在影响。这种方法能够有效降低实际实验的成本，为政策制定和社会问题解决提供创新工具。在学术研究和社会实验中，LLMs 的应用为未来的政策分析和社会干预带来了更多可能性。

综上所述，大语言模型的引入不仅革新了文本分析方法，还通过跨领域的智能化应用为管理学带来了深远影响。其在少样本学习、风险识别、政策解读和社会实验等方面的广泛应用，正在推动企业、投资者和研究者重新定义数据驱动决策的方式。本书将在第 6 章详细探讨大语言模型的原理与实际案例，帮助读者深刻理解其在管理领域的潜力和未来发展方向。

1.4.3 人工智能在管理领域中的应用挑战

AI 与 NLP 的结合为管理领域带来了前所未有的效率提升和技术创新。借助 AI 赋予的强大计算能力和深度学习技术，NLP 能够高效处理非结构化文本数据，在公司年报分析、市场趋势预测以及辅助决策等方面展现出重要价值。然而，这种技术的快速发展也引发了诸多挑战，包括数据隐私、算法偏见、透明性不足和法规合规等问题。这些挑战不仅影响技术的应用效果，也对其社会责任和长期可持续性提出了更高要求。

首先，数据隐私问题成为 AI 应用中不可回避的首要挑战。在管理实践中，AI 系统通常需要分析大量的个人、企业和市场数据，以生成具有商业价值的洞察。然而，这些数据的收集和使用可能无意中触及敏感信息，进而带来隐私风险。例如，企业在利用 NLP 技术分析客户反馈、员工邮件或市场动态时，可能会涉及客户的私人信息或员工的个人偏好。如何在获取有效商业情报的同时，保障数据隐私不被侵犯，成为企业必须解决的核心问题。如果缺乏清晰的法律框架和内部合规措施，隐私泄露可能导致企业声誉受损，甚至招致法律诉讼。

其次，算法偏见问题对 AI 在管理领域的公平性和公正性构成了严峻挑战。AI 系统依赖于历史数据进行训练，而这些数据可能包含种族、性别或经济地位等方面的偏见。例如，在招聘过程中，如果训练数据集中存在对特定性别或群体的歧视，AI 系统可能在决策中延续甚至放大这种偏见。这种现象不仅违背公平原则，还可能导致企业面临社会舆论压力或法律风险。因此，企业在应用 AI 技术时，需要对模型进行全面审计和评估，通过增加多样化数据和公平性算法来降低偏见的影响，确保 AI 系统的公正性和透明性。

此外，透明性与可解释性也是 AI 应用中的关键挑战之一。在许多管理应用中，AI 模型的决策过程如同黑箱，使得用户难以理解模型如何得出某个结论。例如，在市场预测或风险评估中，企业管理者可能无法清楚地解释 AI 系统为何给出特定的判断。这种不可解释性不仅削弱了用户对 AI 的信任，也限制了其在监管和合规中的应用。为解决这一问题，企业需要采用更多可解释的模型，并通过可视化技术向用户展示模型的决策逻辑，从而增强AI应用的透明性，提升其在实际决策中的可信度。

最后，合规问题对AI技术在全球范围内的应用提出了复杂的挑战。各国对AI的监管要求正在迅速发展，例如欧盟《通用数据保护条例》(GDPR)对个人数据的使用提出了严格限制。这些法规不仅影响AI系统在本地市场的应用，也对跨国企业的全球合规能力提出了更高要求。例如，在某些国家，企业可能需要在满足本地数据主权要求的同时，兼顾其他市场的隐私保护法规。这种多元化的合规需求增加了技术应用的复杂性，企业必须建立一套灵活的合规管理体系，以满足不同市场的法律要求。

综上所述，AI在管理领域的应用虽然带来了显著的效率改善和创新能力提升，但也伴随着一系列复杂的技术和社会挑战。数据隐私、算法偏见、透明性不足和法规合规不仅是技术发展的制约因素，也是其与社会责任平衡的关键节点。企业必须在享受AI技术带来的红利的同时，建立有效的治理机制，积极应对这些挑战。这不仅有助于提升企业的合法性与公信力，也为AI技术的长期发展和普及奠定了坚实基础。在本书第7章中，我们将进一步探讨AI法规的多维度探索，包括挑战、必要性、国际比较与未来研究方向，为读者提供更全面的理解和实践指南。

1.5 本章总结

1.5.1 本书的写作目的

人工智能正在重塑企业管理的基本范式。从战略洞察、流程优化到人力资源管理与客户互动，越来越多的管理行为开始依赖于基于数据的智能决策。在这一背景下，传统的管理知识体系正面临前所未有的挑战：它需要快速适应信息爆炸、算法决策和跨学科融合的现实需求。因此，管理教育也必须随之转型，以培养能够理解技术、驾驭数据、服务组织目标的新型管理者。

本书的写作目的，正是回应这一深刻变革的时代诉求。一方面，它致力于引导学生系统理解人工智能技术在管理情境中的应用逻辑，尤其关注NLP技术如何赋能商业智能、风险控制与组织管理。另一方面，本书强调技术与业务融合的实际能力，而非孤立的工具训练或抽象的理论介绍。通过贴近真实企业问题的案例与项目驱动式的学习设计，本书希望帮助读者构建起“用AI解决管理问题”的能力框架。

AI并不是管理的对立面，而是管理者能力的延伸工具。在过去，管理者依赖直觉与经验做出判断；而今天，管理者必须学会借助模型和算法，从结构化与非结构化信息中提取价值,并据此制定更精准、更可持续的策略。但这并不意味着技术能力凌驾于商业判断之上。恰恰相反,如何理解 AI 在组织中的角色边界、如何识别技术适用的场景限制、如何平衡效率与伦理、透明与责任,才是新时代管理者必须面对的核心议题。

本书希望打破"技术书籍"和"管理教材"之间的隔阂。它既不是一部程序员手册,也不是一份管理哲学读本,而是一部"技术-管理融合型"学习指南。我们相信,具备一定管理背景的学习者完全可以掌握必要的 AI 知识。同时,技术专业出身的读者也能从中理解 AI 在组织实践中所扮演的复杂角色。本书期待培养的不仅是能够使用 AI 工具的技术执行者,而是具备业务洞察、技术理解与跨界整合能力的 AI 时代的管理者。

1.5.2 本书的学习目标与学习路径

1. 学习目标

本书面向的核心学习目标,是帮助读者掌握如何在管理实践中识别可由 AI 技术优化的问题,并具备使用基础工具处理相关数据、形成有效洞察的能力。尤其针对自然语言处理在商业管理中的典型应用,本书引导学生完成从认知理解到实践操作的完整学习过程。我们将这一学习目标分解为三个层次:理解数据、掌握方法、形成管理思维。

首先,本书将带领学生深入理解管理领域中的各种数据类型,特别是非结构化数据。学生将学会识别这些数据的特征,了解它们在企业管理、市场分析和战略制定中的应用价值。通过实际案例,学生将逐步掌握如何利用这些数据为管理决策提供有力支持,并提升管理实践的有效性。

其次,掌握方法是将数据转化为管理洞察的关键能力。本书将带领读者系统掌握一系列自然语言处理的核心技术,包括文本预处理、关键词提取、情感分析、主题建模以及基于机器学习的文本分类方法。

更为重要的是,读者将在本书的学习中培养出技术背后的管理思维。为了增强实践导向,本书不仅介绍通用的技术工具,还结合管理研究中的具体测度构建进行实战训练,如识别管理者短视行为、评估人口老龄化对管理的影响、量化管理会计实践、测量文本可读性与语言情绪倾向,以及计算报告之间的文本相似度等。这些实用案例将帮助读者建立起"从管理问题出发,借助 NLP 技术构建分析指标"的能力,真正实现从数据到洞察、从技术到决策的知识转化过程。

2. 学习路径

对于管理类专业的本科生与研究生,本书可作为课程教材使用,配合商业分析、信息系统管理等课程开展项目式教学。各章均设置了练习任务,可支持教师设计跨学科讨论与实践作业,帮助学生从"懂管理"走向"会用技术"。

对于非技术背景的管理从业者或转型中的学习者，本书也可以作为自主学习的参考材料。我们在书中避免使用过度的数理推导，提供了简洁可操作的代码模板、数据集与分析脚本，并结合业务语言进行解释，力求实现零门槛上手和循序渐进。

值得一提的是，本书不以培养程序员为目标，而是强调培养数据时代的业务理解者。即使是没有编程基础的读者，也能通过本书构建起对 AI 技术的感知力与管理视角，建立技术对话的能力。无论你是未来的营销经理、人力资源主管还是财务分析师，这种能力将成为未来组织中不可或缺的一部分。

1.5.3 本书的章节安排

本书共分为七个章节，系统地介绍了 NLP 在管理领域中的理论、应用和技术，并结合最新的人工智能发展探讨了相关的法律框架和未来方向。

第 1 章内容概述了人工智能和自然语言处理的基础概念，并详细介绍了 NLP 在管理领域的具体应用步骤，包括数据处理的关键流程、管理场景中的 NLP 应用、发展现状和面临的主要挑战。本章为后续章节的学习打下基础，使读者初步理解如何在管理实践中利用 NLP 技术。

第 2 章介绍了管理学领域中的财经文本语料，包括企业的强制性和自愿性信息披露、第三方机构的信息披露、专利文本以及政府工作报告。通过对这些文本的概念、格式、数据结构、来源和法律要求的讲解，本章帮助读者理解财经文本的多样性及其在学术研究中的应用，为后续的文本分析奠定了理论和实践基础。

第 3 章重点介绍了财经文本数据的预处理方法。本章系统性地讲解了文档解析、文本清洗、和各类文本预处理技术。通过这些内容，读者将掌握处理大量文本数据的基础技能，以支持后续的分析工作。

第 4 章探讨了管理研究中常用的自然语言处理技术及机器学习模型。本章首先介绍了 One-Hot 编码、词袋模型、TF-IDF 等文本表征的基础方法，随后深入讲解了词嵌入模型（如 Word2Vec、BERT）和主题模型（如 LDA），并介绍了集成学习的相关概念及其在多模型组合中的应用。本章通过多个实际案例，帮助读者理解如何利用这些技术来进行文本分析与建模。

第 5 章聚焦于 NLP 技术在经管领域的指标构建。本章首先探讨了如何利用 NLP 技术构建基于内容的单维度和多维度测度指标，随后介绍了如何评估文本的可读性和情感倾向，并展示了内容无关指标的实际应用。通过这些技术，读者可以学习到如何利用 NLP 技术量化管理中的抽象概念，为科研和商业实践提供支持。

第 6 章介绍了大语言模型的原理及其在自然语言处理中的应用，重点分析了以 GPT 为代表的生成式预训练模型。通过探讨大语言模型的训练原理、模型框架及其在自然语言生成和理解中的应用，帮助读者深入理解大模型的技术基础。随后，进一步阐述了大语言模型在管理学领域中的学术应用，包括探讨如何利用大语言模型提取传统管理指标、总结财务信息、解读政策、预测公司盈余等，并分析大语言模型在社会科学实验中的应用，探讨其对生产效率的提升和对社会公平的积极影响。

第 7 章聚焦于 AI 普及带来的法律和伦理挑战，讨论了 AI 法规在管理领域中的必要性和影响。本章不仅剖析了全球范围内的 AI 监管体系，还探讨了这些法律框架对企业创新战略、市场竞争和审计模式的影响。本章为读者提供了关于 AI 技术法律治理的前瞻性思考，帮助他们理解未来管理学领域中法律与技术交汇的趋势和机遇。

通过对本书的学习，读者能够系统掌握 NLP 技术在管理领域的应用方法，并理解 AI 技术在现代管理学中的广泛影响，最终为学术研究和商业实践提供理论与技术支持。

关键术语

人工智能　结构化数据　非结构化数据　理论驱动方法　机器学习驱动方法
自然语言处理　交叉学科　高维性　稀疏性　歧义性　文本预处理　数据清洗
分词　词性标注　词性归一化　词干提取　停用词　词袋模型　Word2Vec 词嵌入模型
BERT 语言模型　主题模型　集成学习　大语言模型

第 2 章　财经文本来源介绍

本章导读

本章主要介绍管理学领域研究中涉及的各类财经文本语料，包括企业作为信息披露主体的强制性和自愿性信息披露、第三方机构的信息披露、专利文本以及政府工作报告。通过本章的学习，读者将掌握各类财经文本的概念、内容和格式、数据结构和来源、以及与信息披露相关的法律法规政策要求，并了解这些文本语料在学术场景中的应用，为后续章节的学习奠定基础。本章的主要学习目标点包括：

- 掌握企业强制性信息披露文本的种类、概念、内容和格式，并了解其学术应用场景。
- 掌握企业自愿性信息披露文本的种类、概念、内容和格式，并了解其学术应用场景。
- 掌握第三方机构信息披露文本的种类、概念、内容和格式，并了解其学术应用场景。
- 掌握企业专利文本的内容和结构，并了解特定技术领域专利的学术应用场景。
- 理解基于专利文本相似性的突破性创新衡量方法。
- 掌握政府工作报告的概念、内容和结构，并了解其学术应用场景。

考虑到本章涉及的财经文本种类繁多，为了方便读者的学习，本章提供以下思维导图供读者更好地梳理和归纳本章知识点。

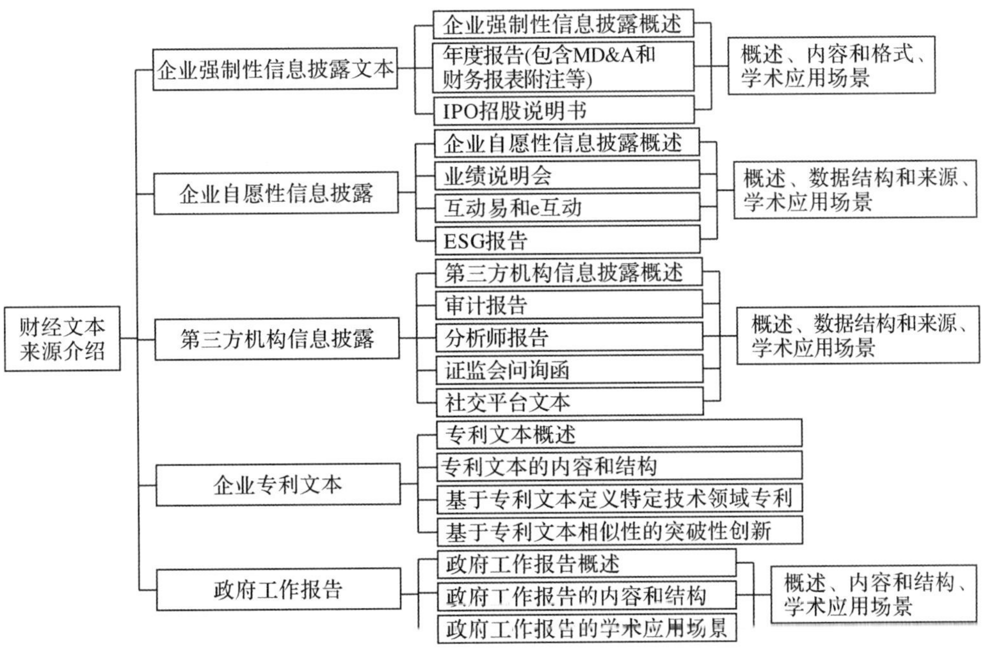

2.1 企业强制性信息披露

2.1.1 企业强制性信息披露概述

企业强制性信息披露是指企业在国家相关法律、行政法规或公司章程的要求下必须披露信息的一种信息披露制度。根据《中华人民共和国证券法》第五章“信息披露”的规定，发行人及法律、行政法规和国务院证券监督管理机构规定的其他信息披露义务人，应当及时依法履行信息披露义务。信息披露义务人披露的信息，应当真实、准确、完整、简明清晰、通俗易懂，不得有虚假记载、误导性陈述或者重大遗漏。按照这一要求，上市公司在证券发行、上市及交易过程中，按照法定或约定要求将财务、经营及其他有关影响证券投资者和其他资本市场参与者投资和价值判断的信息向证券监督管理机构和证券交易所报告，并向社会公众进行公告。根据证券发行的不同阶段分类，强制性信息披露可以分为首次信息披露和持续信息披露。其中，首次信息披露是上市公司在首次公开发行证券时的信息披露，主要包括招股说明书、债券募集说明书、上市公告等。在证券上市后，上市公司还应承担持续信息披露义务。持续信息披露的信息主要包括定期报告(如年度报告和中期报告)和临时报告两大类。本节将重点介绍年度报告和IPO(initial public offering)招股说明书。

2.1.2 年度报告(含MD&A和财务报表附注)

1. 年度报告概述

年度报告是指企业对外提供的反映企业某一特定时期财务状况和某一会计期间经营成果、现金流量的文件。按照内容可划分为文本信息和非文本信息(即数据信息)。年报中的文本信息作为定量财务数据的有益补充，对投资者做出价值判断和投资决策，以及分析师、政府等利益相关方具有十分重要的作用。根据中国证监会《上市公司信息披露管理办法》的规定，年度报告应当在每个会计年度结束之日起四个月内，中期报告应当在每个会计年度的上半年结束之日起两个月内编制完成并披露。

2. 年度报告的内容与格式

中国证监会发布的《公开发行证券的公司信息披露内容与格式准则第2号——年度报告的内容与格式(2021年修订)》对年度报告的内容和格式做了清晰的要求。按照该要求，年度财务报告总共包括十个部分。在学术研究中，研究者们更加关注第三节“管理层讨论与分析”和第五节“环境和社会责任”部分。因此，本节首先重点介绍这两部分内容。本节以贵州茅台(股票代码：600519)和宁德时代(股票代码：300750)2023年年报作为披露示例对年报内容做清晰的介绍。

1）第三节 管理层讨论与分析

管理层讨论与分析[1]（management discussion and analysis，MD&A）是管理层对公司业务经营信息和财务报告数据，以及报告期内发生和未来将要发生的重大事项进行讨论与分析，以有助于投资者了解其经营成果、财务状况及未来可能的变化。公司应当重点讨论和分析重大的投资项目、资产购买、兼并重组、在建工程、研发项目、人才培养和储备等方面在报告期内的执行情况和未来的计划。披露内容应遵循可靠性、相关性、关联性等原则，语言应简明清晰，避免模板化。MD&A 的具体披露内容包括：

（1）公司所处行业情况。公司所处行业情况包括行业的发展阶段和周期性特点、公司在该行业的地位、法律法规政策的影响等。图 2－1 是贵州茅台在 MD&A 中披露的“公司所处行业情况”示例。

酒制造行业经营性信息分析

1　行业基本情况

√适用　□不适用

根据国家统计局、中国酒业协会数据，2023 年全国规模以上白酒企业完成酿酒总产量 449.2 万千升，同比下降 2.8%；实现销售收入 7563 亿元，同比增长 9.7%；实现利润总额 2328 亿元，同比增长 7.5%。

六、公司关于公司未来发展的讨论与分析

(一) 行业格局和趋势

√适用　□不适用

1. 行业格局与趋势。宏观方面，我国经济回升向好、长期向好的基本趋势没有改变也不会改变，随着加大宏观调控力度，推动经济运行持续好转，促消费政策效果持续显现，消费场景不断拓展，居民收入持续增长，消费将继续保持平稳较快增长，有利于白酒消费。行业方面，2016 年以来，全国白酒行业进入了“存量竞争”时期，虽面临不少难题，但有利条件强于不利因素，行业总体发展态势向好。

图 2－1　贵州茅台“公司所处行业情况”披露示例

（2）从事的业务情况。从事的业务情况包括主要业务、经营模式、产品的用途及市场地位、竞争优势与劣势、主要的业绩驱动因素等。图 2－2 是贵州茅台在 MD&A 中披露的“公司从事业务情况”示例。

（3）核心竞争力的重要变化及其影响。核心竞争力包括核心管理团队、关键技术人员、专有设备、专利、非专利技术、特许经营权、土地使用权、水面养殖权、探矿权、采矿权、独特经营方式和盈利模式、允许他人使用自己所有的资源要素或作为被许可方使用他人资源要素等。公司应披露报告期内核心竞争力的重要变化及对公司所产生的影响。图 2－3 是贵州茅台在 MD&A 中披露的“公司核心竞争力”示例。

① 2021 年修订的《公开发行证券的公司信息披露内容与格式准则第 2 号——年度报告的内容与格式》将年度报告正文“第三节 公司业务概要”和“第四节 经营情况讨论与分析”归并整合为修订后的“第三节 管理层讨论与分析”。

三、报告期内公司从事的业务情况

公司主要业务是茅台酒及系列酒的生产与销售。主导产品“贵州茅台酒”是我国大曲酱香型白酒的鼻祖和典型代表，集国家地理标志产品、有机食品和国家非物质文化遗产于一身，公司营销网络覆盖国内市场及五大洲64个国家和地区。多年来，公司始终以对产品品质的极致追求，对酿造生态的精心呵护，对传统工法的传承创新，对企业文化的赓续发展，持续为企业赋能，推动企业高质量发展、现代化建设。

公司经营模式为：采购原料—生产产品—销售产品。原料采购模式为:茅台酒用高粱采取“公司+地方政府+供应商+合作社或农户”的模式，小麦采取“公司+供应商+合作社或农场”的模式，其他原辅料及包装材料采购主要根据公司生产和销售计划，通过集中采购方式向市场采购；产品生产工艺流程为：制曲—制酒—贮存—勾兑—包装；销售模式为：公司产品通过直销和批发代理渠道进行销售。直销渠道指自营和“i茅台”等数字营销平台渠道，批发代理渠道指社会经销商、商超、电商等渠道。

图2-2 贵州茅台“公司从事业务情况”披露示例

公司拥有环境、工法、品质、品牌、文化组成的“五大核心竞争力”，并拥有独一无二的原产地保护、不可复制的微生物菌落群、传承千年的独特酿造工艺、长期贮存的基酒资源组成的“四个核心势能”。报告期内公司核心竞争力未发生重大变化。

图2-3 贵州茅台“公司核心竞争力”披露示例

(4)报告期内的主要经营情况。报告期内的主要经营情况包括经营业务的收入、成本、费用、研发投入、现金流、资产负债、投资等项目的变化及其原因。图2-4是贵州茅台在MD&A中披露的“公司主要经营情况”示例。

五、报告期内主要经营情况

一是经营业绩再创新高。年度内公司实现营业总收入1,505.60亿元，同比增长18.04%；归属于上市公司股东的净利润747.34亿元，同比增长19.16%，主要经济指标保持两位数增长，高质量完成年度战略目标。贵州茅台酒全球唯一千亿级酒类大单品地位持续巩固，茅台1935造就“行业奇迹”，上市仅两年成为营收百亿级大单品，茅台王子酒单品营收超40亿元，汉酱、贵州大曲、赖茅单品营收分别超10亿元，形成了千、百、十亿级大单品格局，产品矩阵全面构建。

二是品牌影响持续增大。年内公司市值稳定在2万亿元以上，稳居A股上市公司第一。茅台以501亿美元的品牌价值位列《Brand Finance 2024年全球品牌价值500强》第24位，以884.27亿美元的品牌价值位列《2023年BrandZ 最具价值中国品牌100强榜》第3位，稳居“世界酒类品牌”榜首。以10,500亿元的品牌价值和唯一万亿级品牌的绝对优势，第六次登顶胡润榜“最具价值中国品牌”。

三是治理效能不断提升。董事会顺利完成换届工作，新一届董事会成员组成多元、专业互补，以多样化的视角保障董事会决策的科学性；全年董事会召集召开3次股东大会审议通过17项议案，召开13次董事会会议审议通过45项议案，董事会“六大职权”得到有效落实。推进全面风险管理体系建设，风险管理生态初步形成。成功入选了国务院国资委新一批“双百企业”名单，获评中国上市公司协会公司治理最佳实践，第三次荣获全国质量奖，高分通过欧洲质量奖评审，管理基础进一步夯实，企业现代化治理能力和水平进一步提升。

四是ESG管理提质增效。全面、全域践行ESG理念，将ESG理念深度融入生产经营、改革发展各环节。健全ESG治理架构，成立ESG推进委员会，同步设立环境、社会、治理三个分委会和9个工作小组，对标国际规范和先进实践，按照议题识别、整体规划、融入实施、改进创新四个步骤，系统梳理核心议题和重点项目，建立ESG实质性议题矩阵，优化公司整体的ESG管理体系，充分发挥管理机制效能，ESG管理水平有效提升。

五是股东回报稳中有升。切实提升信息披露质量，增强信息披露的针对性、有效性和可读性，通过披露生产经营数据等自愿性公告，及时向市场展现公司高质量发展现状，获得上海证券交易所信息披露A级（优秀）评价。以坦诚、开放态度积极与投资者交流，频次创历年之最，交流形式极大丰富，首次在上海证券交易所交易大厅召开业绩说明会，视频观看人次居A股前列，获评中国上市公司协会业绩说明会最佳实践。再次实施特别分红，全年共计派发现金红利565.5亿元，占公司2023年归母净利润的75.67%，分红金额较上年提高约18亿元，再创历史新高，以实际行动回报投资者。

图2-4 贵州茅台“公司主要经营情况”披露示例

(5)对未来发展的展望。对未来发展的展望包括行业格局和趋势(如宏观环境发展趋势、行业及区域市场地位的变动趋势、行业优势和劣势)、未来发展战略、经营计划、面临的风险(如政策性风险、行业特有风险、业务模式风险、经营风险、环保风险、汇率风险、利率风险、技术风险、产品价格风险、原材料价格及供应风险、财务风险、单一客户依赖风险、商誉等资产的减值风险,以及因设备或技术升级换代、核心技术人员辞职、特许经营权丧失等导致公司核心竞争能力受到严重影响等)。图 2－5 是贵州茅台在 MD&A 中披露的“公司未来展望”示例。

六、公司关于公司未来发展的讨论与分析

(一)行业格局和趋势

√适用　□不适用

1. 行业格局与趋势。宏观方面，我国经济回升向好、长期向好的基本趋势没有改变也不会改变，随着加大宏观调控力度，推动经济运行持续好转，促消费政策效果持续显现，消费场景不断拓展，居民收入持续增长，消费将继续保持平稳较快增长，有利于白酒消费。行业方面，2016 年以来，全国白酒行业进入了“存量竞争”时期，虽面临不少难题，但有利条件强于不利因素，行业总体发展态势向好。

2. 公司竞争优势。

一是产品品质卓越。公司坚持“质量是生命之魂”，坚守“五匠”质量观，实施从“良种”到“美产品”的全生命周期质量严管控。公司大力维护平衡的产区生态独特性，创新传承料精、艺好、器美的科学工法，每一批次产品都利用长期贮存的基酒资源和应用精湛勾兑技艺造就的多样性基酒风格，形成贵州茅台酒典型风味品质表达特征。30 道工序 165 个环节精益求精、精雕细琢，打造集美的感官、美的感知、美的感受、美的感悟于一体的卓越品质。

二是品牌美誉度高。历经百年，茅台酒已从 1915 年无人问津的土特产，成长为“单品营收过千亿、市值上万亿”的全球烈性酒第一品牌。公司着力打造品牌矩阵，以党建品牌为引领，不断做美产品品牌、做优服务品牌、做实公益品牌、做精活动品牌、做强工匠品牌，持续增强品牌动能，着力彰显中国茅台香飘世界的品牌张力，品牌影响力和美誉度大大提升，品牌价值持续攀升。

三是文化辐射力强。茅台文化从“濮人善酿”的农耕文明中走来，于现代文明中赓续发展，完善形成“九大系列”文化体系，引领中国白酒文化发展潮流，成为中国酒文化的极致。公司以“天人共酿”的酿造传统、精益求精的工匠精神为内核，充分结合时令节律，开展二十四节气系列活动，彰显“顺天敬人”文化特色，拓展丰富了茅台文化外延。构建“线上线下·一呼百应”传播矩阵，讲好品牌故事，传播茅台声音，让独具特色的茅台文化熠熠生辉。

四是传统工法独特。公司拥有传承千年的独特酿造工艺，坚持茅台酒酿造顺天应时，让传承的更传统。公司全面构建酿造原料品质评价体系，从产地、品质指标等方面保障高粱、小麦的高质量供给，彰显“料精”；遵循一年一个生产周期、端午踩曲、重阳下沙、纯粮酿造、开放式固态化发酵、陶坛长期贮存、以酒勾酒的传统工法，彰显“艺好”；坚守三合土晾堂、小青瓦发酵仓、窖条石、紫红泥等传统元素供给，彰显“器美”；坚持传承与创新并重，让创新的更现代。持续增强原始创新能力，深入解析传统技艺科学内涵，归纳形成制曲、制酒、贮存、勾兑工法体系，建立五大核心技术体系，永葆传统工法生命活力。

(二)公司发展战略

√适用　□不适用

2024 年，是实现“十四五”规划目标的关键一年。公司将坚持以习近平新时代中国特色社会主义思想为指导，深入学习贯彻党的二十大和习近平总书记视察贵州重要讲话精神，按照集团公司党代会精神和总体部署，坚持以高质量发展统揽全局，主动融入新发展格局，秉持“质量是生命之魂”，锚定集团公司“双一流、三突破、五跨越”目标，深度践行 ESG 理念，全面优化战略、预算、流程、绩效、风险管理，持续走好以茅台美学为价值内涵的“五线”高质量发展道路，聚焦“酒”主业，增强改革、开放、创新三大动力，推动创新链、产业链、人才链三链融合，突出价值创造、价值管理、价值共享三大任务，加强战略统筹，促进工作协同，全力推动茅台高质量发展、现代化建设。

(三)经营计划

√适用　□不适用

2024 年主要目标是：实现营业总收入较上年度增长 15%左右，完成固定资产投资 61.79 亿元。围绕年度目标任务，重点抓好以下工作：

（一）坚持“蓝线”道路，夯实主业发展基础。一是着力聚焦行业引领力、品牌影响力、渠道管控力提升，持续巩固茅台酒千亿级大单品地位，持续增强高端市场“领导力”；强化酱香系列酒企业品牌塑造，巩固大单品品牌培育和推广。二是坚持质量是生命之魂，持续践行“五匠”质量观，健全完善“365”质量管理体系，深化实施“时空法”匠心质量管理模式，持续提升从原料供应到生产质量全链条、各环节“茅台标准”的先进性和适用性。三是持续践行“五合营销法”，坚持产品、渠道、品牌、终端“四端”齐抓，终端形态、业态、生态“三态”共建，以我无止境的奋斗努力，开拓美无止境的市场新篇。深化国际市场机构改革和加强国际化人才队伍建设，坚持“一国一策”，提升国际化水平。四是坚持高起点规划、高标准设计、高质量建设、高水平管理，加快推进茅台酒“十四五”中华技改建设项目、坛厂包装物流园、习水同民等重大项目建设，强化项目全生命周期管理。

(四)可能面对的风险

√适用　□不适用

一是宏观经济风险；二是安全风险；三是舆情风险；四是环境保护风险。

图 2－5　贵州茅台“公司未来展望”披露示例

2）第五节 环境和社会责任

环境和社会责任信息旨在披露企业在生态环境保护、积极履行社会责任、促进社会可持续发展方面所做的工作情况。具体包括环境信息和社会责任信息两部分。

（1）环境信息。环境信息披露可分为强制性披露和自愿性披露两种类型。其中，强制性披露的主体是环境保护部门公布的重点排污单位，这些单位应披露排污信息、防治污染设施的建设和运行情况、建设项目环境影响评价及其他环境保护行政许可情况、突发环境事件应急预案、报告期内因环境问题受到行政处罚等方面的情况。重点排污单位之外的公司应当披露报告期内因环境问题受到行政处罚的情况。除了以上强制性环境信息披露信息，证监会鼓励公司自愿披露有利于保护生态、防治污染、履行环境责任、为减少碳排放采取的措施及效果的相关信息。图 2－6 和图 2－7 分别为贵州茅台的强制性和自愿性披露环境信息。

第五节 环境与社会责任

一、环境信息情况

是否建立环境保护相关机制	是
报告期内投入环保资金（单位：万元）	20,836.99

（一）属于环境保护部门公布的重点排污单位的公司及其主要子公司的环保情况说明

√适用 □不适用

1. 排污信息

√适用 □不适用

（1）主要污染物：废水、废气、固体废物。

（2）特征污染物的名称：COD、氨氮、总磷、总氮、二氧化硫、氮氧化物、烟（粉）尘。

（3）2023 年度污染物排放情况：

①废水

公司共有 5 个污水处理厂，每个污水处理厂设置 1 个排放口，分布在公司本部老厂区及中华片区，

图 2－6 贵州茅台强制性披露的环境信息示例

（三）有利于保护生态、防治污染、履行环境责任的相关信息

√适用 □不适用

公司始终坚持以习近平新时代中国特色社会主义思想为指导，深入贯彻习近平生态文明思想，积极践行“绿水青山就是金山银山”理念，坚守发展和生态两条底线，紧紧围绕生态优先、绿色发展总体要求，聚焦“一基地一标杆”总体目标，深入推进顶层设计、污染防治、双碳管理等各项工作，成功创建“绿水青山就是金山银山”实践创新基地；成功申报并获得国家级、省级“绿色工厂”称号。

（一）提升污染防治水平。按照“分级分质、分类处理、资源化利用”思路，对厂区管网和污水处理设施进行系统建设和升级改造，形成 2.3 万吨废水日处理能力，同步规划建设中华生态湿地，对达标“尾水”净化回用，降低对赤水河的生态影响，全力保障污染防治实效。同时，深入开展生产废水特征分析、高浓度污水综合利用、燃气锅炉超低氮改造、绿色低碳等方面研究，增强技术力量，掌握关键核心技术研发攻关和创新应用，为污染物治理提升奠定基础。

（二）强化过程监督管控。按照“在线监测+自行监测+分级监测”思路，在污水处理厂排口、锅炉烟气排口、厂区雨洪排口等节点建设监测站，同时，建设赤水河流域野外科学观测研究站，系统构建“天空地”一体化生态系统监测网络和环境监测综合数据管理平台。

（三）加强生态环境修复。积极与国内顶级设计单位开展交流合作，对厂区生态进行总体设计。

（四）在报告期内为减少其碳排放所采取的措施及效果

是否采取减碳措施	是
减少排放二氧化碳当量（单位：吨）	52,297.65
减碳措施类型（如使用清洁能源发电、在生产过程中使用减碳技术、研发生产助于减碳的新产品等）	公司持续优化能源使用结构，积极开发节能环保技术，制定碳排放管理方案，构建完善以新能源为主体的新型电力系统。公司响应国家双碳战略，于 2023 年 12 月印发“碳达峰·碳中和”行动方案，通过实施九大重点任务，逐步细化分解各项减排措施。

图 2－7 贵州茅台自愿性披露的环境信息示例

(2)社会责任信息。公司应主动披露其积极履行社会责任的工作情况，包括履行社会责任的宗旨和理念、股东和债权人权益保护、职工权益保护、供应商、客户和消费者权益保护、环境保护与可持续发展、公共关系、社会公益事业等方面情况；鼓励公司积极披露巩固拓展脱贫攻坚成果、乡村振兴等工作具体情况。图 2－8 是宁德时代在环境与社会责任章节披露的社会责任情况和巩固拓展脱贫攻坚成果、乡村振兴情况的示例。

二、社会责任情况

公司始终以成为企业社会责任的实践者、推动者和引领者为己任，在不断提升经营业绩同时，高度重视股东和债权人权益保护、职工权益保护、供应商、客户和消费者权益保护、环境保护与可持续发展、公共关系、社会公益等社会责任。报告期内社会责任履行情况详见公司于 2024 年 3 月 16 日在巨潮资讯网上披露的《宁德时代新能源科技股份有限公司 2023 年度环境、社会与公司治理（ESG）报告》。

宁德时代新能源科技股份有限公司 2023 年年度报告全文

三、巩固拓展脱贫攻坚成果、乡村振兴的情况

报告期内公司积极探索助力乡村振兴的长效机制，发挥自身资源与能力，持续开展就业帮扶、教育振兴、产业振兴等多元化乡村振兴工作，提升当地经济的自主造血能力，推动脱贫攻坚成果同乡村振兴的有效衔接。具体工作开展情况详见公司于 2024 年 3 月 16 日在巨潮资讯网上披露的《宁德时代新能源科技股份有限公司 2023 年度环境、社会与公司治理（ESG）报告》。

图 2－8　宁德时代"社会责任信息"披露示例

值得说明的是，若公司已披露社会责任报告或环境、社会与公司治理(ESG)报告全文的，仅需在年报中提供相关的查询索引。本教材的 2.2.4 小节将对公司单独披露的 ESG 报告做详细的介绍。

除了以上章节，年度财务报告的其他部分包括：

3)第一节 重要提示、目录和释义

在此章节公司管理层应对年度报告的真实性、准确性和完整性做出保证，提示需要投资者特别关注的重大风险和利润分配预案，并对特定含义的术语做出清晰且易懂的解释。

4)第二节 公司简介和主要财务指标

此章节主要披露公司的基本信息，包括公司名称、法定代表人、公司注册地、股票上市交易所、聘期的会计师事务所，以及近 3 年的主要会计数据和财务指标。

5)第四节 公司治理

此章节主要披露公司治理的基本状况；控股股东、实际控制人的独立性；股东大会情况；董事、监事和高级管理人员的情况；董事会、监事会情况；员工情况；利润分配政策；员工激励计划的实施情况；内部控制制度建设及实施情况。

6)第六节 重要事项

此章节主要披露公司实际控制人、股东等承诺相关方做出的承诺事项，包括股权分置改革、收购报告书或权益变动报告书、资产重组、首次公开发行或再融资、股权激励，以及其他对公司中小股东所作的承诺；控股股东及其他关联方非经营性占用资金情况；会计政策、会计估计变更或重大会计差错更正；年度财务报告审计聘任、解聘会计师事务所的相关情况；破产重整相关事项；重大诉讼、仲裁事项；公司及其控股股东、实际控制人的诚信状况；重大关联交易事项；重大合同及其履行情况。图 2－9 是贵州茅台 2023 年年报中披露的承诺事项履行情况以及与其他关联方交易情况。

第六节　重要事项

一、承诺事项履行情况

(一)　公司实际控制人、股东、关联方、收购人以及公司等承诺相关方在报告期内或持续到报告期内的承诺事项

√适用 □不适用

承诺背景	承诺类型	承诺方	承诺内容	承诺时间	是否有履行期限	承诺期限	是否及时严格履行	如未能及时履行应说明未完成履行的具体原因	如未能及时履行应说明下一步计划
与股改相关的承诺	其他	中国贵州茅台酒厂（集团）有限责任公司	股权激励承诺：股权分置改革完成后，公司将根据国家相关政策和规定制定对管理层和核心技术团队的股权激励办法。		是	2017 年 12 月底前推进制定对公司管理层和核心技术团队的股权激励办法。	否	上级主管部门未出台相关指导意见和具体措施。	

A. 公司在贵州银行的期末存款余额为 2,409,693.12 万元，本期利息收入为 65,342.99 万元，已到期大额存单投资收益 407.87 万元。公司控股子公司贵州茅台集团财务有限公司从公开市场申购贵州银行股份有限公司发行的债券，支付总价 50,000.00 万元，本期确认利息收入 1,622.67 万元，截至期末，该债权投资减值准备余额 10.37 万元，应计利息余额 630.21 万元，账面价值 50,619.84 万元。公司控股子公司贵州茅台酒销售有限公司委托贵州银行代收代付“i 茅台”数字营销平台的第三方支付渠道交易手续费 7,337.47 万元。

B. 公司向上海仁彩印务有限公司购买包装材料，本期发生金额 10.67 万元。

图 2－9　贵州茅台“重要事项”披露示例

7）第七节 股份变动及股东情况

此章节主要披露公司在报告期内的证券发行、上市和股份变动情况，股东和实际控制人情况（股东数量及持股情况、控股股东情况等），以及股份回购在报告期的具体实施情况。

8）第八节 优先股相关情况

发行优先股的公司应当披露公司近 3 年优先股的发行与上市情况、优先股股东数量及持股情况、优先股的利润分配情况、优先股回购或转换情况等。

9）第九节 债券相关情况

公开发行企业债券、公司债券以及银行间债券市场非金融企业债务融资工具的公司应当披露所有在年度报告批准报出日存续的债券情况。

10)第十节 财务报告

公司应当在此部分披露审计报告正文和经审计的财务报表。编制合并财务报表的公司，还应提供母公司财务报表。财务报表包括近两年的比较式资产负债表、比较式利润表、比较式现金流量表、比较式所有者权益变动表以及财务报表附注。其中，财务报表附注是对财务报表的必要补充，蕴含着丰富的文本信息含量。因此，本节将对财务报表附注内容做以下介绍。

11)财务报告中的财务报表附注

报表附注是对财务报表的编制基础、编制原理和方法及主要项目等所作的解释和进一步说明，以便报表的使用者全面、正确地理解会计报表。

中国证监会发布的《公开发行证券的公司信息披露编报规则第 15 号——财务报告的一般规定(2023 年修订)》对财务报表附注的编制和披露做了明确的要求。按照该要求，财务报表附注应当对财务报表中相关数据涉及的交易和事项做出真实、充分、明晰的说明。除特别提及母公司财务报表附注披露事项外，均为合并财务报表附注披露的事项。本节继续以贵州茅台(股票代码:600519)作为披露示例对财务报表附注的内容做清晰的介绍。具体包括以下内容。

(1)第一节 公司基本情况。公司应简要披露基本情况，包括注册地、总部地址、实际从事的主要经营活动以及财务报告批准报出日。图 2－10 是贵州茅台在财务报表附注中披露的“公司基本情况”示例。

三、公司基本情况

1. 公司概况

√适用 □不适用

贵州茅台酒股份有限公司是根据贵州省人民政府黔府函〔1999〕291 号文《关于同意设立贵州茅台酒股份有限公司的批复》，由中国贵州茅台酒厂（集团）有限责任公司作为主发起人，联合贵州茅台酒厂技术开发公司、贵州省轻纺集体工业联社、深圳清华大学研究院、中国食品发酵工业研究院、北京市糖业烟酒公司、江苏省糖烟酒总公司、上海捷强烟草糖酒（集团）有限公司共同发起设立的股份有限公司。

公司成立于 1999 年 11 月 20 日，成立时注册资本为人民币 18,500 万元。经中国证监会证监发行字〔2001〕41 号文核准并按照财政部企〔2001〕56 号文件的批复，公司于 2001 年 7 月 31 日在上海证券交易所公开发行 7,150 万(其中，国有股存量发行 650 万股)A 股股票，公司股本总额增至 25,000 万股。2001 年 8 月 20 日，公司向贵州省工商行政管理局办理了注册资本变更登记手续。

根据公司 2001 年度股东大会审议通过的 2001 年度利润分配及资本公积金转增股本方案，公司以 2001 年末总股本 25,000 万股为基数，向全体股东按每 10 股派 6 元（含税）派发了现金红利，同时以资本公积金按每 10 股转增 1 股的比例转增了股本，计转增股本 2,500 万股。本次利润分配实施后，公司股本总额由原来的 25,000 万股变为 27,500 万股，2003 年 2 月 13 日向贵州

图 2－10　贵州茅台财务报表附注“公司基本情况”披露示例

(2)第二节 财务报表的编制基础。公司应披露财务报表的编制基础并评价自报告期末起至少 12 个月的持续经营能力。图 2－11 是贵州茅台在财务报表附注中披露的“财务报表的编制基础”示例。

四、财务报表的编制基础

1. 编制基础

本公司财务报表以持续经营为编制基础。

2. 持续经营

√适用 □不适用

公司自本报告期末至少 12 个月内不存在影响持续经营能力的重大事项。

图 2 - 11 贵州茅台财务报表附注“财务报表的编制基础”披露示例

(3)第三节 重要会计政策及会计估计。公司应结合所属行业特点和自身情况披露重要会计政策和会计估计(会计期间、营业周期、记账本位币、同一控制下和非同一控制下企业合并的会计处理方法、控制的判断标准和合并财务报表的编制方法、外币交易时折算汇率的确定方法、金融工具的分类、确认依据和计量方法等),并在本节开始部分对相关事项进行提示。图 2 - 12 是贵州茅台在财务报表附注中披露的“重要会计政策及会计估计”示例。

五、重要会计政策及会计估计

具体会计政策和会计估计提示:

√适用 □不适用

1. 遵循企业会计准则的声明

本公司所编制的财务报表符合企业会计准则的要求,真实、完整地反映了公司的财务状况、经营成果、股东权益变动和现金流量等有关信息。

2. 会计期间

本公司会计年度自公历 1 月 1 日起至 12 月 31 日止。

3. 营业周期

√适用 □不适用

本公司以 12 个月作为一个营业周期。

4. 记账本位币

本公司的记账本位币为人民币。

9. 外币业务和外币报表折算

√适用 □不适用

(1) 外币交易

公司发生涉及外币的业务,按交易发生日外汇市场汇率中间价折合人民币记账,期末将货币性外币账户的余额按期末外汇市场汇率中间价调整折合人民币金额,调整后折合的人民币余额与原账面余额之差作为汇兑损益,并按规定计入“财务费用”、“在建工程”等科目。对以历史成本计量的外币非货币性项目,仍采用交易发生日的即期汇率折算,不改变其记账本位币金额。

(2) 外币报表折算

境外经营的资产负债表中的资产和负债项目,采用资产负债表日的即期汇率折算,股东权益中除未分配利润项目外,其他项目采用发生时的即期汇率折算。境外经营的利润表中的收入与费用项目,采用交易发生日即期汇率的近似汇率进行折算。上述折算产生的外币报表折算差额,在股东权益项目下的其他综合收益中列示。境外经营的现金流量项目,采用现金流量发生日即期汇率的近似汇率折算。汇率变动对现金的影响额在现金流量表中单独列示。

6. 同一控制下和非同一控制下企业合并的会计处理方法

√适用 □不适用

(1) 同一控制下的企业合并

对于同一控制下的企业合并,合并方在企业合并中取得的资产和负债,按照合并日在被合并方的账面价值计量。合并方取得的净资产账面价值与支付的合并对价账面价值(或发行股份面值总额)的差额,调整资本公积;资本公积不足冲减的,调整留存收益。

(2) 非同一控制下的企业合并

对于非同一控制下的企业合并,合并成本为购买方在购买日为取得对被购买方的控制权而付出的资产、发生或承担的负债以及发行的权益性证券的公允价值。通过多次交换交易分步实现的非同一控制下企业合并,区分个别财务报表和合并财务报表进行相关会计处理:

A. 在个别财务报表中,以购买日之前所持被购买方的股权投资的账面价值与购买日新增投资成本之和,作为该项投资的初始投资成本;购买日之前持有的被购买方的股权涉及其他综合收益的,在处置该项投资时将与其相关的其他综合收益转入当期投资收益。

B. 在合并财务报表中,对于购买日之前持有的被购买方的股权,按照该股权在购买日的公允价值进行重新计量,公允价值与其账面价值的差额计入当期投资收益;购买日之前持有的被购买方的股权涉及其他综合收益的,与其相关的其他综合收益转为购买日所属当期投资收益。购买方为进

10. 金融工具

√适用 □不适用

(1)金融工具的确认和终止确认

公司于成为金融工具合同的一方时确认一项金融资产或金融负债。以常规方式买卖金融资产,按交易日会计进行确认和终止确认。常规方式买卖金融资产,是指按照合同条款的约定,在法规或通行惯例规定的期限内收取或交付金融资产。交易日,是指本公司承诺买入或卖出金融资产的日期。

满足下列条件的,终止确认金融资产(或金融资产的一部分,或一组类似金融资产的一部分),即从其账户和资产负债表内予以转销:A 收取金融资产现金流量的权利届满;B 转移了收取金融资产现金流量的权利,或在“过手协议”下承担了及时将收取的现金流量全额支付给第三方的义务;并且(a)实质上转让了金融资产所有权上几乎所有的风险和报酬,或(b)虽然实质上既没有转移也没有保留金融资产所有权上几乎所有的风险和报酬,但放弃了对该金融资产的控制。

图 2 - 12 贵州茅台财务报表附注“重要会计政策及会计估计”披露示例

(4)第四节 税项。公司应按税种分项说明报告期执行的税率,税收优惠政策及依据。图 2 - 13 是贵州茅台在财务报表附注中披露的“税项”示例。

(5)第五节 合并财务报表项目附注。公司应按相关要求披露资产项目、负债项目、所有者权益项目、利润表项目、现金流量表项目、所有者权益变动表中对上年年末余额进行调整的“其他”项目的性质及调整金额以及应披露的其他信息。

(6)第六节 研发支出。公司应按费用性质披露研发支出本期发生额、上期发生额,包括费用化研发支出和资本化研发支出。

(7)第七节 在其他主体中的权益。公司应披露企业集团的构成,包括子公司的名称、注册资本、主要经营地及注册地、业务性质、公司的持股比例、取得方式。

六、税项

1.　主要税种及税率

主要税种及税率情况

√适用 □不适用

税种	计税依据	税率
增值税	产品销售收入计算销项税额与进项税额相抵	13%
消费税	酒类产品销售收入计税价格、销售数量	20%、0.5 元/500ml
城市维护建设税	应纳流转税额	7%
企业所得税	应纳税所得额	25%
教育费附加	应纳流转税额	3%
地方教育费附加	应纳流转税额	2%

存在不同企业所得税税率纳税主体的，披露情况说明

□适用 √不适用

2.　税收优惠

□适用 √不适用

图 2－13　贵州茅台财务报表附注“税项”披露示例

(8)第八节 政府补助。公司应按应收金额确认的政府补助，应披露应收款项的期末余额；对涉及政府补助的负债项目，披露相关期初余额、本期新增补助金额、本期计入营业外收入金额、本期转入其他收益等金额以及期末余额；对于计入当期损益的政府补助，披露本期发生额及上期发生额。

(9)第九节 与金融工具相关的风险。公司应披露金融工具产生的信用风险、流动性风险、市场风险等各类风险，包括风险敞口及其形成原因、风险管理目标、政策和程序、计量风险的方法，以及上述信息在本期发生的变化；开展套期业务进行风险管理的，应根据实际情况披露相应风险管理策略和目标。图 2－14 是贵州茅台在财务报表附注中披露的“与金融工具相关的风险”示例。

十二、　与金融工具相关的风险

1、　金融工具的风险

√适用 □不适用

公司的主要金融工具，包括其他非流动金融资产、货币资金等。这些金融工具的主要目的在于为本公司的运营融资。本公司具有多种因经营而直接产生的其他金融资产和负债，如应收账款、其他应收款、应付账款、其他应付款等。

公司的金融工具导致的主要风险是信用风险、流动风险、汇率风险及利率风险。

(1) 信用风险

公司金融资产包括货币资金、应收账款、其他应收款等，这些金融资产的信用风险源自交易对手违约，最大风险敞口等于这些工具的账面金额。

图 2－14　贵州茅台财务报表附注“与金融工具相关的风险”披露示例

(10)第十节 公允价值的披露。公司应按持续和非持续的公允价值计量，分项披露期末公允价值金额和公允价值计量的层次。

(11)第十一节 关联方及关联交易。公司应按照《企业会计准则》及中国证监会有关规定中界定的关联方，披露关联方情况。

(12)第十二节 股份支付。公司应按授予对象类别披露本期授予、行权、解锁和失效的各项权益工具数量和金额,期末发行在外的股票期权或其他权益工具行权价格的范围和合同剩余期限。

(13)第十三节 或有事项。公司应披露资产负债表日存在的重要或有事项。

(14)第十四节 资产负债表日后事项。公司应披露资产负债表日后存在的股票和债券的发行、重要的对外投资、重要的债务重组、自然灾害导致的资产损失以及外汇汇率发生重要变动等非调整事项,分析其对财务状况、经营成果的影响;资产负债表日后利润分配情况;重要销售退回情况。

(15)第十五节 其他重要事项。公司应披露前期会计差错、重要债务重组、重要资产置换(包括非货币性资产交换)、重要资产转让及出售情况等。

(16)第十六节 母公司财务报表的重要项目附注。公司提供母公司财务报表的,应披露母公司财务报表的重要项目附注,包括但不限于应收账款、其他应收款、长期股权投资、营业收入和营业成本、投资收益等。母公司财务报表的项目附注应参照本规则第五节进行披露。

3. 学术应用场景

1)以年度报告全文为语料的研究

由于年度报告的公开可获得性和内容的丰富性,学者们利用自然语言处理技术对年报内容进行信息提取和处理,从而达到变量测量、主题识别等方面的目的。目前国内外文献针对年报文本的研究涵盖了会计、金融、战略管理、管理科学与工程等多个领域,研究的文本特征包括可读性、语调、语义、文本相似性、风险、创新、诚信、前瞻性、业绩自利性归因、自我指涉度等。

在变量测量方面,一些国外研究者通过分析上市公司年报中的战略描述创建了竞争战略关键词词典,使用主成分分析法对战略词频赋予权重,从而构建出创新差异化、市场营销差异化和成本领先战略指标。研究发现,创新差异化战略实施者的 CSR 绩效更高,且创新差异化战略与 CSR 表现相匹配可以为企业带来更高的财务绩效。在数字化研究主题中,国内学者利用中国沪深 A 股公司年报文本构建出数字化转型词频指标,并基于此实证检验了数字化转型强度对股票流动性的影响。在主题识别方面,国外学者使用 LDA 模型对年报主题进行识别,发现在 150 个主题中,公允价值、内部控制和风险因素披露三个主题能够解释年报长度、模板化程度、黏性和冗余度的增加。

2)以 MD&A 为语料的研究

作为年报中最为核心的文本信息披露部分之一,MD&A 中大量描述性陈述折射出管理者的动机和行为、行业格局、公司未来战略和核心竞争力、经营风险等关乎公司经营发展现状与前景的重要信息,且相比年度报告全文,MD&A 部分披露的内容更加密集和紧凑,具有更强的针对性,这为研究者利用 MD&A 测度公司战略、面临的风险水平、管理者特质等方面内容提供了契机。

例如,一些国内学者利用中国 A 股公司年报 MD&A 文本构建出竞争战略指标,研究发现差异化战略实施者的税收规避程度更高。在企业风险方面,学者们基于 MD&A 文本,使用机器学习方法刻画出中国企业网络安全风险程度,从供应链信任角度实证检验了网络安全风险对上下游企业贸易信贷决策和长期商业关系的影响。研究发现,网络安全风险显著降低了企业贸易信贷。相较于供应商,客户对企业的网络安全风险更为敏感,企业贸易信贷的减少主要由客户的避险动机驱动。此外,一些学者采用 Word2Vec 模型对年报 MD&A 章节的语料进行训练,构建出公司面临的气候风险指标。基于该指标,研究发现企业面临的气候风险会导致其权益资本成本升高。在管理者特质方面,MD&A 章节中披露的"短期视域"词汇可以反映出管理者短视的程度。研究发现管理者短视会减少企业的长期投资,但公司内外部治理水平会一定程度上约束管理者短视行为。

此外,基于 MD&A 文本构建的管理层语调也具有增量信息,不仅能够向资本市场传情达意,其以情感词构成的语言环境还会影响人们的决策行为。例如,学者们以受到监管问询的沪深 A 股上市公司为样本,从其下游客户的 MD&A 部分提取了管理层语调特征。研究发现,交易所对上市公司的问询函监管能够通过供应链传导到下游客户,提高客户管理层语调的积极性。

3)财务报表附注相关研究

财务报表附注信息披露是对财务报表中会计确认信息的必要补充。一些研究关注了公司在财务报表中对经济业务进行确认和在附注中进行披露的动机和经济后果差异。例如,国外学者通过实验的方法比较了美国公司财务总监针对或有负债项目采用在财务报表中直接确认和在财务报表附注中披露的区别。研究发现,相比在财务报表附注中披露或有负债信息,上市公司财务总监在财务报表中确认或有负债时,会更加的客观和谨慎,由此导致确认的或有负债金额比披露的金额要更大。

2.1.3 IPO 招股说明书

1. 招股说明书概述

招股说明书是拟上市企业首次公开发行股票(IPO)时,由股票发行人编制,旨在向社会公众公开披露公司主要事项及募股事宜的重要法律文件。根据中华人民共和国《证券法》第二章"证券发行"第十一条的规定,招股说明书是股份有限公司向国务院证券监督管理机构报送募股申请时的必备法律文件之一,也是申购新股的投资者判断 IPO 公司价值并进行投资决策最主要的信息来源。

2. 招股说明书的内容与格式

中国证监会于 2023 年发布的【第 4 号公告】《公开发行证券的公司信息披露内容与格式准则第 57 号——招股说明书》对招股说明书的内容和格式做出了明确要求。凡对投资者做出价值判断和投资决策所必需的信息，均应披露。依照该准则，招股说明书具体应涵盖十二个方面的内容。本节以力聚热能（股票代码：603391）和小方制药（股票代码：603207）作为披露示例对招股说明书的内容做清晰的介绍。

1）第一节 封面、扉页、目录、释义

封面应标有“×××公司首次公开发行股票并在主板/科创板/创业板上市招股说明书”字样，并载明发行人、保荐人、主承销商的名称和住所。发行人应在招股说明书扉页显要位置载明：“中国证监会、交易所对本次发行所作的任何决定或意见，均不表明其对发行人注册申请文件及所披露信息的真实性、准确性、完整性作出保证，也不表明其对发行人的盈利能力、投资价值或者对投资者的收益作出实质性判断或保证。任何与之相反的声明均属虚假不实陈述。”“根据《证券法》规定，股票依法发行后，发行人经营与收益的变化，由发行人自行负责；投资者自主判断发行人的投资价值，自主作出投资决策，自行承担股票依法发行后因发行人经营与收益变化或者股票价格变动引致的投资风险。”此外，还应列表载明发行股票类型、发行股数、每股面值、每股发行价格等内容。

2）第二节 概览

发行人应对招股说明书作精确、扼要的概览，使投资者整体把握企业概况。概览内容应结合发行人业务情况披露有助于投资者了解其业务特征及本次发行相关的重要信息，包括：①重大事项提示。发行人简明扼要披露重大风险和其他应提醒投资者特别关注的重要事项（图 2-15 是力聚热能首次公开发行股票并在主板上市招股说明书概览章节中关于重大事项提示的节选）。②发行人、本次发行的中介机构、以及本次发行的基本情况。③主营业务经营情况：包括主要业务、主要产品或服务及其用途、所需主要原材料及重要供应商、主要生产模式、销售方式和渠道及重要客户、行业竞争情况及发行人在行业中的竞争地位（如市场份额或排名数据）等。④发行人板块定位情况。⑤发行人报告期主要财务数据和财务指标、财务报告审计截止日后主要财务信息及经营状况、盈利预测信息。⑥发行人选择的具体上市标准。⑦发行人公司治理特殊安排等重要事项。⑧募集资金运用与未来发展规划。⑨重大诉讼等其他重要事项。

一、重大事项提示

本公司特别提示投资者对下列重大事项给予充分关注，并认真阅读本招股说明书全部内容。

（一）上市后出现业绩下滑情形而延长股份锁定期的承诺

控股股东、实际控制人何俊南，何俊南之近亲属吴万丰，何俊南控制的股东湖州欣然承诺：

"1、公司上市当年较上市前一年净利润下滑 50%以上的，延长本人/本企业届时所持股份锁定期限 6 个月；

2、公司上市第二年较上市前一年净利润下滑 50%以上的，在前项基础上延长本人/本企业届时所持股份锁定期限 6 个月；

3、公司上市第三年较上市前一年净利润下滑 50%以上的，在前两项基础上延长本人/本企业届时所持股份锁定期限 6 个月。

图 2－15　力聚热能招股说明书"重大事项提示"披露示例

3）第三节 风险因素

发行人应披露当前及未来可预见对其构成重大不利影响的直接和间接风险。发行人应按方便投资者投资决策原则将风险因素分类为与发行人相关的风险、与行业相关的风险和其他风险，精准清晰充分地揭示每项风险因素的具体情形、产生原因、目前发展阶段和对发行人的影响，并对风险因素做出定量或定性描述。此外，披露风险因素时不得包含风险对策、发行人竞争优势及类似表述。图 2－16 是力聚热能招股说明书风险因素章节的披露节选。

一、与发行人相关的风险

（一）市场及经营风险

1、原材料成本上升风险

报告期内，公司产品的直接材料占机组销售成本的比例分别为 69.85%、69.20%以及 67.17%，占比较高。公司直接材料主要为管材、板材和型材等钢类原材料，导致公司产品成本受到钢材价格波动的影响较大。

2020 年 6 月以来，随着主要下游产业的复工复产，钢铁需求量增加，钢铁价格随之上升。2021 年四季度以来，受下游需求减少等因素影响，钢材价格高位回调。若未来钢材价格继续上行，而公司无法通过内部管理实现降本增效或者原材料成本上升的风险无法完全转嫁给下游客户，则可能会影响公司的盈利水平。

二、与行业相关的风险

（一）宏观经济波动的风险

公司的主要产品为热水锅炉和蒸汽锅炉，主要用于楼堂馆所及城镇集中供热、工矿企业工业蒸汽提供等，下游主要为供热、酒店、化工、纺织、医药等行业。

伴随着地缘政治紧张局势升温，世界经济整体的不确定性增加，进而对国内经济的增长造成不利影响。若国内经济增速出现波动甚至下滑，则公司下游行业产能扩张、设备更新的速度和广度预期将被压缩，从而影响公司产品的需求。此外，国内外宏观经济的剧烈波动也有可能对发行人的原材料采购等方面产生较大影响。

三、其他风险

（一）实际控制人不当控制的风险

截至 2024 年 7 月 12 日，何俊南直接持有公司 73.26%的股权，并通过湖州欣然控制公司 14.29%的表决权，合计可控制公司 87.55%的表决权。因此，发行人实际控制人可控制公司表决权的比例较高，未来无法排除公司实际控制人利用其控制地位对公司实施不当控制的风险。

（二）公司经营业绩下滑的风险

公司经营过程中可能会面临本节中所披露的各项已识别的风险，也可能会面临其他无法预知或控制的内外部不利因素，如果该等不利因素的影响达到一定程度，如国内外宏观经济持续下行、行业政策发生重大不利变化、主要产品由于各种原因大幅降价、核心原材料的采购价格快速上涨或上游供应商供应能力不足等，公司经营业绩都

图 2-16　力聚热能招股说明书“风险因素”披露示例

4）第四节 发行人基本情况

发行人应披露注册名称、注册资本、法定代表人、成立日期等基本情况；公司设立情况、报告期内股本和股东变化情况、成立以来重要事件；重要子公司及对发行人有重大影响的参股公司情况；主要股东、实际控制人、董事、监事、高级管理人员以及员工的基本情况。

5）第五节 业务与技术

①发行人应清晰、准确、客观、完整披露主营业务、主要产品或服务及演变情况、经营模式(包括采购模式、生产模式、销售模式等)基本信息。图 2-17 是小方制药招股说明书关于业务、产品及经营模式的披露节选。②业务竞争状况：所属行业及确定所属行业的依据、行业监管体制和主要法律法规政策；所属细分行业技术水平及特点、进入本行业主要壁垒、行业发展态势、面临机遇与风险、行业周期性特征；发行人所属行业在产业链中的地位和作用，与上、下游行业之间的关联性；行业竞争格局。图 2-18 是小方制药招股说明书关于业务竞争情况的披露节选。③销售情况和主要客户。④采购情况和主要供应商。⑤对主要业务有

重大影响的主要固定资产、无形资产等资源要素的构成。⑥核心技术及其来源。⑦主要环境污染物、主要处理设施及处理能力。

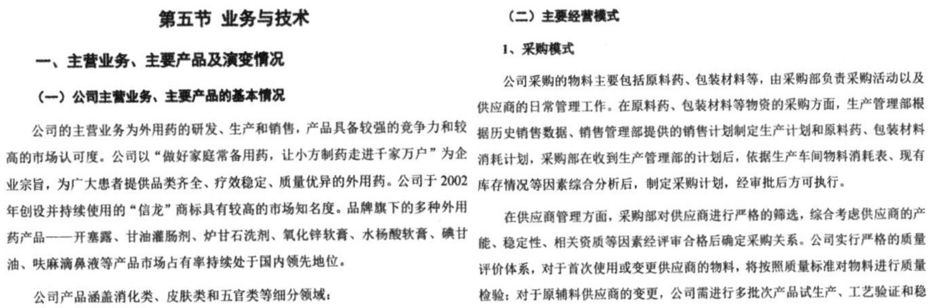

第五节 业务与技术

一、主营业务、主要产品及演变情况

（一）公司主营业务、主要产品的基本情况

公司的主营业务为外用药的研发、生产和销售，产品具备较强的竞争力和较高的市场认可度。公司以“做好家庭常备用药，让小方制药走进千家万户”为企业宗旨，为广大患者提供品类齐全、疗效稳定、质量优异的外用药。公司于 2002 年创设并持续使用的“信龙”商标具有较高的市场知名度。品牌旗下的多种外用药产品——开塞露、甘油灌肠剂、炉甘石洗剂、氧化锌软膏、水杨酸软膏、碘甘油、呋麻滴鼻液等产品市场占有率持续处于国内领先地位。

公司产品涵盖消化类、皮肤类和五官类等细分领域：

（二）主要经营模式

1、采购模式

公司采购的物料主要包括原料药、包装材料等，由采购部负责采购活动以及供应商的日常管理工作。在原料药、包装材料等物资的采购方面，生产管理部根据历史销售数据、销售管理部提供的销售计划制定生产计划和原料药、包装材料消耗计划，采购部在收到生产管理部的计划后，依据生产车间物料消耗表、现有库存情况等因素综合分析后，制定采购计划，经审批后方可执行。

在供应商管理方面，采购部对供应商进行严格的筛选，综合考虑供应商的产能、稳定性、相关资质等因素经评审合格后确定采购关系。公司实行严格的质量评价体系，对于首次使用或变更供应商的物料，将按照质量标准对物料进行质量检验；对于原辅料供应商的变更，公司需进行多批次产品试生产、工艺验证和稳

图 2－17　小方制药招股说明书“业务、产品及经营模式”披露示例

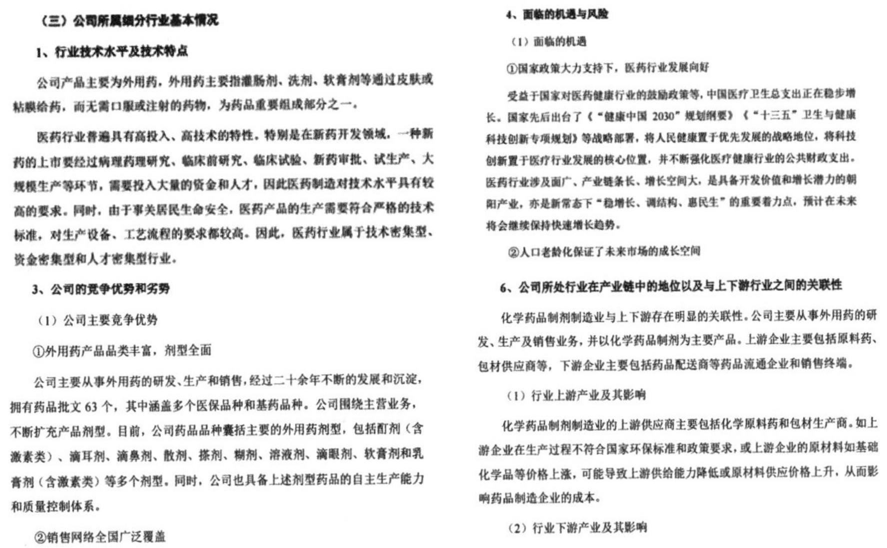

（三）公司所属细分行业基本情况

1、行业技术水平及技术特点

公司产品主要为外用药，外用药主要指灌肠剂、洗剂、软膏剂等通过皮肤或粘膜给药，而无需口服或注射的药物，为药品重要组成部分之一。

医药行业普遍具有高投入、高技术的特性。特别是在新药开发领域，一种新药的上市要经过病理药理研究、临床前研究、临床试验、新药审批、试生产、大规模生产等环节，需要投入大量的资金和人才，因此医药制造对技术水平具有较高的要求。同时，由于事关居民生命安全，医药产品的生产需要符合严格的技术标准，对生产设备、工艺流程的要求都较高。因此，医药行业属于技术密集型、资金密集型和人才密集型行业。

3、公司的竞争优势和劣势

（1）公司主要竞争优势

①外用药产品品类丰富，剂型全面

公司主要从事外用药的研发、生产和销售，经过二十余年不断的发展和沉淀，拥有药品批文 63 个，其中涵盖多个医保品种和基药品种。公司围绕主营业务，不断扩充产品剂型。目前，公司药品品种囊括主要的外用药剂型，包括酊剂（含激素类）、滴耳剂、滴鼻剂、散剂、搽剂、糊剂、溶液剂、滴眼剂、软膏剂和乳膏剂（含激素类）等多个剂型。同时，公司也具备上述剂型药品的自主生产能力和质量控制体系。

②销售网络全国广泛覆盖

4、面临的机遇与风险

（1）面临的机遇

①国家政策大力支持下，医药行业发展向好

受益于国家对医药健康行业的鼓励政策等，中国医疗卫生总支出正在稳步增长。国家先后出台了《“健康中国 2030”规划纲要》《“十三五”卫生与健康科技创新专项规划》等战略部署，将人民健康置于优先发展的战略地位，将科技创新置于医疗行业发展的核心位置，并不断强化医疗健康行业的公共财政支出。医药行业涉及面广、产业链条长、增长空间大，是具备开发价值和增长潜力的朝阳产业，亦是新常态下“稳增长、调结构、惠民生”的重要着力点，预计在未来将会继续保持快速增长趋势。

②人口老龄化保证了未来市场的成长空间

6、公司所处行业在产业链中的地位以及与上下游行业之间的关联性

化学药品制剂制造业与上下游存在明显的关联性。公司主要从事外用药的研发、生产及销售业务，并以化学药品制剂为主要产品。上游企业主要包括原料药、包材供应商等，下游企业主要包括药品配送商等药品流通企业和销售终端。

（1）行业上游产业及其影响

化学药品制剂制造业的上游供应商主要包括化学原料药和包材生产商。如上游企业在生产过程不符合国家环保标准和政策要求，或上游企业的原材料如基础化学品等价格上涨，可能导致上游供给能力降低或原材料供应价格上升，从而影响药品制造企业的成本。

（2）行业下游产业及其影响

图 2－18　小方制药招股说明书“业务竞争状况”披露示例

6）财务会计信息与管理层分析

发行人应采用定量与定性相结合的方法，清晰披露所有重大财务会计信息。这些财务会计信息主要包括：报告期的资产负债表、利润表和现金流量表、会计师事务所的审计意见类型和关键审计事项；重大会计政策或会计估计；非经常性损益明细表；收政策重大变化或税收优惠政策；报告期的主要财务指标。

管理层分析应披露以下内容：①对经营成果，资产质量，偿债能力、流动性与持续经营能力，重大资本性支出与资产业务重组等方面产生重大影响的关键因素及影响程度。②报告期内经营成果的数值与结构、变动原因、影响程度及风险趋势。③主要资产项目的质量特征、风险状况、变动原因及趋势。④偿债能力、流动性与持续经营能力。⑤重大投资或资本

性支出、重大资产业务重组或股权收购合并等事项对发行人生产经营战略、报告期及未来期间经营成果和财务状况的影响。⑥资产负债表日后事项、或有事项、其他重要事项以及重大担保、诉讼等事项在招股说明书签署日的进展情况。⑦盈利预测信息或未来是否可实现盈利的前瞻性信息及其依据、基础假设等。

7）募集资金运用与未来发展规划

发行人应披露募集资金的投向、使用管理制度、对发行人主营业务发展的贡献、未来经营战略的影响；制定的战略规划，报告期内为实现战略目标已采取的措施及实施效果，未来规划采取的措施。图 2－19 和图 2－20 是小方制药招股说明书关于募集资金运用和未来发展规划情况的披露节选。

二、公司董事会对募集资金投资项目可行性的分析意见

公司董事会审议批准了本次发行的募集资金投资项目各项目所使用的募集资金数额，并对募集资金投资项目的可行性作出了分析：认为本次发行募集资金数额和投资项目与公司现有的生产经营规模、财务状况、技术水平和管理能力等相适应。

（一）本次募集资金数额和投资项目与公司现有的生产经营规模相适应

2021 至 2023 年度，公司营业收入分别为 40,177.15 万元、45,688.97 万元和 47,187.16 万元，随着生产经营规模的不断扩大，公司现有场地和生产设施以及研究和开发设备都无法满足公司业绩持续增长和长期可持续发展的需求。

本次募集资金投资项目建成后，公司现有主营业务的生产规模和生产效率都将得到明显提升，将会进一步巩固公司在外用药领域中的优势地位，全面提高公司的市场竞争能力和持续发展能力，从而保证公司长期稳步发展。因此，本次募集资金数额和投资项目与公司现有的生产经营规模相适应。

四、募集资金运用对公司财务状况和经营成果的影响

（一）对公司财务状况的影响

本次募集资金到位后，公司资金实力将得到提升，资产负债率显著下降，偿债能力大幅提高，净资产也将大幅增加。从短期来看，由于募集资金投资项目在短期内难以完全产生效益，因此公司的净资产收益率在短期内存在下降的可能。从长期来看，随着公司新建项目的逐步达产、产品线不断完善、市场占有率的进一步提高以及随之而来的利润稳步增加，公司整体盈利能力将进一步加强，净资产收益率也将随之提高。

（二）对公司生产经营的影响

本次募集资金投资项目实施完毕后，公司的技术水平、研发能力、产品线储备、生产规模和生产效率都将得到明显提升，从而全面提高公司的市场竞争能力和持续发展能力，巩固公司现有的竞争优势并进一步扩大公司的市场份额，增强公司盈利能力。

图 2－19　小方制药招股说明书“募集资金运用”披露示例

五、未来发展规划

（一）公司整体发展战略

自成立以来，公司始终致力于外用药的研发、生产和销售，产品已具备较强的竞争力和较高的市场认可度。公司以“致力提升生活品质，做老百姓的家庭常用药”为企业理念，为广大患者提供品类齐全、疗效稳定、质量优异的外用药。

1-1-303

上海小方制药股份有限公司　招股说明书

在取得社会效益、经济效益的同时，公司品牌形象、研发实力、产品和技术储备、管理水平、人才梯队、市场营销能力等都取得了长足的发展。

（二）未来规划采取的措施

为了实现上述发展目标，公司围绕提升成长性、提高自主创新能力、增强核心竞争力优势等方面制定了一系列经营计划，具体说明如下：

1、产品和技术发展计划

公司将继续加强技术研发团队建设，加强与高等院校、研发机构等的合作，加强新外用药品、功效性护肤品的开发，丰富产品类别，完善覆盖的适应症种类，形成家庭药箱、老人药箱、儿童药箱、专科医院药箱等不同产品组合，提升产品的市场影响力，为企业未来的发展打好良好的基础。

2、市场开发计划

公司将以现有营销体系为基础加强营销活动，积极开拓市场，提升市场渗透率，提高客户满意度，加强品牌形象建设。

公司将进一步增强宣传推广活动，充分利用新媒体，提升消费者、医疗服务机构对公司产品的认知度。

图 2－20　小方制药招股说明书“未来发展计划”披露示例

8）公司治理与独立性

发行人应披露：①公司治理存在的缺陷及改进情况。②管理层对内部控制完整性、合理性及有效性的自我评估意见以及注册会计师对公司内部控制的鉴证意见。③违法违规行为及受到处罚、监督管理措施、纪律处分或自律监管措施的情况。④资金占用情况。⑤直接面向市场独立持续经营的能力，包括资产完整、人员独立、财务独立、机构独立、业务独立等方面。⑥与控股股东、实际控制人及其控制的其他企业从事相同、相似业务的情况。⑦关联方、关联关系和关联交易情况。图 2 - 21 是力聚热能招股说明书关于公司内控问题及独立性情况的披露节选。

（三）主要内控问题及整改情况

报告期内，公司存在资金拆借、向员工借款、第三方回款、实际控制人个人卡代收代付等情形。除上述事项外，公司不存在其他财务内控不规范情形。公司已经对内控不规范情形进行整改，建立健全《银行账户及存款管理制度》《关联交易管理制度》《第三方回款管理制度》《销售管理制度》等相关内部控制制度，进一步加强对资金管理的内部控制管理。公司制定了《防范控股股东及实际控制人占用公司资金管理制度》，切实防范资金占用行为。公司对实际控制人、董事、监事、高级管理人员及财务人员进行了相关事项的培训，公司实际控制人、董事、监事、高级管理人员及财务人员树立了明确的合规意识及风险意识，有效杜绝了内控不规范行为的发生。

报告期内公司存在内控不规范的情形，但相关事项未对公司内部控制制度造成重大持续影响，且公司已经对相关内部控制不规范情形进行了整改，针对性建立内控制度并有效执行。整改完成后，公司内控制度健全有效。上述行为不构成重大违法违规，不存在后续影响或重大风险隐患，不会影响公司的独立性及内部控制的有效性，满足相关发行条件的要求。立信已出具《内部控制鉴证报告》（信会师报字[2024]第ZF10181 号）：“力聚热能于 2023 年 12 月 31 日按照《企业内部控制基本规范》的相关规定在所有重大方面保持了有效的财务报告内部控制。”

（二）人员独立

公司的总经理、副总经理、财务负责人和董事会秘书等高级管理人员未在控股股东、实际控制人及其控制的其他企业中担任除董事、监事以外的其他职务，未在控股股东、实际控制人及其控制的其他企业领薪；公司的财务人员未在控股股东、实际控制人及其控制的其他企业中兼职。

（三）财务独立

公司设置了独立的财务部门，配备了独立专职的财务人员，并根据现行的会计准则及相关法律法规建立了独立、完整的财务核算体系，能够独立作出财务决策，具有规范的财务会计制度和对子公司的财务管理制度。公司开设有独立的银行账户，不存在与控股股东、实际控制人及其控制的其他企业共用银行账户的情况。公司作为独立的纳税人，依法纳税，不存在与控股股东、实际控制人及其控制的其他企业合并纳税的情况。

（四）机构独立

公司建立了健全的法人治理结构，设置了股东大会、董事会、监事会等决策及监督机构，同时建立了独立完整的内部组织机构，各机构按照相关规定在各自职责范围

图 2 - 21　力聚热能招股说明书“公司内控问题及独立性”披露示例

9）投资者保护

发行人应披露本次发行完成前滚存利润的分配安排和已履行的决策程序、本次发行前后股利分配政策情况、保护投资者合法权益的各项措施（针对存在特别表决权股份、协议控制架构或类似特殊安排，尚未盈利或存在累计未弥补亏损的发行人）。图 2 - 22 是力聚热能招股说明书关于投资者保护的披露节选。

二、股利分配政策

（一）公司章程中利润分配相关规定

1、利润分配的基本原则

公司实行积极、持续、稳定的利润分配政策，公司利润分配应重视对投资者的合理投资回报并兼顾公司当年的实际经营情况和可持续发展；公司董事会、监事会和股东大会对利润分配政策的决策和论证应当充分考虑独立董事、监事和股东的意见。

2、利润分配形式及时间间隔

公司可以采取现金、股票、二者相结合或法律、法规允许的其他方式分配股利。公司应当优先采用现金分红进行利润分配，采用股票方式进行利润分配的，应当以股东合理现金分红回报和维持适当股本规模为前提，并综合考虑公司成长性、每股净资产的摊薄等真实合理因素。在满足现金分红条件、保证公司正常经营的前提下，公司原则上每年进行一次现金分红，公司可以根据公司的盈利状况及资金需求进行中期现金分红。

1、公司长期回报规划的内容

公司实行积极、持续、稳定的利润分配政策，公司利润分配应重视对投资者的合理投资回报并兼顾公司当年的实际经营情况和可持续发展；公司董事会、监事会和股东大会对利润分配政策的决策和论证应当充分考虑独立董事、监事和股东的意见。

公司可以采取现金、股票、二者相结合或法律、法规允许的其他方式分配股利。公司应当优先采用现金分红进行利润分配，采用股票方式进行利润分配的，应当以股东合理现金分红回报和维持适当股本规模为前提，并综合考虑公司成长性、每股净资产的摊薄等真实合理因素。在满足现金分红条件、保证公司正常经营的前提下，公司原则上每年进行一次现金分红，公司可以根据公司的盈利状况及资金需求进行中期现金分红。

图 2 - 22　力聚热能招股说明书“投资者保护”披露示例

10）其他重要事项

发行人应披露影响报告期经营活动、财务状况或未来发展等方面的合同履行情况；对外担保情况；对财务状况、经营成果、声誉、业务活动、未来前景等可能产生较大影响的诉讼或仲裁事项。图 2 - 23 是力聚热能招股说明书关于其他重要事项的披露节选。

三、重大诉讼或仲裁情况

截至本招股说明书签署日，公司不存在尚未了结的重大诉讼或仲裁事项。发行人及其子公司报告期内发生的其他诉讼或仲裁案件情况如下：

（一）徐州博顿君廷酒店管理有限公司诉公司案

1、基本情况

2019 年 9 月，公司与徐州博顿君廷酒店管理有限公司（以下简称“原告”）签署销售合同向原告销售燃气蒸汽发生器。2021 年 5 月，原告经营的酒店（以下简称“酒店”或“博顿君廷酒店”）发生一氧化碳中毒事故，原告认为公司向其销售的蒸汽发生器是产生高浓度一氧化碳的主要设备且产品质量和服务均不符合合同要求，因此，原告向徐州经济技术开发区人民法院提起诉讼，请求法院判决：（1）解除原告、发行人于 2019 年签订的买卖合同；（2）判决原告退回购买的燃气蒸汽发生器等，发行人退回货款 32 万元；（3）判决发行人赔偿经济损失 321.07 万元；（4）诉讼费、鉴定费由发行人承担。

图 2－23　力聚热能招股说明书“重大诉讼和仲裁事项”披露示例

11）声明

①发行人及其全体董事、监事、高级管理人员应在招股说明书正文的尾页声明：“本公司及全体董事、监事、高级管理人员承诺本招股说明书的内容真实、准确、完整，不存在虚假记载、误导性陈述或重大遗漏，按照诚信原则履行承诺，并承担相应的法律责任。”声明应由全体董事、监事、高级管理人员签字，并由发行人盖章。②发行人控股股东、实际控制人应在招股说明书正文后声明：“本公司（或本人）承诺本招股说明书的内容真实、准确、完整，不存在虚假记载、误导性陈述或重大遗漏，按照诚信原则履行承诺，并承担相应的法律责任。”声明应由控股股东、实际控制人签字、盖章。③保荐人（主承销商）应在招股说明书正文后声明：“本公司已对招股说明书进行核查，确认招股说明书的内容真实、准确、完整，不存在虚假记载、误导性陈述或重大遗漏，并承担相应的法律责任。”声明应由法定代表人、保荐代表人、项目协办人签字，并由保荐人（主承销商）盖章。④发行人律师应在招股说明书正文后声明：“本所及经办律师已阅读招股说明书，确认招股说明书与本所出具的法律意见书无矛盾之处。本所及经办律师对发行人在招股说明书中引用的法律意见书的内容无异议，确认招股说明书不致因上述内容而出现虚假记载、误导性陈述或重大遗漏，并承担相应的法律责任。”声明应由经办律师及所在律师事务所负责人签字，并由律师事务所盖章。⑤为本次发行承担审计业务的会计师事务所应在招股说明书正文后声明：“本所及签字注册会计师已阅读招股说明书，确认招股说明书与本所出具的审计报告、审阅报告（如有）、盈利预测审核报告（如有）、内部控制鉴证报告及经本所鉴证的非经常性损益明细表等无矛盾之处。本所及签字注

册会计师对发行人在招股说明书中引用的审计报告、审阅报告(如有)、盈利预测审核报告(如有)、内部控制鉴证报告及经本所鉴证的非经常性损益明细表等的内容无异议,确认招股说明书不致因上述内容而出现虚假记载、误导性陈述或重大遗漏,并承担相应的法律责任。”声明应由签字注册会计师及所在会计师事务所负责人签字,并由会计师事务所盖章。⑥为本次发行承担评估业务的资产评估机构应在招股说明书正文后声明:“本机构及签字资产评估师已阅读招股说明书,确认招股说明书与本机构出具的资产评估报告无矛盾之处。本机构及签字资产评估师对发行人在招股说明书中引用的资产评估报告的内容无异议,确认招股说明书不致因上述内容而出现虚假记载、误导性陈述或重大遗漏,并承担相应的法律责任。”声明应由签字资产评估师及所在资产评估机构负责人签字,并由资产评估机构盖章。⑦为本次发行承担验资业务的机构应在招股说明书正文后声明:“本机构及签字注册会计师已阅读招股说明书,确认招股说明书与本机构出具的验资报告无矛盾之处。本机构及签字注册会计师对发行人在招股说明书中引用的验资报告的内容无异议,确认招股说明书不致因上述内容而出现虚假记载、误导性陈述或重大遗漏,并承担相应的法律责任。”声明应由签字注册会计师及所在验资机构负责人签字,并由验资机构盖章。⑧本准则要求的有关人员签名下方应以印刷体形式注明其姓名。

12)附件

发行人应披露以下附件:①发行保荐书。②上市保荐书。③法律意见书。④财务报告及审计报告。⑤公司章程(草案)。⑥落实投资者关系管理相关规定的安排、股利分配决策程序、股东投票机制建立情况。⑦与投资者保护相关的承诺。⑧发行人及其他责任主体作出的与发行人本次发行上市相关的其他承诺事项。⑨发行人审计报告基准日至招股说明书签署日之间的相关财务报告及审阅报告(如有)。⑩盈利预测报告及审核报告(如有)。⑪内部控制鉴证报告。⑫经注册会计师鉴证的非经常性损益明细表。⑬股东大会、董事会、监事会、独立董事、董事会秘书制度的建立健全及运行情况说明。⑭审计委员会及其他专门委员会的设置情况说明。⑮募集资金具体运用情况。⑯子公司、参股公司简要情况。⑰其他与本次发行有关的重要文件。

3. 学术应用场景

随着注册制改革的推进,拟上市企业在招股说明书中的信息披露问题引起了学者们的广泛关注。目前有关 IPO 招股说明书的研究涵盖金融、会计、管理科学与工程等多个领域。其中,在财务会计领域,学者们普遍关注了招股说明书信息披露的质量、文本语调、前瞻性、风险和创新内容等方面。

招股说明书中的信息披露可以分解为模板化信息和具有信息含量的信息,在招股说明书中进行有价值的信息披露是拟上市企业上市前恪尽职守的体现,可以有效降低 IPO 抑价

(Hanley et al.,2010)。在股票发行阶段,发行人通过招股说明书进行信息披露可以有效规避诉讼风险(Hanley et al.,2012)。

在文本情感与前瞻性特征方面,招股说明书的语调特征蕴含着丰富的信息含量,投资者可以通过招股说明书的语调情感来判断所持股票 IPO 的抑价程度以及未来长期表现。研究发现当招股说明书的语调越消极,代表发行人对公司未来表现持更加保守的态度,IPO 抑价越大,并且对于非科技型企业来说,招股说明书的消极语调预示着公司在 IPO 后未来三年较差的业绩和股票收益表现。在中文语境下,一些学者同样发现我国 A 股市场 IPO 公司招股说明书的负面语调与 IPO 首日回报率正相关,但与未来 1 至 3 年的超额回报率负相关。招股说明书文本负面语调与 IPO 抑价率负相关,文本净语调与 IPO 抑价率正相关。在前瞻性特征方面,学者们利用深度学习方法识别出 IPO 招股说明书管理者讨论与分析章节的前瞻性陈述,以及这些陈述的主题、语调、可读性和相似性等特征,研究发现这些信息可以有效预测 IPO 估值与抑价。

在文本内容方面,一些研究关注了招股说明书风险因素章节的信息披露内容和质量。国外的研究发现美国公司招股说明书中风险信息的模糊性会影响投资者的证券投资组合决策。当企业披露的风险信息越模糊,IPO 抑价越大,IPO 首日回报率越高。在我国,招股说明书中重大风险提示部分的特有风险提示信息有助于降低信息不对称程度,从而降低主板上市公司的 IPO 抑价水平。招股说明书中披露的总风险、财务风险和经营风险越多,IPO 抑价越低、流动性越强,且业绩差的公司在招股说明书中进行风险披露的意愿更强,旨在提前释放风险信息以规避未来的监管风险。除了风险信息,学者们利用机器学习方法识别出招股说明书中的创新文本信息,发现创新文本信息中的公司特质信息和前瞻性信息披露能够增加投资者对同行公司创新活动的了解,从而降低同行公司的股价同步性(巫岑等,2022)。

在注册制的改革背景下,近年来的一些研究重点关注了审核问询及发行人针对问询的回复与招股说明书信息披露内容和质量的关系。研究普遍发现招股说明书信息披露程度及主题内容会受到注册制审核问询的显著影响。例如,审核问询能够有效提升拟上市企业招股说明书的信息披露水平,当企业被问询程度越高,其招股说明书的注册稿相较于申报稿的信息披露总量越多、可读性和丰富程度也越高。问询之后招股说明书的文本长度、文本句长、文本可理解性和文本定量信息显著增加,基于 LDA 主题模型的文本分析显示招股说明书的主题也会与问询函中所关注的特定主题相趋同(俞红海等,2022)。此外,发行人对证监会问询函的回复信息质量对招股说明书的内容有显著影响,当回复函质量越高,招股书上会稿与初始申报稿相比提供的增量信息越多,信息质量越高(薛爽等,2022)。

2.2　企业自愿性信息披露

2.2.1　企业自愿性信息披露概述

自愿性信息披露是指除依法需要披露的信息之外，上市公司和信息披露义务人根据投资者等信息使用者的需求而主动、及时披露的信息。这些信息与投资者做出价值判断和投资决策有关，主要内容包括公司经营数据、公司未来筹资、投资机会和财务风险、财务预测性信息、股价信息、内部控制信息、公司治理信息、社会责任信息等，这些信息对投资者等利益相关者的科学决策产生实质性影响。

根据我国上市公司信息披露管理办法，自愿性披露的信息不得与依法披露的信息相冲突，不得误导投资者。信息披露义务人自愿披露的信息应当真实、准确、完整。自愿性信息披露应当遵守公平原则，保持信息披露的持续性和一致性，不得进行选择性披露。信息披露义务人不得利用自愿披露的信息不当影响公司证券及其衍生品种交易价格，不得利用自愿性信息披露从事市场操纵等违法违规行为。

本章节将具体介绍几个常见的企业自愿性披露内容，包括企业业绩说明会、互动易和 e 互动、ESG 报告。

2.2.2　业绩说明会

1. 概述

业绩说明会是指上市公司为加强与中小投资者的沟通和交流，定期与投资者通过问答的形式交流的会议。业绩说明会一般在年报披露后召开，公司高管会对公司年报情况进行解读，对所处行业状况、发展战略、财务状况和经营业绩及投资者关心的其他问题进行解释和解答。业绩说明会是投资者获取公司近况和未来发展规划的文本信息来源，其会议记录通常以文本形式披露，供广大投资者和研究人员分析使用。

2. 数据结构和来源

业绩说明会一般可分为管理层陈述和问答两个环节，如图 2－24 中国平安（股票代码：601318）2023 年度业绩说明会所示。管理层陈述环节中管理层简要介绍报告期间的主要业绩指标等，而后的问答环节中管理层则逐个回答投资者和分析师等参会人员的问题。业绩说明会记录相较其他公司披露文本更加口语化，具有较高的非正式性，具体内容可在投资者关系互动平台全景网上查看（https://ir.p5w.net）。

3. 学术应用场景

目前针对公司业绩说明会的研究主要集中在会计和金融领域，涉及的文本指标包括语调、虚假性、披露信息含量等。有学者基于我国上市公司年度业绩说明会的文本分析，研究

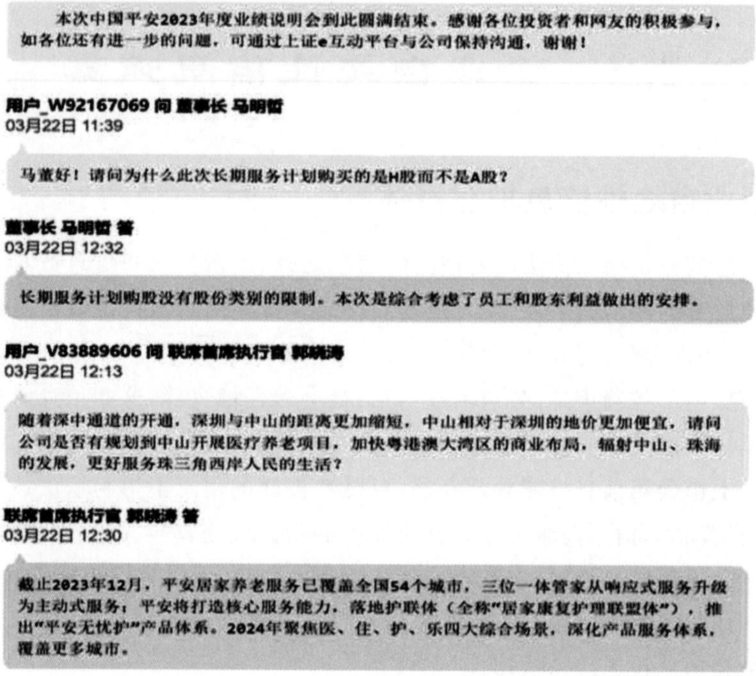
本次中国平安2023年度业绩说明会到此圆满结束。感谢各位投资者和网友的积极参与，如各位还有进一步的问题，可通过上证e互动平台与公司保持沟通，谢谢！

用户_W92167069 问 董事长 马明哲
03月22日 11:39

马董好！请问为什么此次长期服务计划购买的是H股而不是A股？

董事长 马明哲 答
03月22日 12:32

长期服务计划购股没有股份类别的限制。本次是综合考虑了员工和股东利益做出的安排。

用户_V83889606 问 联席首席执行官 郭晓涛
03月22日 12:13

随着深中通道的开通，深圳与中山的距离更加缩短，中山相对于深圳的地价更加便宜，请问公司是否有规划到中山开展医疗养老项目，加快粤港澳大湾区的商业布局，辐射中山、珠海的发展，更好服务珠三角西岸人民的生活？

联席首席执行官 郭晓涛 答
03月22日 12:30

截止2023年12月，平安居家养老服务已覆盖全国54个城市，三位一体管家从响应式服务升级为主动式服务；平安将打造核心服务能力，落地护联体（全称“居家康复护理联盟体”），推出“平安无忧护”产品体系。2024年聚焦医、住、护、乐四大综合场景，深化产品服务体系，覆盖更多城市。

图 2-24　中国平安 2023 年度业绩说明会问答环节

了管理层语调能否预示公司未来业绩。他们发现，管理层业绩说明会的语调与公司未来业绩显著相关，说明管理层披露的文本信息具有信息含量和可信度。也有学者研究了上市公司业绩说明会中管理层答非所问的现象，并分析了其与市场反应和公司未来业绩表现之间的关系。结果表明，管理层答非所问的程度越高，公司股票的市场表现和未来业绩表现越差。

4. 其他

美国的盈余电话会议与国内的业绩说明会类似，是上市公司为加强与中小投资者的沟通和交流，定期与投资者通过问答的形式交流的会议，具体分为管理层陈述和问答两个环节。目前，基于美国盈余电话会议的研究发现十分丰富，例如，有学者利用复杂的机器学习算法，成功捕捉了管理者在财报电话会议中的幽默感。他们发现，当管理者在电话会议中适时展现幽默感时，股市回报和分析师的预测修正在会后表现更为积极，主要原因是市场对负面财报消息的反应较为平淡。

2.2.3　互动易和 e 互动

1. 概述

“互动易”是“深圳证券交易所上市公司投资者关系互动平台”的简称，“e 互动”是“上海证券交易所 e 互动网络平台”的简称。两个平台旨在利用互联网技术为投资者与上市公司提供更为直接、快捷的沟通渠道，供所有的投资者与上市公司直接交流。通过“互动易”和“e 互动”，投资者可以直接与上市公司进行提问，获得直接、专业的上市公司信息，上市公司也可以及时了解投资者的诉求，上市公司与投资者之间实现了良性互动。“互动易”的推出和升级，是继股东大会网络投票保护投资者决策参与权后，深交所保护投资者知情权和质询权的又一创新举措。“e 互动”帮助上市公司、投资者实现“零距离”接触，亦让上交所的市场化监管方式找到了创新的“落脚点”。这些平台有效保障了投资者知情权，极大程度上促进了信息披露公开性和及时性，平台上的互动问答数据也逐渐成为众多学者进行文本挖掘的数据素材。

2. 数据结构和来源

投资者可通过互动平台向上市公司提问，上市公司则通过此平台在线回答投资者问题，从而形成了一问一答的文本数据结构。截止到 2020 年初，投资者累计提问量达 327 余万条（其中，深交所 290 余万条，上交所 37 万余条，上市公司回复率达 94.2%。图 2－25 和2－26 分别是深证“互动易”平台投资者问答页面和上证“e 互动”平台投资者问答页面。

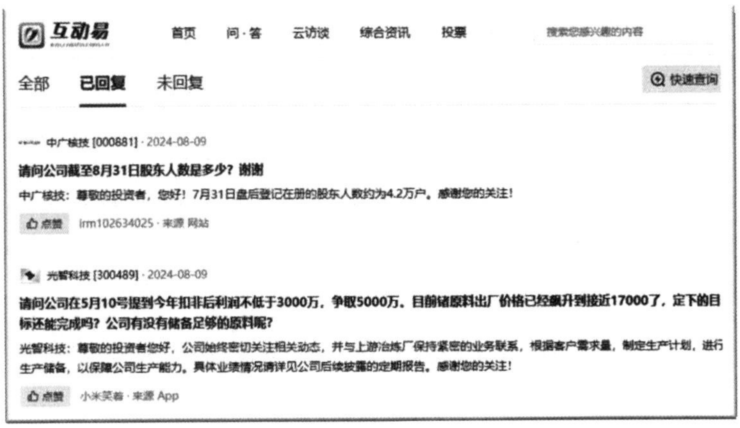

图 2－25　深证“互动易”平台投资者问答页面

图 2－26　上证“e 互动”平台投资者问答页面

3. 学术应用场景

互动易问答数据包含丰富的信息含量，已经得到学术界和业界的广泛关注。例如，学者们基于上市公司在上交所“e互动”和深交所“互动易”的投资者问答数据，提炼出企业数字化战略信息，研究业绩期望落差对企业数字化战略信息传递积极性的影响及其机制。他们发现，业绩期望落差激发企业积极传递数字化战略信息。也有学者通过深度学习模型挖掘了沪深两市互动平台上投资者与上市公司管理层的互动文本，识别投资者问询内容和公司回复质量后发现，投资者对公司股票和财务类信息的提问关注可以抑制股价泡沫频率和强度，而对公司研发生产和销售类信息的提问关注则提升了股价泡沫频率和强度；而管理层针对投资者提问的回复明确性越高，越可以显著降低股价泡沫频率。此外，也有学者使用BERT算法分析互动易对话，发现互动易问答情况与股票交易量、收益波动性、市场流动性和价格信息量等相关。

2.2.4 ESG 报告

1. 概述

ESG报告(environmental social and governance reporting)，即环境、社会与治理报告，是企业或组织发布的关于其在环境保护、社会责任和公司治理方面表现的系统性文档。作为企业非财务信息披露的主要载体，ESG报告通过对企业员工权益、环境保护、客户关系、公益慈善和公司治理等方面投入与实施情况的描述，向利益相关者传递着企业可持续发展能力等的重要信息，有助于了解企业的可持续性和企业社会责任的实际执行情况。

2. 数据结构和来源

由于目前对企业ESG报告的发布内容、形式等要求上没有严格一致的规定，企业ESG报告的形式较为丰富多彩，编制自由度较高，通常包含大量的文本、图片等信息，主要由以下几部分构成：①报告前言。披露报告规范、高管致辞、企业概况(含企业治理)、关键绩效表等内容。②责任管理。披露企业社会责任管理现状，包括社会责任治理、社会责任推进、社会责任沟通以及守法合规等方面的管理理念、制度、行为和绩效等。③市场绩效。披露企业的市场责任绩效，包括股东责任、客户责任、伙伴责任等方面的管理理念、制度、行为和绩效等。④社会绩效。披露企业的社会责任绩效，包括政府责任、员工责任、社区参与等方面的管理理念、制度、行为和绩效等。⑤环境绩效。披露企业的环境责任绩效，包括环境管理、节约资源/能源以及降污减排等方面的管理理念、制度、行为和绩效等。⑥报告后记。披露企业对未来社会责任工作的展望、内外部利益相关方对报告的点评、参考指标索引、报告反馈等内容。

在巨潮资讯网搜索关键词“ESG报告”“可持续发展报告”“社会责任报告”等可获得上

市公司最新披露的 ESG/可持续发展/社会责任报告数据。此外，在上市企业的公司官网以及交易所网站亦有披露。图 2-27 和 2-28 以宁德时代(股票代码:300750)和格力电器(股票代码:000651)为例，展示了 ESG 报告的内容。

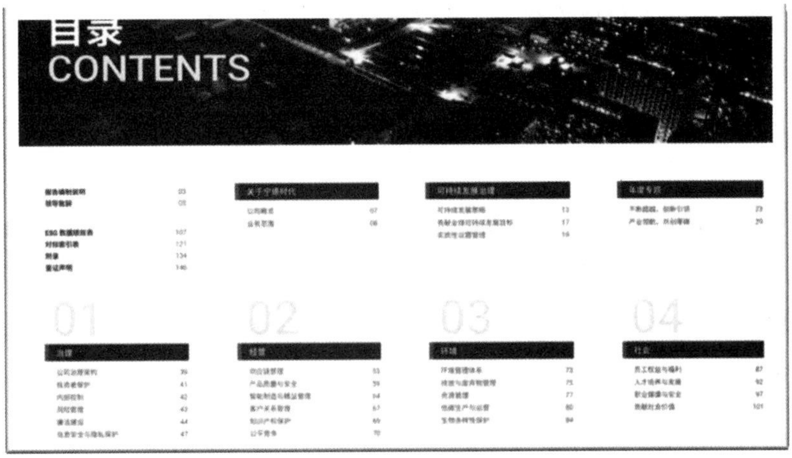

图 2-27　宁德时代 2023 年度环境、社会及公司治理(ESG)报告

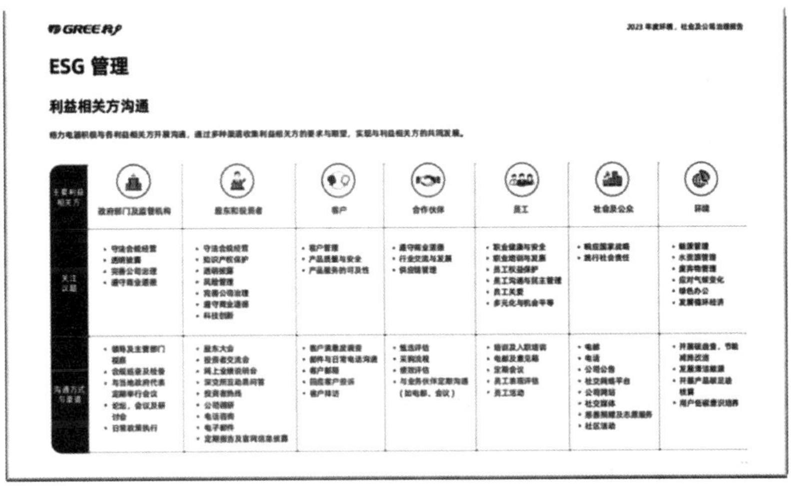

图 2-28　格力电器 2023 年度环境、社会及公司治理(ESG)报告

3. 学术应用场景

在实践中，ESG 报告可用于投资分析、市场研究以及合规性检查等。在投资分析方面，投资者通过分析 ESG 报告评估公司的可持续性和长期发展潜力，通过分析环境、社会和治理因素，投资者可以判断企业是否能够在未来获得持续的竞争优势。在市场研究方面，利用 ESG 报告了解行业的环境影响以及企业在行业内的领先地位。在合规性检查方面，企业内部使用 ESG 报告确保其运营符合相关环保政策。

目前关于ESG报告的学术研究可主要分为两类：一类是基于报告信息自身整体的特征，如ESG报告的篇幅、可读性、语调等；另一类是对报告具体信息内容的提取，比如企业具体的社会责任行为、对不同利益相关者的披露关注度等。例如，有学者发现企业ESG表现对企业的账面价值和市场价值均有显著的提升作用。也有学者从社会责任报告语调的视角研究非财务文本语调特征对资本市场运转可能存在的重要影响，发现社会责任报告的净正面语调会降低资产误定价水平等。

4. 相关法律法规

2018年6月中国证监会发布了《上市公司治理准则》修订版，首次明确要求上市公司对环境、社会和公司治理方面的信息进行披露。同年11月，基金业协会正式发布了《中国上市公司ESG评价体系研究报告》和《绿色投资指引（试行）》，提出了衡量上市公司ESG绩效的核心指标体系。

2022年4月，证监会发布的《上市公司投资者关系管理工作指引》明确要求在上市公司与投资者的沟通内容中增加关于环境、社会和治理（ESG）的信息。

2024年4月12日，在中国证监会的统一部署和指导下，在前期公开征求意见的基础上，上交所、深交所和北交所正式发布了《上市公司可持续发展报告指引》，将于同年5月1日起实施。指引要求上证180指数、科创50指数、深证100指数、创业板指数样本公司及境内外同时上市的公司应当最晚在2026年首次披露2025年度可持续发展报告，鼓励其他上市公司自愿披露。

2.3 第三方机构信息披露

2.3.1 第三方机构信息披露概述

第三方机构信息披露指的是除企业直接披露之外的各种信息披露。这类间接披露为投资者全面评估企业的运营状况、市场定位及未来潜力，提供了重要信息窗口。在财经文本分析中，常见的第三方信息披露包括审计报告、分析师报告、证监会问询函和社交平台文本等。

2.3.2 审计报告

1. 概述

审计报告是指注册会计师根据独立审计准则的要求，在实施了必要审计程序后出具的，用于对被审计单位年度财务报表发表审计意见的书面文件。审计报告的目标是对财务报表整体是否不存在由于舞弊或错误导致的重大错报获取合理保证，使得注册会计师能够对财务报表是否在所有重大方面按照适用的财务报告编制基础编制发表审计意见。因此，审计报告是注册会计师与财务报表使用者沟通所审计事项的主要手段，对增强财务信息的可信性起着至关重要的作用。鉴于审计报告的内容模板化严重，信息使用者从审计报告中很难获取除审计意见之外的其他关键审计信息，因此审计报告的改革一直以来受到监管机构和投资者的广泛关注。

2. 数据结构和来源

审计报告的结构清晰、内容翔实，通常包括以下部分：①标题和收件人。标题统一规范为“审计报告”，并载明收件人。②审计意见。除非法律法规另有规定，审计意见应当使用“我们认为，后附的财务报表在所有重大方面按照[适用的财务报告编制基础（如企业会计准则等）]的规定编制，公允反映了[……]”的措辞。审计意见部分还包括被审计单位名称、所审计的日期或期间、构成整套财务报表的每一财务报表的名称等。③形成审计意见的基础。注明审计报告编制的准则基础。④关键审计事项。介绍对本期财务报表审计最为重要的事项。⑤管理层对财务报表的责任。说明管理层对财务报表编制的责任内容。⑥注册会计师对财务报表审计的责任。说明注册会计师对财务报表审计的责任内容。⑦注册会计师的签名和盖章，会计师事务所的名称、地址和盖章，以及报告日期。⑧其他信息。注明财务报表和审计报告之外的其他信息责任情况。本节以华谊集团（股票代码：600623）和丹化科技（股票代码：600844）为例，向读者展示审计报告的内容。图 2 - 29 是华谊集团 2023 年年度审计报告示例。

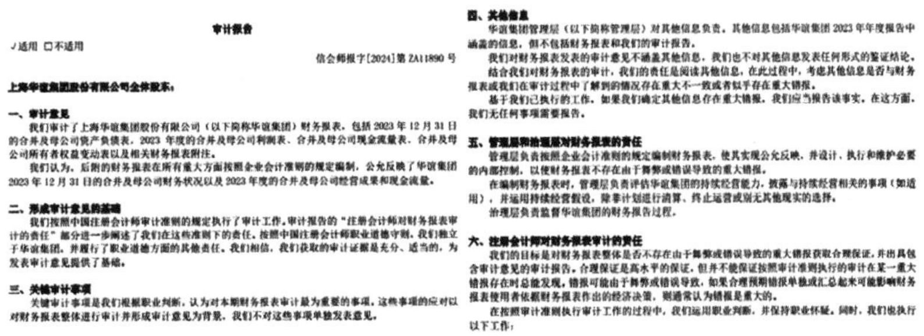

审计报告

✓适用 ☐不适用

信会师报字[2024]第 ZA11890 号

上海华谊集团股份有限公司全体股东：

一、审计意见

我们审计了上海华谊集团股份有限公司（以下简称华谊集团）财务报表，包括 2023 年 12 月 31 日的合并及母公司资产负债表，2023 年度的合并及母公司利润表、合并及母公司现金流量表、合并及母公司所有者权益变动表以及相关财务报表附注。

我们认为，后附的财务报表在所有重大方面按照企业会计准则的规定编制，公允反映了华谊集团 2023 年 12 月 31 日的合并及母公司财务状况以及 2023 年度的合并及母公司经营成果和现金流量。

二、形成审计意见的基础

我们按照中国注册会计师审计准则的规定执行了审计工作。审计报告的“注册会计师对财务报表审计的责任”部分进一步阐述了我们在这些准则下的责任。按照中国注册会计师职业道德守则，我们独立于华谊集团，并履行了职业道德方面的其他责任。我们相信，我们获取的审计证据是充分、适当的，为发表审计意见提供了基础。

三、关键审计事项

关键审计事项是我们根据职业判断，认为对本期财务报表审计最为重要的事项。这些事项的应对以对财务报表整体进行审计并形成审计意见为背景，我们不对这些事项单独发表意见。

四、其他信息

华谊集团管理层（以下简称管理层）对其他信息负责。其他信息包括华谊集团 2023 年年度报告中涵盖的信息，但不包括财务报表和我们的审计报告。

我们对财务报表发表的审计意见不涵盖其他信息，我们也不对其他信息发表任何形式的鉴证结论。

结合我们对财务报表的审计，我们的责任是阅读其他信息，在此过程中，考虑其他信息是否与财务报表或我们在审计过程中了解到的情况存在重大不一致或者似乎存在重大错报。

基于我们已执行的工作，如果我们确定其他信息存在重大错报，我们应当报告该事实。在这方面，我们无任何事项需要报告。

五、管理层和治理层对财务报表的责任

管理层负责按照企业会计准则的规定编制财务报表，使其实现公允反映，并设计、执行和维护必要的内部控制，以使财务报表不存在由于舞弊或错误导致的重大错报。

在编制财务报表时，管理层负责评估华谊集团的持续经营能力，披露与持续经营相关的事项（如适用），并运用持续经营假设，除非计划进行清算、终止运营或别无其他现实的选择。

治理层负责监督华谊集团的财务报告过程。

六、注册会计师对财务报表审计的责任

我们的目标是对财务报表整体是否不存在由于舞弊或错误导致的重大错报获取合理保证，并出具包含审计意见的审计报告。合理保证是高水平的保证，但并不能保证按照审计准则执行的审计在某一重大错报存在时总能发现。错报可能由于舞弊或错误导致，如果合理预期错报单独或汇总起来可能影响财务报表使用者依据财务报表作出的经济决策，则通常认为错报是重大的。

在按照审计准则执行审计工作的过程中，我们运用职业判断，并保持职业怀疑。同时，我们也执行以下工作：

图 2 - 29　华谊集团 2023 年度审计报告

3. 学术应用场景

鉴于审计报告的关键审计事项具有丰富的信息含量，其成为研究人员进行审计报告文本分析的核心数据基础。图 2 - 30(a)和(b)分别展示了丹化科技和华谊集团 2023 年审计报告关键审计事项的部分内容。在上市公司年度财务报告中可查看审计报告主要内容，载有会计师事务所盖章、注册会计师签名并盖章的审计报告原件通常为上市公司留存备查文件。

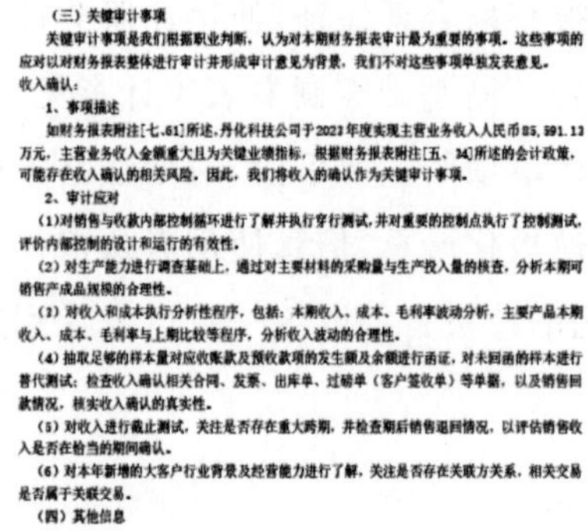

（三）关键审计事项

关键审计事项是我们根据职业判断，认为对本期财务报表审计最为重要的事项。这些事项的应对以对财务报表整体进行审计并形成审计意见为背景，我们不对这些事项单独发表意见。

收入确认：

1、事项描述

如财务报表附注[七.61]所述，丹化科技公司于2023年度实现主营业务收入人民币85,591.13万元，主营业务收入金额重大且为关键业绩指标，根据财务报表附注[五、34]所述的会计政策，可能存在收入确认的相关风险，因此，我们将收入的确认作为关键审计事项。

2、审计应对

（1）对销售与收款内部控制循环进行了解并执行穿行测试，并对重要的控制点执行了控制测试，评价内部控制的设计和运行的有效性。

（2）对生产能力进行调查基础上，通过对主要材料的采购量与生产投入量的核查，分析本期可销售产成品规模的合理性。

（3）对收入和成本执行分析性程序，包括：本期收入、成本、毛利率波动分析，主要产品本期收入、成本、毛利率与上期比较等程序，分析收入波动的合理性。

（4）抽取足够的样本量对应收账款及预收款项的发生额及余额进行函证，对未回函的样本进行替代测试：检查收入确认相关合同、发票、出库单、过磅单（客户签收单）等单据，以及销售回款情况，核实收入确认的真实性。

（5）对收入进行截止测试，关注是否存在重大跨期，并检查期后销售退回情况，以评估销售收入是否在恰当的期间确认。

（6）对本年新增的大客户行业背景及经营能力进行了解，关注是否存在关联方关系，相关交易是否属于关联交易。

（四）其他信息

a 丹化科技：2023 年关键审计事项部分内容

三、关键审计事项

关键审计事项是我们根据职业判断，认为对本期财务报表审计最为重要的事项。这些事项的应对以对财务报表整体进行审计并形成审计意见为背景，我们不对这些事项单独发表意见。

我们在审计中识别出的关键审计事项汇总如下：

关键审计事项	该事项在审计中是如何应对的
（一）应收账款的可收回性	
请参阅财务报表附注三、（十二）所述的会计政策及附注五、（五）。 于2023年12月31日，华谊集团应收账款的原值为 1,838,077,671.95 元，坏账准备为 459,828,648.02 元。 由于华谊集团管理层在确定应收账款预计可收回金额时需要运用重大会计估计和判断，且影响金额重大，为此我们确定应收账款的可收回性为关键审计事项。	我们针对应收账款的可收回性执行的审计程序主要有： ① 通过与管理层讨论以及复核历史数据，评价管理层评估坏账准备时所采用的预期信用损失模型和使用参数(包括前瞻性信息)的合理性； ② 实施函证程序，并将函证结果与管理层记录的金额进行了核对； ③ 结合期后回款情况检查，评价管理层预计信用损失计提的合理性； ④ 根据上述程序了解的情况，重新计算应收账款期末余额坏账准备，计算结果与管理层作出的应收账款期末余额坏账准备进行对比。
（二）商誉减值	
关于商誉减值的会计政策请参阅附注三、（二十六）；关于商誉减值的分析请参阅附注五、（二十九）。 华谊集团在每年年度终了对商誉进行减值测试。商誉的减值评估结果由管理层依据其聘任的外部评估师编制的评估报告进行确定。因商誉减值评估涉及运用大量判断和估计，特别是确定收入增长率、永续增长率，以及确定所应用的风险调整折现率时均存在固有不确定性和可能受到管理层偏好的影响，我们将商誉减值识别为关键审计事	我们对华谊集团商誉减值执行的审计程序主要有： ① 评价管理层委聘的外部评估师的胜任能力、专业素质和客观性； ② 分析管理层和外部评估师对商誉所属资产组的认定和进行商誉减值测试时采用的关键假设和方法，检查相关的假设和方法的合理性； ③ 比较商誉所属资产组的账面价值与其可收回金额的差异，确认是否存在商誉减值情况。

b 华谊集团：2023 年关键审计事项部分内容

图 2-30　审计报告关键审计事项的内容示例

在学术研究中，学者们运用文本分析法从此类披露中提取文本指标，并研究其影响因素和经济后果。王西子等（2023）计算了上市公司与同年同行业其他公司关键审计事项的文本相似性指标，并研究其影响因素和经济后果。也有学者构建了关键审计事项的语调，并考察其与企业费用黏性的影响。在国外研究中，Seebeck 等（2023）基于 BOG 指数计算审计报告的可读性，发现其与资本市场反应无显著相关关系。也有研究发现财务报表独立审计师报告要求（ISA 700）的实施显著提高了审计报告的可读性。

4. 相关法律法规

2016 年 12 月 23 日财政部印发《中国注册会计师审计准则第 1504 号——在审计报告中沟通关键审计事项》，该准则要求在上市公司的审计报告中增设关键审计事项部分，披露注册会计师根据职业判断认为对本期财务报表审计最为重要的事项，以增加审计报告的沟通价值和信息含量。类似的，英国审计实务委员会于 2016 年发布的《国际审计准则第 700 号：通用财务报表独立审计报告》修订案（ISA700）也要求审计师披露对审计产生最大影响的关键审计事项。

2.3.3 分析师报告

1. 概述

分析师报告是由金融分析师或研究机构发布的关于某一特定公司、行业或市场的详细分析报告，是投资者和其他利益相关者获取公司及市场信息的重要来源。分析师报告文本涵盖了广泛的主题，不仅局限于对公司基本面的分析，还涉及公司业务战略、行业竞争地位、风险评估等方面。分析师文本内容承载了财务数字指标无法展示的逻辑推理和细节证据，能够向市场传递增量信息，其为经管领域开展多样化的研究提供了重要文本数据源。

2. 数据结构和来源

分析师报告来源于买方分析师和卖方分析师，前者的研究报告主要服务于机构自身及客户，通常不公开发表，而卖方分析师的研究报告侧重于财务预测和投资者关系维护，可免费公开获取。投资者可从和讯网、东方财富网等平台或证券公司官网下载原始报告。图 2－31(a)和(b)分别节选自德邦证券对贵州茅台(股票代码：600519)和医药行业的研报，其中的文本涵盖了丰富的信息。

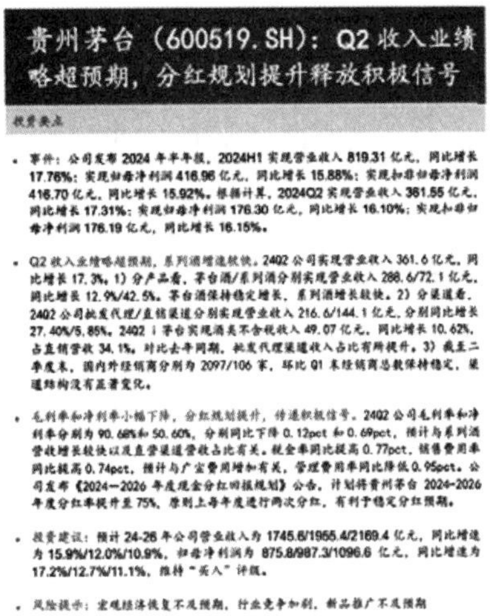

贵州茅台（600519.SH）：Q2 收入业绩略超预期，分红规划提升释放积极信号

投资要点

- 事件：公司发布 2024 年半年报，2024H1 实现营业收入 819.31 亿元，同比增长 17.76%；实现归母净利润 416.96 亿元，同比增长 15.88%；实现扣非归母净利润 416.70 亿元，同比增长 15.92%。根据计算，2024Q2 实现营业收入 361.55 亿元，同比增长 17.31%；实现归母净利润 176.30 亿元，同比增长 16.10%；实现扣非归母净利润 176.19 亿元，同比增长 16.15%。
- Q2 收入业绩略超预期，系列酒增速较快。24Q2 公司实现营业收入 361.6 亿元，同比增长 17.3%，1）分产品看，茅台酒/系列酒分别实现营业收入 288.6/72.1 亿元，同比增长 12.9%/42.5%，茅台酒保持稳定增长，系列酒增长较快。2）分渠道看，24Q2 公司批发代理/直销渠道分别实现营业收入 216.6/144.1 亿元，分别同比增长 27.40%/5.85%，24Q2 i 茅台实现酒类不含税收入 49.07 亿元，同比增长 10.62%，占直销营收 34.1%，对比去年同期，批发代理渠道收入占比有所提升。3）截至二季度末，国内外经销商分别为 2097/106 家，环比 Q1 末经销商总数保持稳定，渠道结构没有显著变化。
- 毛利率和净利率小幅下降，分红规划提升，传递积极信号。24Q2 公司毛利率和净利率分别为 90.68%和 50.60%，分别同比下降 0.12pct 和 0.69pct，预计与系列酒营收增长较快以及直营渠道营收占比有关。税金率同比提高 0.77pct，销售费用率同比提高 0.74pct，预计与广宣费用增加有关，管理费用率同比降低 0.95pct。公司发布《2024—2026 年度现金分红回报规划》公告，计划将贵州茅台 2024-2026 年度分红率提升至 75%，原则上每年度进行两次分红，有利于稳定分红预期。
- 投资建议：预计 24-26 年公司营业收入为 1745.6/1955.4/2169.4 亿元，同比增速为 15.9%/12.0%/10.9%，归母净利润为 875.8/987.3/1096.6 亿元，同比增速为 17.2%/12.7%/11.1%，维持“买入”评级。
- 风险提示：宏观经济恢复不及预期，行业竞争加剧，新品推广不及预期

a 贵州茅台分析师报告部分内容

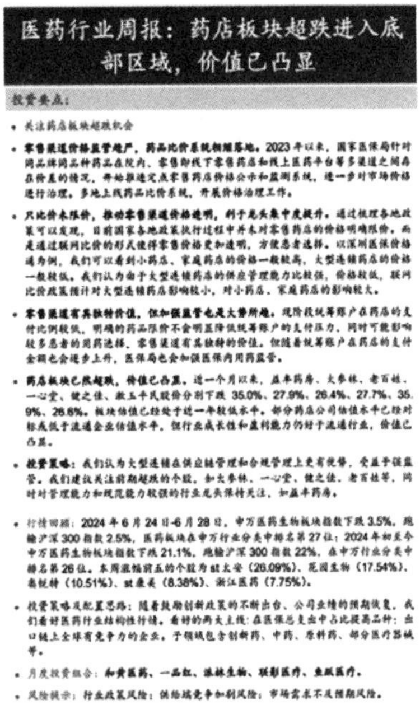

医药行业周报：药店板块超跌进入底部区域，价值已凸显

投资要点：

- 关注药店板块超跌机会
- 零售渠道价格监管趋严，药品比价系统相继落地。2023 年以来，国家医保局针对同品牌同品种药品在院内、零售即线下零售药店和线上医药平台等多渠道之间存在价差的情况，开始推进定点零售药店价格公示和监测系统，进一步对市场价格进行治理。多地上线药品比价系统，开展价格治理工作。
- 只比价未限价，推动零售渠道价格透明，利于龙头集中度提升。通过梳理各地政策可以发现，目前国家各地政策执行过程中并未对零售药店的价格明确限价，而是通过联网比价的形式使得零售价格更加透明，方便患者选择。以深圳医保价格通为例，我们可以看到小药店、家庭药店的价格一般较高，大型连锁药店的价格一般较低。我们认为由于大型连锁药店的供应管理能力比较强，价格较低，联网比价政策预计对大型连锁药店影响较小，对小药店、家庭药店的影响较大。
- 零售渠道有其独特价值，但加强监管也是大势所趋。现阶段统筹账户在药店的支付比例较低，明确的药品限价不会明显降低统筹账户的支付压力，同时可能影响较多患者的用药选择，零售渠道有其独特的价值。但随着统筹账户在药店的支付金额也会逐步上升，医保局也会加强医保内用药监管。
- 药店板块已然超跌，价值已凸显。近一个月以来，益丰药房、大参林、老百姓、一心堂、健之佳、漱玉平民股价分别下跌 35.0%、27.9%、26.4%、27.7%、35.9%、26.8%。板块估值已经处于近一年较低水平，部分药店公司估值水平已经对标或低于流通企业估值水平，但行业成长性和盈利能力仍好于流通行业，价值已凸显。
- 投资策略：我们认为大型连锁在供应链管理和合规管理上更有优势，受益于强监管。我们建议关注前期超跌的个股，如大参林、一心堂、健之佳、老百姓等，同时对管理能力和规范能力较强的行业龙头保持关注，如益丰药房。
- 行情回顾：2024 年 6 月 24 日-6 月 28 日，申万医药生物板块指数下跌 3.5%，跑输沪深 300 指数 2.5%，医药板块在申万行业分类中排名第 27 位；2024 年初至今申万医药生物板块指数下跌 21.1%，跑输沪深 300 指数 22%，在申万行业分类中排名第 26 位。本周涨幅前五的个股为 st 太安（26.09%）、花园生物（17.54%）、泰恩康（10.51%）、赋康美（8.38%）、浙江医药（7.75%）。
- 投资策略及配置思路：随着鼓励创新政策的不断出台、公司业绩的预期恢复，我们看好医药行业结构性行情。看好的两大主线：在医保总支出中占比提高品种；出口链上全球有竞争力的企业。子领域包含创新药、中药、原料药、部分医疗器械等。
- 月度投资组合：和黄医药、一品红、派林生物、联影医疗、东诚医疗。
- 风险提示：行业政策风险；供给端竞争加剧风险；市场需求不及预期风险。

b 医药行业分析师报告部分内容

图 2－31　分析师报告部分内容示例

3. 学术应用场景

在学术研究中，朱琳等(2023)基于词典法计算分析师报告的语调，发现其能显著影响公司股价的同步性和特质性波动。也有文献以分析师报告的文本相似性度量分析师提供的增量信息含量，发现公司产品竞争度是其前因变量。也有国外学者对 2002—2009 年的美国分析师报告文本计算了三种常用的可读性度量：Fog、Flesch 和 Flesch-Kincaid 指数。作者指出，分析师报告能为投资者提供相关公司和行业的信息，分析师报告的可读性越高，越能减少理解报告所花费的时间，进而降低投资者获取信息的成本。当分析师报告文本更加强调非财务主题，写得更加简洁时，分析师报告文本更有用。Bellstam 等(2021)采用 LDA 主题模型对分析师报告进行文本分析，基于分析师对企业活动的文本描述内容推断出企业创新水平。作者从美国上市公司的超过 66 万份分析师报告中选取了 15

个不同的主题，并计算每个主题与常用的创新词汇之间的 Kullback-Leibler 散度，以此作为衡量企业创新水平的依据。此外，作者对该创新指标做了多种有效性验证，并发现其能预测长达四年的公司业绩和增长机会。

4. 相关法律法规

随着信息技术的发展，分析师可利用面向公众的即时通信手段向广大用户分享报告，这对分析师执业行为提出了更高的要求。为推动证券研究业务健康发展，中国证券协会等监管部门逐步健全对研究报告的合规管理和处罚力度。

早在 2010 年，中国证监会就颁布了《发布证券研究报告暂行规定》，要求证券公司等机构遵守法律、行政法规和本规定，以独立、客观、公平、审慎的原则发布研究报告，禁止传播虚假、不实、误导性信息。2020 年，证监会对该规定进行了进一步的规范，并于第十二条中指出："证券公司发布对具体股票作出明确估值和投资评级的证券研究报告，公司持有该股票达到相关上市公司已发行股份 1% 以上的，应当在证券研究报告中向客户披露本公司持有该股票的具体情况。同时，在研究报告发布日及第二个交易日，不得进行与研究报告观点相反的交易。"这些举措对于预防利益冲突、切实维护投资者的合法权益具有重要意义。

2.3.4 证监会问询函

1. 概述

问询函是由证券交易所向上市公司发出的一种书面询问函件，其目的是要求上市公司在规定时间内就特定事项提供解释、核实和披露，并公开回函。根据询问的内容和性质，问询函可分为年报问询函、合规问询函、重大事项问询函等类型。这种问询机制是证券市场监管体系中的重要组成部分，旨在确保上市公司信息披露的完整性、准确性、及时性和公平性，保护投资者的合法权益。

2. 数据结构和来源

问询函由上海证券交易所或深圳证券交易所发出，可在交易所官网查询获取。问询函标题中包含被问询单位名称、问询事项和问询函类型等信息。图 2-32 展示了上海证券交易所于 2023 年向青海春天（股票代码：600381）和展鹏科技股份有限公司（股票代码：603488）发出的问询函部分内容。图 2-33(a) 中的文本节选自深交所 2023 年向兰州黄河（股票代码：000929）发出的年报问询函，并规定了回函时间。图 2-33(b) 展示了该公司回函的部分内容。

上海证券交易所

上证公函【2023】0558 号

关于青海春天药用资源科技股份有限公司
2022 年年度报告的信息披露监管问询函

青海春天药用资源科技股份有限公司：

依据《公开发行证券的公司信息披露内容与格式准则第 2 号－年度报告的内容与格式》（以下简称《格式准则第 2 号》）《上海证券交易所上市公司自律监管指引第 3 号－行业信息披露指引》等规则的要求，经对你公司 2022 年年度报告的事后审核，根据本所《股票上市规则》第 13.1.1 条的规定，请你公司进一步补充披露下述信息。

上海证券交易所

上证公函【2023】3419 号

关于对展鹏科技股份有限公司发行股份及支付现金购买资产并募集配套资金暨关联交易预案的监管问询函

展鹏科技股份有限公司：

经审阅你公司披露的发行股份及支付现金购买资产并募集配套资金暨关联交易预案（以下简称预案），现有如下问题需要你公司作进一步说明和解释。

1. 关于交易方案。预案显示，公司拟向贾磊等 14 名交易对方发行股份并支付现金收购北京领为军融科技有限公司（以下简称标的

图 2－32　监管问询函部分内容示例

请你公司：

（1）说明报告期计提固定资产减值准备的具体情况、测算方法及依据；

（2）进一步核实你公司报告期及以前年度固定资产减值准备计提的准确性、充分性、合理性，是否符合企业会计准则的规定，是否存在跨期调节利润的情形。

请年审机构核查并发表明确意见。

请你公司就上述问题做出书面说明，在 2024 年 5 月 14 日前将有关说明材料报送我部并对外披露，同时抄送派出机构。

特此函告

深圳证券交易所
上市公司管理一部
2024 年 5 月 7 日

a 年报问询函部分内容

请你公司：

（1）说明报告期计提固定资产减值准备的具体情况、测算方法及依据；

（2）进一步核实你公司报告期及以前年度固定资产减值准备计提的准确性、充分性、合理性，是否符合企业会计准则的规定，是否存在跨期调节利润的情形。

公司回复：

（1）说明报告期计提固定资产减值准备的具体情况、测算方法及依据；

近年来，公司啤酒和麦芽产品产销量连续下滑，产能利用率不足，部分固定资产出现闲置。根据《企业会计准则》、《深圳证券交易所股票上市规则》和公司会计政策等的相关规定，针对近年来主要产品产销量下滑、产能利用率不足的情况，为确保真实、准确地反映公司截至 2023 年 12 月 31 日的财务状况和资产价值，基于谨慎性原则，公司聘请具备相关从业资格的第三方评估机构北京亚大联华资产评估有限公司，对在 2023 年 12 月 31 日可能存在减值迹象的子公司资产组（包括固定资产、无形资产—土地使用权）的可收回金额进行评估并出具了评估报告。根据评估结果与减值测试，公司 2023 年度计提固定资产减值准备人民币 1,951.52 万元，具体明细如下：

单位：万元

序号	固定资产减值项目	计提减值准备金额
1	房屋及建筑物	573.46
2	机器设备	1,332.08
3	运输设备	1.48
4	其他设备	44.50
合　计		1,951.52

测算方法：可收回金额按公允价值减去处置费用后的净额确定。

b 年报回函部分内容

图 2－33　年报问询函和回函部分文本示例

3. 学术应用场景

现有研究采用不同的方法对问询函和回函构建文本指标，并揭示其经济后果。郭照蕊等（2023）计算了上市公司年报问询函及回函之间的文本相似度，以此衡量上市公司的“答非所问”指数，发现其与公司的审计费用正相关。也有学者计算年报问询函文本与审计报告关键审计事项文本的余弦相似度，以此研究年报问询函对审计监管的溢出效应。在国外研究中，Ryans（2021）将年报问询函文本与公司未来财务重述联系起来，采用朴素贝叶斯分类的方法识别能预测公司未来发生财务重述的问询函文本，以揭示问询函的信息含量。也有研究计算了美国上市公司年报问询函回函的文本可读性指标，发现较低的可读性可能会导致不利的审查结果。

2.3.5 社交平台文本

1. 概述

在互联网时代，多元化的社交平台已成为投资者间实现即时交流与信息互通的关键窗口。通过深入挖掘社交平台的文本内容，研究人员能够捕捉到市场动态、投资者情绪倾向和行为模式等关键信息，进而为金融分析、风险管理及投资策略制定等领域提供有力的数据支撑与洞见。常见的社交平台有股吧、推特、微博等。其中，股吧，作为投资者互动活跃的社交平台，因其能汇聚实时的、丰富的文本评论数据，而备受财经学者的青睐。

2. 数据结构和来源

图 2-34 中展示了东方财富网的个股股吧页面，研究人员能从中抓取个股标题、评论文本、阅读量、评论时间、评论作者等丰富信息，为深入研究市场情绪、投资者行为及金融动态获取了宝贵的素材。类似地，微博和推特的发帖文本以及评论互动文本也是现有研究构建文本指标的重要数据基础。研究人员可在股吧官方网站、微博网页页面抓取社交平台互动文本。

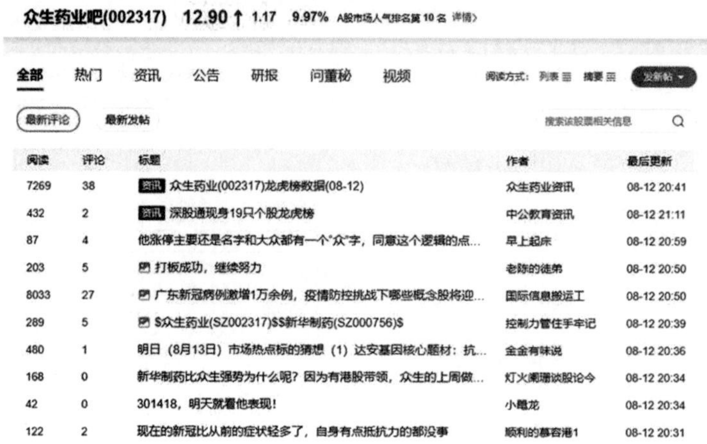

图 2-34 东方财富网个股股吧页面

3. 学术应用场景

范小云等(2022)选取新闻和股吧发帖内容作为数据源，对比了词典法和机器学习法在情绪测度方面的准确性，并提出了一种混合式情绪测度方法。也有文献以投资者在"股吧"的发帖量和评论量衡量社交媒体关注度，发现该指标能显著降低关键审计事项模板化程度。类似的，微博和推特的发帖以及评论互动文本也是文本挖掘的重要数据来源。还有学者抓取新浪微博平台中与"台风"有关的发帖，并基于词典法构建微博情绪指标，进而研究其对台风灾情的预警作用。在国外研究中，McGurk 等(2020)关注推特发帖文本，利用词典法构建投资者情绪指数并发现其能正向影响股票异常收益。

4. 相关法律法规

鉴于社交网络平台能够在短时间内将信息辐射至全球，越来越多的“自媒体”利用这些媒介散布虚假信息，对资本市场秩序及公众利益构成了显著威胁。为此，我国互联网监管部门多次发布监管措施，旨在向网络平台运营方及用户明确监管标准，严厉打击并遏制此类扰乱市场正常秩序的行为。

我国中央网信办在 2019 年发布的《数据安全管理办法（征求意见稿）》第二十五条中明确提出：“网络运营者应采取措施督促提醒用户对自己的网络行为负责、加强自律，对于用户通过社交网络转发他人制作的信息，应自动标注信息制作者在该社交网络上的账户或不可更改的用户标识。”此外，《中华人民共和国证券法》第五十六条规定：“禁止任何单位和个人编造、传播虚假信息或者误导性信息，扰乱证券市场。各种传播媒介传播证券市场信息必须真实、客观，禁止误导。”这类法律法规不仅是投资者利益的重要保障，也对财经研究挖掘有代表性的文本素材有重要意义。

2.4　企业专利文本

2.4.1　专利文本概述

随着交叉学科的不断融合以及全球创新活动的迅猛增长，专利申请数量呈爆发式增长。然而，专利申请的泡沫化与低质量化问题日益凸显。在此背景下，如何有效衡量专利的创新性和突破性成为一项复杂的挑战。专利文本作为专利申请与审核的核心内容，不仅决定了专利的质量和有效性，还在评估专利的法律保护范围和技术贡献方面发挥关键作用。更重要的是，专利文本蕴含着丰富的信息，其包含了技术、法律和经济多层次信息，不仅反映了技术创新，还揭示了技术趋势和市场导向等动态。因此，专利文本既可细化评估特定技术领域的专利水平，又能用于衡量专利的创新质量，为深入理解技术发展的整体趋势提供支持。

2.4.2　专利文本的内容和结构

专利，作为知识产权的重要组成部分，代表着人类智力劳动的结晶。发明专利和实用新型专利的文本结构通常包括三大核心部分：摘要、权利要求书和说明书，每一部分都在专利评审与后续的技术转移、市场化中起到独特的作用。

摘要通常较为简短，记录了发明或实用新型的技术领域、所解决的问题、主要技术方案以及其应用。这一部分为专利审查员及公众提供了快速了解专利的方式，虽然篇幅较小，但其撰写的精准度同样不容忽视，因为摘要是审查员和潜在技术买家判断专利价值的第一步。

权利要求书是专利的核心文件之一，它明确界定了专利权人希望获得法律保护的技术范围。权利要求书的撰写至关重要，因为它既要清晰表述技术方案，又不能过度扩展，否则可能导致无效或侵权纠纷。对于创新者而言，权利要求书不仅是他们合法权益的保障，也是专利技术商业化的法律基础。

说明书提供了技术方案的详细描述，使所属技术领域的专业人员能够按照其内容，实现该发明或实用新型的技术方案。说明书的撰写应详尽且逻辑严密，以确保读者能够充分理解并执行权利要求书中的技术内容。在专利诉讼中，说明书常常被用来解释和支持权利要求书的内容，因此它的清晰性和完整性至关重要。

图 2－35 至图 2－37 展示了专利文本的各部分内容。

(54) 发明名称

一种通用自适应问答方法、系统、存储介质及电子设备

(57) 摘要

本发明提出一种通用自适应问答方法、系统、存储介质及电子设备，属于人工智能技术领域，包括：获取数据内容，将数据内容分割成可管理的单元，通过大语言模型对数据内容提取文本摘要，并转换为向量表示得到向量数据；创建包含元数据的倒排索引，并引入内容关键词字段以实现基于内容关键词的快速过滤和检索，利用向量数据库对向量数据进行数据存储；构建检索器代理模块，文档检索和重排，通过后处理器对最相关文档进行过滤，构建相关性鉴别器，构建答案生成模块，使用LLMs将用户查询与相应的最相关文档结合起来；增强了模型的理解能力；优化模型对外部知识的利用，提高了不同任务的知识检索性能，展示了其潜力和适应性。

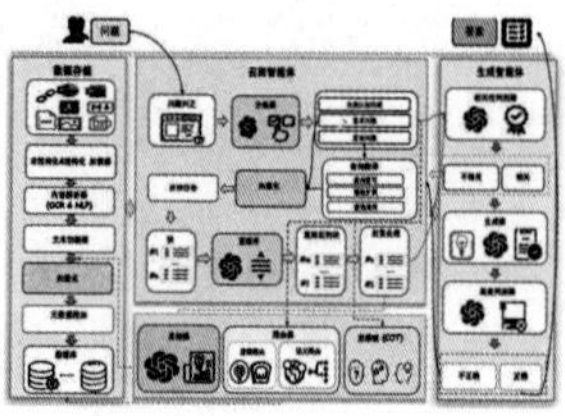

图 2－35　专利文本摘要

CN 118643144 A　　**权　利　要　求　书**　　1/2 页

1.一种通用自适应问答方法，其特征在于，包括：

获取数据内容，将数据内容分割成可管理的单元，通过大语言模型对数据内容提取文本摘要，并转换为向量表示得到向量数据；

创建包含元数据的倒排索引，并引入内容关键词字段以实现基于内容关键词的快速过滤和检索，利用向量数据库对向量数据进行数据存储；

构建检索器代理模块，使用微调过的LLM和LORA技术修正查询问题的拼写、语法错误和信息缺失，基于复杂性对查询问题进行分类，通过查询重写、扩展和意图识别技术对查询问题进行优化；

文档检索和重排，结合稀疏检索、密集检索和混合检索对文档进行检索，并根据查询问题的特征选择最优检索通道，通过BGE-Reranker算法对检索的文档进行重新排序，将相关度高的文档放在顶部，选择顶部K个文档为最相关文档；

通过后处理器对最相关文档进行过滤，对过滤后的最相关文档提取关键摘要信息，并压缩整合；

构建相关性鉴别器，用于分析检索到的最相关文档与查询问题的相关性，如果内容相关则发送到答案生成模块进行处理；

构建答案生成模块，使用LLMs将用户查询与相应的最相关文档结合起来。

2.根据权利要求1所述的一种通用自适应问答方法，其特征在于，所述构建检索器代理模块，使用微调过的LLM和LORA技术修正拼写、语法错误和信息缺失；基于复杂性对查询进行分类，结合人工和自动化注释以实现准确分类；通过查询重写、扩展和意图识别技术对查询进行优化，以匹配用户意图和系统能力；将查询分配给对应的处理模块。

3.根据权利要求1所述的一种通用自适应问答方法，其特征在于，所述文档检索和重排，使用TF-IDF和BM25算法进行关键词匹配和基于相似度的文档检索；利用BGE-M3模型和向量化文档进行语义相似性检索；结合稀疏和密集方法以提高准确性和相关性；根据查询特征选择最优的检索通道；通过BGE-Reranker算法对检索到的文档进行重新排序，将最相关的文档放在顶部；选择并过滤顶部k个最相关的文档，以提高对用户的准确性和相关性。

图 2－36　专利文本权力要求书

CN 118643144 A　　　　说　明　书　　　　1/8 页

一种通用自适应问答方法、系统、存储介质及电子设备

技术领域

[0001]　本发明属于人工智能技术领域,具体涉及一种通用自适应问答方法、系统、存储介质及电子设备。

背景技术

[0002]　大型语言模型(LLMs),如GPT-4,在问答(QA)等任务中取得了进步,但它们的知识可能是不完整的,并且依赖于参数记忆。检索增强生成(RAG)方法通过整合非参数知识检索模块来解决这个问题。然而,现有的RAG技术面临诸如由于统一检索策略导致的性能下降、包含无关文本以及难以整合检索到的知识等挑战。提出的改进措施包括层次化处理、相关性评估和一致性偏好对齐。尽管有这些努力,现有技术在解决这些困难方面仍然存在不足。

发明内容

[0003]　本发明针对现有技术下的问题,为了克服当前检索-生成模型的局限性,本发明提出了一种通用自适应问答方法、系统、存储介质及电子设备,这是一种创新的方法,用于克服现有检索-生成模型的局限性。本发明整合了针对不同问题的不同检索策略,通过后处理操作处理无关文档,并采用思维链(Chain-of-Thought,COT)策略来捕获外部文本知识。此外,还引入了一个内容生成模型和一种对齐检索信息一致性的策略。实验结果表明,本方法在处理复杂任务方面优于现有方法。

[0004]　第一方面,本发明提供了一种通用自适应问答方法,包括:

获取数据内容,将数据内容分割成可管理的单元,通过大语言模型对数据内容提取文本摘要,并转换为向量表示得到向量数据;

创建包含元数据的倒排索引,并引入内容关键词字段以实现基于内容关键词的快速过滤和检索,利用向量数据库对向量数据进行数据存储;

构建检索器代理模块,使用微调过的LLM和LORA技术修正查询问题的拼写、语法错误和信息缺失,基于复杂性对查询问题进行分类,通过查询重写、扩展和意图识别技术对查询问题进行优化;

图 2-37　专利文本说明书

2.4.3　基于专利文本定义特定技术领域专利

1. 概述

传统的专利分类号(如国际专利分类 IPC)在专利检索和技术领域分析中起着重要作用。然而,随着技术的迅速发展和专利数量的急剧增加,传统专利分类体系面临了诸多局限。例如:①更新频率较低。传统专利分类号的更新速度无法及时跟上新兴技术的发展,如人工智能、区块链等新兴技术的分类标准通常滞后于技术的实际发展。这导致了新技术可能没有合适的分类,甚至被错误归类,影响了专利的检索和分析效果。②细分不够。对于一些高度创新和跨领域的技术,传统的专利分类号缺乏足够的细致分类,无法准确捕捉这些技术的多维特征和交叉领域特性。这使得分析这些专利的技术发展趋势变得更加困难。

近年来,越来越多的研究利用专利文本分析来度量和细分技术领域的专利。这种方法不再依赖于传统的专利分类号,而是通过关键词匹配、语义分析等自然语言处理技术,从专利文本中识别出特定类型的专利。以下是一些具体的研究实例。

2. 数字化专利

黄勃等(2023)基于上市公司专利申请文件中的摘要、说明书和权利要求书,借助关键词文本分析,识别了与数字技术相关的专利,即所谓的“数字专利”。他们的关键词选择基于以下几个来源:现有文献中的数字技术特征词、政府官方文件和行业权威报告、其他文献或白皮书补充的数字化转型关键词。

通过对这些专利文本的分析,作者构建了企业数字技术创新水平的指标,进一步考察了数字技术创新与企业全要素生产率之间的关系。研究结果表明,数字技术创新可以通过降低内部管理成本、提升投资决策质量、优化资产运作效率以及改善劳动力结构,推动企业的高质量发展。

3. 劳动节约型专利

刘青和肖柏高(2023)研究了劳动节约型专利的识别问题。他们指出,现有的专利分类体系(如 IPC)是基于技术类别,而非专利的功能或目的,因此无法直接用于识别劳动节约型专利。为了解决这一问题,作者借助了 BERT 模型来从专利文本中自动识别这类专利。作者通过定义劳动节约型专利、手动标注样本和 BERT 模型训练三步,准确分类了劳动节约型专利。实证分析结果表明,劳动节约型专利显著减少了对低技能劳动力的需求,而非劳动节约型专利则对各类劳动力需求均有所增加。

4. AI 专利

Yang(2022)致力于研究人工智能技术对劳动生产率的影响。由于国际专利分类体系中尚未设立 AI 专利的专门分类,作者采用了关键词匹配的方法来识别 AI 相关专利。研究参考了世界知识产权组织(WIPO)提出的 AI 技术分析框架,基于“方法”“功能”和“应用”三个层次,通过关键词匹配来筛选 AI 专利。分析结果显示,2000 年至 2019 年期间,AI 相关专利数量显著增加,尤其是在 2019 年,AI 专利的申请数量达到了 4973 项。

通过进一步分析,作者发现 AI 技术对劳动生产率和就业产生了积极影响,特别是 AI 专利显著提高了公司的生产率。此外,虽然 AI 技术有助于提高就业机会,但它也导致了劳动力结构的转变,增加了对高技能劳动力的需求,同时减少了对低技能劳动力的依赖。

5. 小结

随着技术的发展,传统专利分类号的局限性越来越明显。通过大语言模型、关键词匹配等自然语言处理技术,研究人员能够更精准地识别和分类不同类型的专利,进而更好地分析专利对生产力、就业和技术创新的影响。这些研究不仅为政策制定者提供了重要的参考依据,也为公司在专利布局和技术创新方面提供了指导。

2.4.4　基于专利文本相似性的突破性创新

1. 概述

突破性专利是指在技术前沿实现重大创新，与现有技术有显著差异，并推动后续技术发展的专利。这类专利通常标志着一个技术领域的新阶段，其独特性和对后续发明的深远影响是衡量其突破性的两个关键指标。

传统上，专利质量通常通过专利的被引次数来衡量。被引次数越高，通常表明该专利对后续技术的发展产生了重要影响。然而，单纯依赖被引次数来评价专利质量存在一定的局限性。首先，专利的引用往往依赖于发明人或专利审查员的主观判断，可能因疏忽而导致重要专利未被充分引用。其次，专利的被引次数需要经过较长时间才能累积，对于刚发布但具有重大突破意义的专利，短期内难以准确衡量其质量。

为了克服这些局限性，Kelly 等(2021)提出了一种基于专利文本相似性的新方法，来评估专利的创新性和影响力。利用这种方法，通过分析专利文本内容，判断它与现有技术的差异性与对后续技术的影响力，从而更客观地衡量其突破性。其中，专利与现有技术的差异性越大，通常表明其技术方案脱离现有技术路径的程度越高，从而更可能具有更大的突破性。这种基于文本相似性的分析能够在专利发表初期进行科学评估，避免过度依赖被引次数。

2. 具体计算过程

专利文本相似性衡量的是专利在技术描述和术语使用上的相似程度。常用的词语权重计算方法是 TF-IDF(term frequency-inverse document frequency)，通过计算词语在特定文档中的出现频率及其在所有文档中的出现频率来识别重要术语。然而，传统 TF-IDF 在衡量专利相似性时存在局限，特别是未考虑专利的时间特性。例如，尼古拉·特斯拉于 1888 年申请的“交流电”专利，尽管该术语在 20 世纪广泛使用并产生巨大影响，传统 TF-IDF 因其高频出现在后续文献中而降低了其权重，无法准确反映该专利的历史突破性。

为解决这一问题，Kelly 等(2021)提出了 Backward-IDF，一种新的权重计算方式，考虑时间特性修正 TF-IDF，使词语权重更准确地反映其在技术发展中的重要性。

Backward-IDF 的定义如下：对于某个词语 w，假设专利申请时间为第 t 年，Backward-IDF 等于在第 t 年之前的专利总数除以 1 加上包含该词语 w 的专利数量的对数。具体公式如下：

$$\text{Backward-IDF}(\mathrm{w},t)=\log\left(\frac{N_t}{1+n_{\mathrm{w},t}}\right) \tag{2-1}$$

公式(2-1)中，N_t表示第 t 年之前的专利总数，$n_{\mathrm{w},t}$表示第 t 年之前包含词语 w 的专利数量。这一方法可以动态调整每个词语的权重，确保那些在历史上具有重要影响的术语不会因为频繁使用而被低估。基于 TF-BIDF 权重,我们可以逐年计算专利文本中每个词语的重要性,进而更准确地衡量专利间的相似性。

在计算了专利之间的相似性之后,我们进一步衡量每项专利的新颖性和影响力。这两个指标为我们提供了量化评估专利创新性和技术贡献的工具。

1)专利新颖性

新颖性衡量的是某项专利与之前专利的区别程度。具体而言,设定b_{jt}表示专利 j 在申请年 t 之前的 τ 年内,与其余所有专利 k 的相似性总和。新颖性数值越高,意味着该专利与现有技术的相似度越大,即其新颖性越低;反之,数值越低则说明该专利与之前技术差异较大,代表了较高的创新性。具体计算如公式(2-2)所示:

$$b_{jt} = \sum_{\text{前}\tau\text{年专利}} \text{相似性}(\text{专利}_j, \text{专利}_k) \tag{2-2}$$

2)专利影响力

影响力衡量的是某项专利对未来技术进步的贡献,表现为其与后续专利的相似性。设 f_{jt}表示专利 j 在申请年 t 之后的 τ 年内,与后续专利 k 的相似性总和。数值越高,说明该专利对后续创新的影响越大,其技术内容被广泛引用和应用,影响力越强。具体计算如公式(2-3)所示:

$$f_{jt} = \sum_{\text{后}\tau\text{年专利}} \text{相似性}(\text{专利}_j, \text{专利}_k) \tag{2-3}$$

为了全面评估专利的质量,我们将新颖性与影响力结合,定义了一个综合指标,用于衡量专利的整体突破性和技术贡献。具体计算如公式(2-4)所示:

$$\text{专利质量} = \frac{f_{jt}}{b_{jt}} \tag{2-4}$$

该指标表示,数值越大,说明专利不仅具备较高的新颖性(与现有技术差异显著),还对后续创新产生了显著影响。因此,专利质量指标能够综合反映专利的创新贡献,为技术前沿的突破性研究提供了一个客观、量化的衡量方式。

2.5 政府工作报告

2.5.1 政府工作报告概述

政府工作报告是中华人民共和国各级政府每年定期发布的、具有法定效力和施政纲领性质的官方政策性文件。各级政府都必须在每年召开的当地人民代表大会会议和政治协商会议(简称“两会”)上向大会主席团、与会人大代表和政协委员发布这一报告。

2.5.2 政府工作报告的内容和结构

本节以 2024 年国务院政府工作报告为示例(如图 2-38 至图 2-40 所示),对政府工作报告的主要内容进行介绍。政府工作报告的内容包括:

1. 对上一年政府工作情况的回顾和总结

首先,回顾总结政府在上一年取得的成绩和基本经济指标完成情况。其次,从政治、经济、文化、社会民生、生态环境等方面依次详细阐述各项工作举措和成绩。

政 府 工 作 报 告

——2024年3月5日在第十四届全国人民代表大会第二次会议上

国务院总理 李强

各位代表:

现在,我代表国务院,向大会报告政府工作,请予审议,并请全国政协委员提出意见。

一、2023年工作回顾

过去一年,是全面贯彻党的二十大精神的开局之年,是本届政府依法履职的第一年。面对异常复杂的国际环境和艰巨繁重的改革发展稳定任务,以习近平同志为核心的党中央团结带领全国各族人民,顶住外部压力、克服内部困难,付出艰辛努力,新冠疫情防控实现平稳转段、取得重大决定性胜利,全年经济社会发展主要目标任务圆满完成,高质量发展扎实推进,社会大局保持稳定,全面建设社会主义现代化国家迈出坚实步伐。

——经济总体回升向好。国内生产总值超过126万亿元,增长5.2%,增速居世界主要经济体前列。城镇新增就业1244万人,城镇调查失业率平均为5.2%。居民消费价格上涨0.2%。国际收支基本平衡。

图 2-38 2024 年政府工作报告上年工作回顾节选

2. 当年经济社会发展总体要求和政策取向

首先,对当年我国发展面临的内外部环境进行分析和研判,识别出有利因素和面临的风险与挑战。其次,提出当年经济社会发展的预期目标。最后,基于预期目标提出经济社会发展的总体政策要求。

二、2024年经济社会发展总体要求和政策取向

今年是中华人民共和国成立75周年,是实现“十四五”规划目标任务的关键一年。做好政府工作,要在以习近平同志为核心的党中央坚强领导下,以习近平新时代中国特色社会主义思想为指导,全面贯彻落实党的二十大和二十届二中全会精神,按照中央经济工作会议部署,坚持稳中求进工作总基调,完整、准确、全面贯彻新发展理念,加快构建新发展格局,着力推动高质量发展,全面深化改革开放,推动高水平科技自立自强,加大宏观调控力度,统筹扩大内需和深化供给侧结构性改革,统筹新型城镇化和乡村全面振兴,统筹高质量发展和高水平安全,切实增强经济活力、防范化解风险、改善社会预期,巩固和增强经济回升向好态势,持续推动经济实现质的有效提升和量的合理增长,增进民生福祉,保持社会稳定,以中国式现代化全面推进强国建设、民族复兴伟业。

综合分析研判,今年我国发展面临的环境仍是战略机遇和风险挑战并存,有利条件强于不利因素。我国具有显著的制度优势、超大规模市场的需求优势、产业体系完备的供给优势、高素质劳动者众多的人才优势,科技创新能力在持续提升,新产业、新模式、新动能在加快壮大,发展内生动力在不断积聚,经济回升向好、长期向好的基本趋势没有改变也不会改变,必须增强信心和底气。同时要坚持底线思维,做好应对各种风险挑战的充分准备。只要我们贯彻落实好党中央决策部署,紧紧抓住有利时机、用好有利条件,把各方面干事创业的积极性充分调动起来,一定能战胜困难挑战,推动经济持续向好、行稳致远。

图 2-39 2024 年政府工作报告当年工作目标和要求节选

3. 当年的政府工作任务

从经济、教育、生态环境、民生、国家安全、政府自身建设等方面对当年政府工作任务进行全面部署。

三、2024年政府工作任务

党中央对今年工作作出了全面部署，我们要深入贯彻落实，紧紧抓住主要矛盾，着力突破瓶颈制约，扎实做好各项工作。

（一）大力推进现代化产业体系建设，加快发展新质生产力。充分发挥创新主导作用，以科技创新推动产业创新，加快推进新型工业化，提高全要素生产率，不断塑造发展新动能新优势，促进社会生产力实现新的跃升。

推动产业链供应链优化升级。保持工业经济平稳运行。实施制造业重点产业链高质量发展行动，着力补齐短板、拉长长板、锻造新板，增强产业链供应链韧性和竞争力。实施制造业技术改造升级工程，培育壮大先进制造业集群，创建国家新型工业化示范区，推动传统产业高端化、智能化、绿色化转型。加快发展现代生产性服务业。促进中小企业专精特新发展。弘扬工匠精神。加强标准引领和质量支撑，打造更多有国际影响力的“中国制造”品牌。

积极培育新兴产业和未来产业。实施产业创新工程，完善产业生态，拓展应用场景，促进战略性新兴产业融合集群发展。巩固扩大智能网联新能源汽车等产业领先优势，加快前沿新兴氢能、新材料、创新药等产业发展，积极打造生物制造、商业航天、低空经济等新增长引擎。制定未来产业发展规划，开辟量子技术、生命科学等新赛道，创建一批未来产业先导区。鼓励发展创业投资、股权投资，优化产业投资基金功能。加强重点行业统筹布局和投资引导，防止产能过剩和低水平重复建设。

图 2-40　2024 年政府工作报告当年工作任务节选

2.5.3　政府工作报告的学术应用场景

政府工作报告中包含着各级政府对其行政管辖地区过去国民经济与社会发展情况的工作成绩总结、当前预期目标和工作任务、未来政策导向和发展蓝图等具有丰富信息含量的信息，其被广泛用于经济、管理、政治、法律、语言学等社会科学领域的研究中。以下将重点介绍政府工作报告在管理学领域中的应用。

由于政府工作报告可以直观体现政策制定者在特定时间范围注意力的分配情况，是政府施政方向的指向标，因此研究者从中提取了代表政府执政理念和对经济、社会、环境等特定方面关注度的指标。例如，政府工作报告中的环境相关词汇可以衡量地方政府对环境治理的关注程度，地方政府对环境的关注度越高，其辖区内企业的环保投资水平和环境信息披露程度越高（游家兴等，2024）。从各地级市政府工作报告文本中还可以提取“数字化政府”关键词汇，用以构建城市层面的数字化政府建设指数（刘文革等，2024）。

此外，政府工作报告中关于宏观层面工作成绩和预期目标的表述往往能够预示宏观或微观主体的经济行为和后果。一些学者分析了地方政府工作报告中经济目标制定对经济效率的影响。研究发现当经济目标的措辞采用“之上”“确保”“力争”等硬约束表达时，这些城市的全要素生产率水平较低；反之，当采用“左右”“上下”和“区间”等留有余地的表述时，这类城市的全要素生产率水平较高。从地方政府工作报告的文本中也可以构建政府工作目标完成度指标，从而研究其对当地公司盈余管理的影响。学者们发现地方政府工作目标完成度投射出政府行为的“软约束力”，从而会降低当地公司的盈余管理动机和行为（陈述等，2022）。

除了从政府工作报告中提取与特定内容相关的文本指标之外，一些研究还关注了政府工作报告的情感特征。我国城市政府工作报告中的积极、消极、不确定性、强语气和弱语气语调特征可以代表地方政府浮夸型或稳健型的施政风格，地方政府施政风格越浮夸，当地企业僵尸化程度越高(游家兴等，2024)。

2.6　本章总结

本章对管理学研究中常用的财经文本语料做了系统详细的介绍。首先，本章介绍了企业强制性信息披露文本(包括年度报告和 IPO 招股说明书)的概念、内容和数据结构，并梳理了基于这些文本的代表性学术成果。其次，本章介绍了企业自愿性信息披露文本(包括业绩说明会、互动易和 e 互动以及 ESG 报告)的概念、内容和数据结构、学术应用场景及相关法律法规政策。第三，本章介绍了第三方机构的信息披露的种类(包括审计报告、分析师报告、证监会问询函和社交平台文本)、概念、内容和结构以及在学术场景中的应用。第四，本章介绍了企业专利文本的概念和结构，基于专利文本定义的特定技术领域专利的学术成果、以及基于专利文本相似性的突破式创新指标的构建。最后，本章介绍了政府工作报告的概念、内容和结构、以及其学术应用场景。通过本章的学习，读者能够对财经文本语料有更加深入的认识，为后续章节的学习奠定基础。

关键术语

强制性信息披露　年度报告　管理层讨论与分析　招股说明书　自愿性信息披露　业绩说明会　互动易和 e 互动　ESG 报告　AI　TF-IDF　BERT　政府工作报告

第 3 章　财经文本预处理

本章导读

文本数据预处理是文本研究的重要基础。从互联网获取财经文本后，通常需要经过以下步骤才能得到可用于研究的文本：从富文本格式（如 PDF）中解析出文本内容，经过文本数据清洗得到高质量的干净文本数据；应用自然语言处理（NLP）技术，包括分句、分词、词性标注、命名实体识别等算法进一步处理，得到可用于文本分析的文本数据。本章以上市公司年度财务报告为例，系统地介绍 PDF 文档解析、文本数据清洗和文本数据预处理过程，为后续的文本数据分析和应用打下坚实的基础。本章节的主要学习目标包括：

- 理解文本数据处理整体流程。
- 掌握基于财经文本（如上市公司年度财务报告）的 PDF 文档解析方法。
- 掌握文本数据清洗技术，提高文本数据的质量和可用性。
- 掌握包括分词、词性标注、词干提取和词形还原等文本预处理技术。

3.1　文档解析

文档解析主要是将文档从 PDF 等富文本格式转换为纯文本的过程，主要目的是为了初步保留重要信息，便于后续的进一步清洗。公司财务报告、IPO 招股说明书和分析师报告等财经文本对跟踪市场动态、预测趋势和进行投资决策至关重要。数据采集工具可以帮助实时、自动化地收集上述各类财经文本数据。通过数据采集到的财经文本可能是 PDF、DOC、HTML 等富文本文档，包含丰富的格式信息（如字体、字号、颜色等样式）和段落格式（如缩进、行距等）。例如，上市公司公开披露的年度财务报告通常以 PDF 格式发布，图 3－1 展示了某上市公司年度财务报告原文的部分内容。

PDF 文档支持复杂的排版结构，包括但不限于：

①复杂的段落排版，如缩进、对齐方式和行距等。

②多栏排版，常见于杂志、报纸类 PDF 文档，如某些学术期刊的 PDF 版文章采用双栏排版。

③有效地呈现有序和无序列表，并可定制列表样式，如不同的项目符号形状等。

（一）报告期内，公司从事的主要业务、产品及用途等。

1、商品混凝土及墙体材料业务

公司自设立以来主要从事商品混凝土及墙体材料的生产和销售业务，主营产品包括C10至C70等各类标号的普通混凝土以及海工混凝土、彩色景观混凝土、装饰混凝土、灰砂砖、加气砖等。产品主要用于房地产、酒店、基础设施、市政工程等建设领域。目前，公司共计拥有11家搅拌站，除贵州毕节1家搅拌站两条生产线外，在海南省内拥有十家商品混凝土搅拌站，27条生产线，设计产能达810万方，在海南省市场占有率约35%。公司凭借长期积累的品牌、规模、技术等优势，成为海南省内最具竞争力的商品混凝土企业。

图 3－1　上市公司年报内容节选（原始 PDF 文档）

在文本格式方面，PDF 文档包含多种文本格式，如不同的字体类型、字体大小、字体颜色、加粗、斜体、下划线等样式。这些格式信息能够精确地呈现文档创作者想要表达的文本视觉效果。例如，一份专业的书籍排版 PDF 文件，其标题可能是较大字号、加粗的字体，正文是常规字体，引用部分可能是斜体，通过这些格式的组合来增强文档的可读性和表现力。

此外，PDF 文档还包含多媒体元素，可以嵌入图像、图形等多媒体内容。例如，一份年度财务报告 PDF 可能包含公司的产品图像、财务报表等来辅助文字说明。这些多媒体元素与文本内容紧密结合，丰富了文档的信息表达。

PDF 文档中的文本是以“内容流”(content stream)的方式保存，内容流是 PDF 内部用来描述页面内容的一种方式，它包含了各种指令和数据，包括字符编码、字体信息和位置信息等。在提取文本时，需要解析这些编码，找到文本内容对应的部分。为了从 PDF 文档中提取文本，需要解析其内部结构。许多强大的第三方库，如 PyMuPDF、pdfminer. six 和 PyPDF2 等，支持从 PDF 文件中解析出文本。以 PyMuPDF 为例，先通过命令行安装第三方包：

```
# 安装 pdf 解析包:pymupdf
! pip install pymupdf = = 1.24.9
```

使用 Python 第三方包 PyMuPDF 从 PDF 文件中提取文本：

```
# 导入 PyMuPDF
import fitz

def parse_pdf(pdf_path):
# 打开 PDF 文档
document = fitz.open(pdf_path)
all_page_text_list = []

# 逐页遍历 PDF 文件,从中解析出文本
for page_num in range(len(document)):
```

```
    page_text_list = []

    #读取 PDF 某页内容
    page = document[page_num]

    # 获取文本块,遍历文本块
    for block in page.get_text("blocks"):

        # 提取文本块中的文本,将每个文本存入列表中
        page_text_list.append(block[4].strip())
    all_page_text_list.append(page_text_list)

# 关闭 PDF 文档
document.close()
  return all_page_text_list
```

3.2 文本清洗

数据清洗是文本预处理中的重要环节。原始文本中常存在诸如书写错误、无关内容(例如 HTML 标签、特殊符号、空白字符)、格式不统一等错误。经过删除非文本内容、编码标准化(例如统一使用 UTF-8 编码)、繁简体统一(例如使用 OpenCC 等工具)等数据清洗流程,可以统一数据的格式,显著提升文本数据的质量。

具体的数据清洗方法视数据的具体情况而定。以年度报告文本为例,主要的问题是由于 PDF 排版等原因,年度报告文本中的句子可能被分割在连续的多行中,导致句子语义不完整,对后续分词等数据预处理产生不利影响。

为了将被分割到不同行的文本合并为语义完整的句子,可以采取以下步骤:

第一步。段落划分,将整个文本分为段落。

第二步。句子合并,判断连续行的内容是否属于同一个词。若属于,则肯定属于同一个句子;若不属于,则应该属于不同句子。

本章将应用 spaCy 中的部分方法,实现上述合并句子的逻辑,先通过命令安装第三方包 spaCy:

```
#安装 spaCy
! pip install spacy = = 3.7.4
```

应用 spaCy 将解析后的文本分割为句子的示例代码如下:

```
# 导入第三方包 spaCy
import spacy

#加载模型
nlp = spacy.load("zh_core_web_trf")

def parse_txt(txt_path):
    # 读取解析后的文本文件
    with open(txt_path,"r",encoding = "utf-8")as f:
        text = f.read()

    # 根据换行符,将文本切割成段落
    paragraph_list = text.split("\n\n")
    new_paragraph_list = []
    for paragraph in paragraph_list:
        if paragraph.strip() = = "":continue
        doc = nlp(paragraph)

        # 逐行遍历,判断上下文是否是一个句子,如果是就合并。
        text_list = [[doc[0].text],]
        for i in range(len(doc) - 1):

      # 通过模型分词后,判断下一个词是否为一个句子的开始
          if doc[i + 1].is_sent_start:
            text_list.append([doc[i + 1].text])
          else:
            text_list[ - 1].append(doc[i + 1].text)
        text_list = "\n".join(["".join([i.strip()for i in j])for j in text_list])
        new_paragraph_list.append(text_list)

    # 将段落合并后进行分句
    doc_par = nlp("\n".join(new_paragraph_list))
    sentences = [sent.text for sent in doc_par.sents]

    # 去除空白行
    sentences = "\n".join([sent.strip()for sent in sentences if sent.strip()!
= '])
    return sentences
```

经过上述代码处理的文本是一行一句的干净文本,可用于后续的数据预处理。清洗后的文本如图 3 - 2 所示。

（一）报告期内，公司从事的主要业务、产品及用途等。
1、商品混凝土及墙体材料业务公司自设立以来主要从事商品混凝土及墙体材料的生产和销售业务，主营产品包括C10至C70等各类标号的普通混凝土以及海工混凝土、彩色景观混凝土、装饰混凝土、灰砂砖、加气砖等。
产品主要用于房地产、酒店、基础设施、市政工程等建设领域。
目前，公司共计拥有11家搅拌站，除贵州毕节1家搅拌站两条生产线外，在海南省内拥有十家商品混凝土搅拌站，27条生产线，设计产能达810万方，在海南省市场占有率约35%。
公司凭借长期积累的品牌、规模、技术等优势，成为海南省内最具竞争力的商品混凝土企业。

图 3-2 上市公司年报内容节选(数据清洗结果)

3.3 文本预处理

在自然语言处理中，数据预处理是确保文本数据质量的关键步骤。预处理能够显著提升文本数据的可用性和有效性，为后续的文本分析和建模提供了高质量、标准化的数据。常见的文本预处理步骤包括：

①分词：将文本切分成独立的词语或词组，为后续的词频统计、特征提取等提供基础。

②词性标注：词性标注是为文本中的每个词语自动分配其对应的语法类别标签(如名词、动词、形容词等)，通过分析词语的形态、语义及上下文关系实现词类消歧，为句法分析、语义理解等后续任务提供结构化数据支撑。

③去除停用词：移除文本中常见的、但通常不携带重要信息的词语，例如“的”“是”“在”等，可以在保留原信息的情况下，减少数据维度和计算量。

④词形还原和词干提取：针对英文等文本，需要将词语还原为其基本形式，例如将“running”还原为“run”，将“better”还原为“good”，以减少词汇的变体，提高后续分析的准确性。

需要注意的是，以上步骤无严格先后顺序。此外，文本预处理还包括了大小写转换、时间/数字格式标准化等。

3.3.1 分词

分词(tokenization)是将文本序列切分成有意义的单词或词组的过程，识别文本中具有独立意义的最小语言单位。特别是中文书写通常不使用空格分隔词语，因此分词在中文自然语言处理中至关重要。分词的准确性直接影响文本分析的效果，例如情感分析和主题建模。分词面临的挑战包括歧义词识别(如“结合成”既可以切分为“结合/成”，也可切分为“结/合成”)和未登录词识别(新词、专有名词)等。常用的分词方法包括：①基于词典的分词。该方法维护一个词典，通过查找词典进行切分。常见的策略包括最大匹配法，如正向最大匹配、逆向最大匹配、双向最大匹配等，即尽可能匹配词典中最长的词语。②基于统计的分词。该方法利用统计模型，如隐马尔可夫模型 HMM、条件随机场 CRF 等，学习词语出现的概率和上下文关系，从而进行切分。它能够较好地处理未登录词问题。③混合模型。该方法通常结合了词典和统计方法，充分利用词典的高效性和统计模型的准确性，以提高分词的准确率。

对于中文分词，可以使用如 jieba、HanLP、THULAC、LTP 等第三方工具实现高效分词，这些工具各有特点，可以根据不同的语境和需求进行选择。例如，jieba 分词速度快，使用简单，适合快速原型开发；HanLP 功能强大，支持多种分词算法和词性标注等功能，适合对分词精度要求较高的场景。分词需要考虑上下文语境，以解决歧义问题，提高分词的准确性。

首先安装第三方包：

```
# 安装 jieba
! pip install --upgrade jieba = = 0.42.1
通过以下代码实现分词：
# 导入第三方包 jieba
import jieba

def seg_txt(txt_path):

# 读取文本
with open(txt_path,“r”,encoding = “utf-8”)as f:
  text = f.read()

# 分词
seg_list = jieba.cut(text,cut_all = False)

#将分词后的结果以空格拼接为字符串
seg_text = “”.join(seg_list)
return seg_text
```

图 3 - 3 展示了某上市公司年报文本节选在分词之后的结果。此后可能还需要进行其他预处理步骤，例如词性标注、去除停用词等，以便后续更好地进行文本分析和建模。

（一） 报告 期内， 公司 从事 的 主要 业务、 产品 及 用途 等。
1、 商品 混凝土 及 墙体 材料 业务 公司 自 设立 以来 主要 从事 商品 混凝土 及 墙体 材料 的 生产 和 销售业务， 主营 产品 包括 C10 至 C70 等 各类 标号 的 普通 混凝土 以及 海工 混凝土、 彩色 景观 混凝土、 装饰 混凝土、 灰砂砖、 加气 砖 等。
产品 主要 用于 房地产、 酒店、 基础设施、 市政工程 等 建设 领域。
目前， 公司 共计 拥有 11 家 搅拌站， 除 贵州 毕节 1 家 搅拌站 两条 生产线 外， 在 海南省 内 拥有 十家 商品 混凝土 搅拌站， 27 条 生产线， 设计 产能 达 810 万方， 在 海南省 市场占有率 约 35%。
公司 凭借 长期 积累 的 品牌、 规模、 技术 等 优势， 成为 海南省 内 最具 竞争力 的 商品 混凝土 企业。
2015 年度， 全国 固定资产、 房地产 投资 延续 低迷 态势， 商品 混凝土 及 墙体 材料 需求 严重不足， 此外 行业 散乱、 门槛 低、 层次 低 导致 的 恶性竞争 不断 加剧， 加之， 2015 年度 受 银行信贷 政策、 房地产 行业 资金面 严重 趋紧 影响， 公司 在 销售收入 增长 和 应收 账款 增长 之间 寻求 平衡， 使得 公司 商品 混凝土 及 墙体 材料 业务 面临 较大 压力。
报告 期内， 公司 商品 混凝土 及 墙体 材料 业务 实现 营业 收入 88,853.35 万元、 净利润 1,719.64 万元。

图 3 - 3　上市公司年报内容节选(分词结果)

3.3.2　词性标注

词性标注(part-of-speech tagging)是自然语言处理中的一项基本任务,它为句子中的每个词语赋予其相应的词性标签,例如名词、动词、形容词、副词等。这一过程对于理解句子结构和语义具有重要意义。

通过词性标注,可以更好地分析句子的语法结构,帮助识别主语、谓语、宾语等成分,消除歧义,提高后续自然语言处理任务的性能。词性信息可以为诸如信息提取(例如识别命名实体)、文本分类(例如情感分析)、机器翻译(例如提高译文质量)、句法分析等任务提供额外的特征。

常见的词性标注的方法包括以下三类:

(1)基于规则的方法。利用手工编写的规则,根据词的形态特征和上下文进行标注。这种方法需要大量的语言学知识,规则编写烦琐,难以覆盖所有情况,但对于特定领域或规则性较强的语言现象效果较好。

(2)基于统计的方法。通过训练数据学习统计模型来进行标注。常用的统计模型包括隐马尔可夫模型(HMM)、条件随机场(CRF)、最大熵模型等。这种方法具有较好的鲁棒性和泛化能力。

(3)深度学习方法。使用神经网络,如 LSTM(long short-term memory)、BERT、Transformer 等,来自动学习上下文特征,提高标注准确性。深度学习方法在词性标注任务中取得了显著的进展,能够捕捉更复杂的语言现象。

实践中可根据具体的任务选择合适的第三方工具进行词性标注。在完成中文语料任务时,可选择 jieba、HanLP、THULAC、LTP 等对中文支持较为友好的工具。这些工具通常使用不同的词性标注集,例如北大词性标注集、863 词性标注集等。不同的标注集对词性的划分标准有所不同,选择合适的标注集也很重要。

以下代码演示了如何使用 jieba 进行词性标注:

```
# 引入第三方包 jieba 的词性标注方法
import jieba.posseg as psg

# 读取文件
text = "商品混凝土及墙体材料业务公司自设立以来主要从事商品混凝土及墙体材料的生产和销售业务,主营产品包括 C10 至 C70 等各类标号的普通混凝土以及海工混凝土、彩色景观混凝土、装饰混凝土、灰砂砖、加气砖等。"

# 使用 jieba 词性标注
seg_list = psg.cut(text)
```

```
# 用列表储存结果
#第一层列表表示全文
#第二层列表表示每行
#第三层列表表示每个词,其中第一个元素为词,第二个元素为词性
seg_list = [[w,t] for w,t in seg_list]
```

经过上述代码处理后文本的词性标注结果如下图 3-4 所示。

```
[['商品', 'n'], ['混凝土', 'n'], ['及', 'c'], ['墙体', 'n'], ['材料', 'n'], ['业务', 'n'], ['公司', 'n'], ['自', 'p'], ['设立', 'v'], ['以来', 'f'], ['主要', 'b'], ['从事', 'v'], ['商品', 'n'], ['混凝土', 'n'], ['及', 'c'], ['墙体', 'n'], ['材料', 'n'], ['的', 'uj'], ['生产', 'vn'], ['和', 'c'], ['销售业务', 'n'], ['，', 'x'], ['主营', 'b'], ['产品', 'n'], ['包括', 'v'], ['C10', 'eng'], ['至', 'p'], ['C70', 'eng'], ['等', 'u'], ['各类', 'r'], ['标号', 'n'], ['的', 'uj'], ['普通', 'nz'], ['混凝土', 'n'], ['以及', 'c'], ['海工', 'nt'], ['混凝土', 'n'], ['、', 'x'], ['彩色', 'n'], ['景观', 'n'], ['混凝土', 'n'], ['、', 'x'], ['装饰', 'n'], ['混凝土', 'n'], ['、', 'x'], ['灰砂砖', 'n'], ['、', 'x'], ['加气', 'v'], ['砖', 'n'], ['等', 'u'], ['。', 'x']]
```

图 3-4　上市公司年报内容节选(词性标注结果)

3.3.3　去除停用词

去除停用词是文本预处理中的一个关键步骤,主要目的是提升文本分析的效率和效果。停用词是指在文本中频繁出现,但通常不携带或携带很少信息,对文本的语义理解贡献不大的词语,如"是""的""在""a""the""is"等。去除停用词的益处包括:

(1)提高效率和效果。减少需要处理的词语数量,加快处理速度。

(2)降低数据维度。减少特征数量,降低计算复杂度。

(3)提高模型泛化能力。减少噪声数据的影响,提高模型的鲁棒性。

停用词表的来源较多,例如 NLTK、spaCy 等工具包自带的停用词表,以及一些开源项目提供的停用词表。选择合适的停用词表需要根据具体的应用场景和语料库进行考虑。例如,通用领域的停用词表可能不适用于专业领域的文本分析。

以下代码演示了如何使用 spaCy 进行英文文本的停用词去除:

```
# 导入第三方包 spaCy
import spacy
import re

#选择 spacy 中的停用词
stop_words = spacy.lang.zh.stop_words.STOP_WORDS


def clean_seg(txt_path):

#读取文本
with open(txt_path,"r",encoding = "utf-8")as f:
    text = f.readlines()
```

```
    #按空格分开,获取词列表
    seg_texts = [[word for word in line.split("")] for line in text.split("\n")]

    # 通过停用词表去除停用词
    clean_texts = [[word for word in line if word not in stop_words] for line in seg_texts]

    # 通过正则去除不包含中文英文的词
    clean_texts = [[word for word in line if re.search("[a-zA-Z\u3400-\u4db5\u4e00-\u9fa5]",word)] for line in clean_texts]

    # 将词列表合并成长文本
    clean_texts = "\n".join(["".join(line) for line in clean_texts if "".join(line).strip()! =""])
    return clean_texts
```

经过上述代码的处理,图 3-5 展示了某上市公司年报文本节选在去除停用词之后的结果。

报告 期内 公司 业务 产品 用途
商品 混凝土 墙体 材料 业务 公司 设立 商品 混凝土 墙体 材料 生产 销售业务 主营 产品 包括 C10 C70 各类 标号 混凝土 海工 混凝土 彩色 景观 混凝土 装饰 混凝土 灰砂砖 加气 砖
产品 用于 房地产 酒店 基础设施 市政工程 建设 领域
公司 共计 拥有 11 家 搅拌站 贵州 毕节 家 搅拌站 两条 生产线 外 海南省 拥有 十家 商品 混凝土 搅拌站 27 条 生产线 设计 产能 达 810 万方 海南省 市场占有率 约 35%
公司 长期 积累 品牌 规模 技术 优势 海南省 最具 竞争力 商品 混凝土 企业
2015 年度 全国 固定资产 房地产 投资 延续 低迷 态势 商品 混凝土 墙体 材料 需求 严重不足 行业 散乱 门槛 低 层次 低 导致 恶性竞争 加剧 2015 年度 受 银行信贷 政策 房地产 行业 资金面 趋紧 影响 公司 销售收入 增长 应收 账款 增长 之间 寻求 平衡 公司 商品 混凝土 墙体 材料 业务 面临 较大 压力
报告 期内 公司 商品 混凝土 墙体 材料 业务 营业 收入 88 853.35 万元 净利润 719.64 万元

图 3-5　上市公司年报内容节选(去除停用词结果)

3.3.4　词形还原和词干提取

针对英文等语料,词形还原(lemmatization)和词干提取(stemming)是文本预处理中的重要步骤,主要用于标准化文本中的单词形式,以便更有效地进行文本分析和建模。

词形还原通常依赖于词典和语法规则,确保每个单词都被转换为其最基本的形态,同时能够保留单词的实际意义,可以满足上文理解的需要。例如,"running"会被归一化为"run","better"会被归一化为"good"。

不同于词形还原,词干提取技术通过移除词缀(如后缀、前缀)将单词简化为词干,是一种更简单粗暴的方法,可能导致词干不完整或不规范。例如,"running"可能会被提取为"runn","better"可能会被提取为"bett"。

词形还原相比词干提取能够更好地保留单词的语义,提高后续文本分析的准确性,因此在对准确性要求较高的场景下更适用。词干提取虽然可能不够精确,但在某些对速度要求较高、对准确性要求相对较低的场景下仍然适用,例如信息检索。

中文的词形变化相对较少，主要依靠词序和虚词来表达语法关系，因此通常不需要像英文那样进行词形还原和词干提取。以美国上市公司年度报告文本为例，本节以下代码使用 spaCy 和 NLTK 进行了英文词形还原和词干提取。图 3－6 和图 3－7 分别展示了词形还原和词干提取的结果。

首先通过命令安装 NLTK：

```
# 安装 nltk 自然语言处理工具包
! pip install nltk = = 3.9.1
```

应用 NLTK 和 spaCy 进行词形还原和词干提取：

```
# 导入第三方包
import spacy
from nltk.stem import PorterStemmer

# 加载模型
nlp = spacy.load('en_core_web_sm')
porter = PorterStemmer()

# 词形还原前文本
text = "Luvu Brands, Inc. designs, manufactures and markets a portfolio of consumer lifestyle brands through the Company's websites, online mass/drug merchants and specialty retail stores worldwide."

doc = nlp(text)
lemma_text = '
stem_text = '

# 遍历单词
for token in doc:
# 将归一化的词型追加到文本列表
lemma_text + = token.lemma_ + '

# 将提取的词干追加到文本
stemmed_word = porter.stem(token.text)
stem_text + = stemmed_word + '

# 打印结果
print(lemma_text)
print(stem_text)
```

Luvu Brands , Inc. design , manufacture and market a portfolio of consumer lifestyle brand through the company ' s website , online mass / drug merchant and specialty retail store worldwide .

图 3-6 美国上市公司年报节选(词形还原结果)

luvu brand , inc. design , manufactur and market a portfolio of consum lifestyl brand through the compani ' s websit , onlin mass / drug merchant and specialti retail store worldwid .

图 3-7 美国上市公司年报节选(词干提取结果)

3.4 本章总结

本章系统地介绍了财经文本数据处理的全过程，包括文档解析、文本清洗及文本预处理，为后续的分析应用奠定了坚实的基础。本章首先讲解了如何解析常见的财经富文本文档，例如上市公司年报等。然后，基于年度财务报告文本讲述了文本的数据清洗方法。最后，介绍文本数据预处理步骤，包括分词、词性标注、去除停用词、词形还原和词干提取等步骤，以提高文本数据的质量和可用性。通过本章的学习，读者将能够掌握解析财经文本的基本方法，并熟练运用各种文本清洗和预处理技术，为后续的进一步分析提供高质量的数据支持。

关键术语

文档解析　文本清洗　文本预处理　分词　词性标注　停用词　词形还原　词干提取

第 4 章　管理研究中的 NLP 测度构建方法

本章导读

当完成了文本预处理工作后，我们需要运用各类自然语言处理和机器学习方法进行不同测度和指标的构建工作。本章首先介绍了与 NLP 密切相关的机器学习方法的相关概念和分类，然后分小节详细阐述了当前在管理研究中被广泛使用的模型方法。本章节的主要学习目标点包括：

- 了解常见机器学习方法的定义、主要类型和工作流程。
- 熟悉文本表征基础方法、Word2Vec 词嵌入模型、BERT 语言模型和主题模型的原理，并掌握相应示例代码的实现过程。
- 了解集成学习方法相关原理及其示例代码的实现过程。

4.1　NLP 中的机器学习方法

4.1.1　机器学习的定义

文本表征及自然语言处理领域会运用到诸多机器学习方法。什么是机器学习？不同的机器学习领域专家对此有着不同的理解。关于机器学习的定义不存在一个被广泛认可的统一标准，以下是几种常见定义：

(1)机器学习是一个研究领域，它赋予计算机在没有被明确编程的情况下学习的能力。(亚瑟·塞缪尔，1959)

(2)如果一个计算机程序在完成某一类任务 T 时，通过某种性能度量 P 测量，其性能随着经验 E 的增加而提高，那么可以说该程序从经验 E 中学习。(汤姆·米切尔，1997)

(3)机器学习是可以自动检测数据中的模式，并利用这些模式来预测未来数据或其他结果的方法。(凯文·墨菲，2012)

可以看出不同学者对于机器学习定义的侧重点有所区别，定义(1)作为机器学习的经典定义，强调了机器学习的自主学习能力，定义(2)指出机器学习是计算机程序通过经验提高完成特定任务的性能的过程，而定义(3)则强调机器学习方法的核心在于从数据中检测模式并使用这些模式进行预测。

图 4-1 机器学习领域代表性书籍示例

注:上图为凯文·墨菲有关机器学习定义的书籍封面,图片来源于网络。

4.1.2 机器学习方法的主要类型

机器学习方法包括了监督学习、无监督学习、自监督学习、半监督学习、强化学习等。限于篇幅,本书主要介绍自然语言处理中常用的监督学习、无监督学习和自监督学习三种机器学习方法类型(见图 4-2),接下来将对每类机器学习算法分别进行介绍。

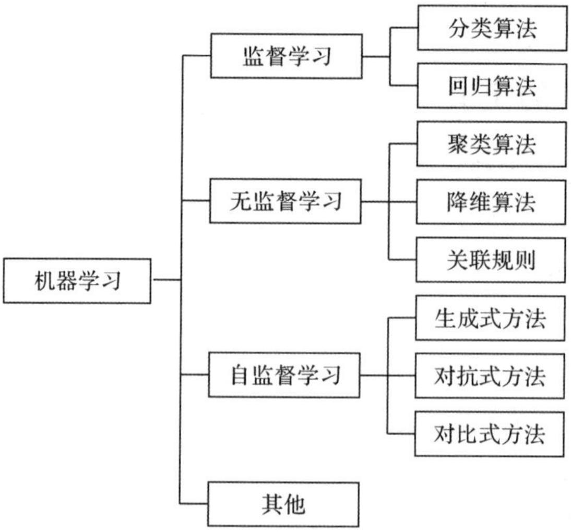

图 4-2 机器学习的主要类型

1. 监督学习

监督学习(supervised learning)是指利用有标签数据进行训练从而得到预测模型的机器学习方法。其中,有标签数据由输入数据及其对应的输出值(或标签值、目标值)组成,预测模型对给定的输入产生相应的输出。如图 4－3 所示，监督学习可根据输出值的数据类型主要可分为分类算法和回归算法。

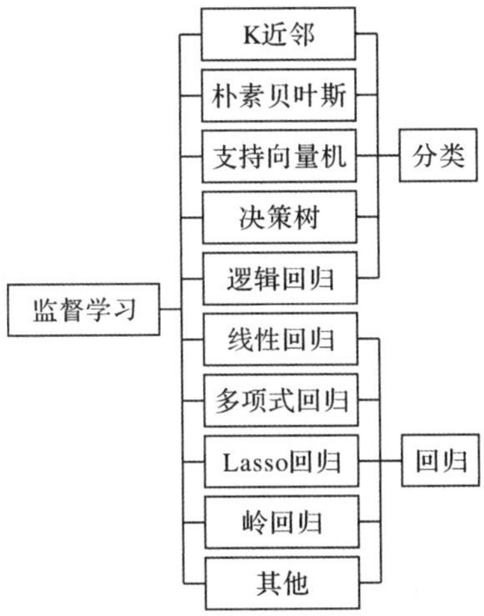

图 4－3　监督学习方法概览

1）分类算法

当数据的输出值为离散型数据时，监督学习算法属于分类（classification）算法，常用的分类监督算法方法包括 K 近邻（k-nearest neighbor，KNN）、朴素贝叶斯（naive Bayes）、支持向量机（support vector machine，SVM）、决策树、逻辑回归等。分类算法的一个经典应用示例是根据肿瘤的体积、患者的年龄来判断肿瘤为良性或恶性。该示例的输出变量肿瘤性质（良性或恶性）为二分类离散型数据。离散数据除二分类变量以外，还有多分类变量。分类算法在会计、金融、人力资源管理、供应链管理等领域的应用场景如下。

（1）分类算法在会计领域的应用场景示例。

①欺诈检测。分类算法用于识别异常交易模式，帮助会计人员及时发现潜在的欺诈行为。通过分析交易数据，算法能够识别正常交易特征，并标记偏离正常模式的交易以供进一步调查。例如，某银行使用分类算法检测到一系列异常的跨境转账交易，这些交易与客户的历史行为不符，最终成功防止了一起国际洗钱案件。

②客户信用评分。分类算法通过分析客户的财务数据、历史交易和行为模式，帮助评估信用风险，从而做出更明智的信贷决策，降低坏账风险。例如，某贷款机构通过分类算法对申请贷款的客户进行信用评估，成功识别出一批高风险客户，避免了大量坏账损失。

③财务报表分析。分类算法可用于分析财务报表中的各项数据，识别潜在风险。例如，算法可以分析资产负债表中的资产和负债项，评估企业的财务健康状况和偿债能力。例如，一家上市公司使用分类算法分析其财务报表中的不良资产，识别出潜在的债务违约风险，并及时调整财务策略。

(2)分类算法在金融领域的应用场景示例。

①风险管理。在金融行业，分类算法是风险管理的重要工具。银行和其他金融机构可以利用分类算法来评估贷款申请者的信用风险，预测哪些申请者更有可能违约。例如，逻辑回归和支持向量机等算法可以分析申请者的财务记录、信用评分、职业稳定性等因素，以预测其还款能力。

②投资策略制定。分类算法帮助投资者根据市场条件和投资目标制定个性化的策略。通过分析历史市场数据，算法识别资产类别间的相关性，并预测未来市场趋势。例如，某投资公司使用分类算法分析历史股市数据，成功识别出低风险的股票组合，为客户提供了个性化的投资建议。

③客户服务优化。金融机构可利用分类算法优化客户服务。通过分析客户的交易历史和偏好，算法预测客户需求并提供个性化建议。例如，某银行通过分析客户的账户活动，使用分类算法预测客户可能感兴趣的理财产品，从而提高了客户满意度和销售额。

(3)分类算法在管理领域的应用场景示例。

①客户关系管理。分类算法广泛应用于客户群体细分，实现精准营销。通过分析客户的购买历史、消费习惯和人口信息等，算法将客户分为不同类别，如高价值客户和潜在流失客户，帮助企业制定针对性的营销策略。例如，某电商平台使用分类算法将客户分为活跃客户和潜在流失客户，从而有针对性地推出促销活动，成功提高了客户留存率。

②人力资源管理。在招聘和员工发展中，分类算法可帮助企业优化流程。通过分析候选人简历、工作经验和技能测试结果，算法可预测哪些候选人最适合特定岗位。此外，算法还可用于员工绩效评估和晋升预测，识别高潜力员工并提供相应的培训和发展机会。

③供应链管理。分类算法用于需求预测和库存管理。通过分析历史销售数据、季节性因素和市场趋势，算法预测未来需求变化，帮助企业制定合理库存计划。例如，某零售企业通过分类算法分析历史销售数据，成功预测出特定产品的需求波动，优化了库存管理，减少了库存积压和缺货现象。

2)回归算法

当数据的输出值为连续型数据时，监督学习算法属于回归(regression)方法。回归方法包括线性回归、多项式回归、Lasso 回归、岭回归等。其中线性回归作为一种经典的回归方法，在经济管理领域的应用极为广泛，例如我国居民个人收入的预测问题、某小区特定楼栋二手房的市场价格预测问题。上述示例中，输出值均为连续型数据，分别是收入和房价。输入数据则是可能影响输出值的一系列特征，比如收入预测问题中的区域经济、教育程度、个人年龄等，房价预测问题中的房屋位置、房屋面积、所在楼层等。在回归问题中，可以训练有标签数据获得回归模型，然后基于回归模型去预测未知数据或者其他特定数据的连续型输出值。此外,某些监督学习方法(如集成学习中的随机森林)既可以用于分类问题,也可以用于回归问题。回归算法在会计、金融、人力资源管理、供应链管理等领域的应用场景如下。

(1)回归算法在会计领域的应用场景示例。

①财务成本分析。回归分析帮助会计师预测成本与生产量、原材料价格等因素之间的关系,从而进行更精准的成本控制。例如,某制造业公司通过回归分析预测了生产成本和原材料价格的关系,从而优化了采购策略,减少了不必要的支出。

②财务报表预测。回归模型通过分析历史财务数据,预测未来的收入、支出和利润,帮助企业做出科学的财务规划。例如,某企业利用回归模型预测未来一年的销售收入,结果可反映未来的市场波动,从而帮助公司做好财务预算和资源配置。

③审计风险评估。回归分析可用于识别财务报表中的潜在风险,帮助审计师聚焦审计重点,提高审计效率。例如,一家审计公司通过回归分析发现某公司的应收账款存在较大波动,及时识别出风险,避免了潜在的财务问题。

(2)回归算法在金融领域的应用场景示例。

①信用评分。金融机构使用逻辑回归模型评估客户的信用风险,通过分析客户的历史信用记录、收入和负债等因素,预测违约概率。例如,一家银行通过逻辑回归模型分析贷款申请人的数据,成功评估出高违约风险客户,从而减少了贷款违约的损失。

②股票价格预测。回归模型分析历史股票数据、市场情绪和经济指标,帮助投资者预测股票价格走势。例如,某投资公司利用回归分析预测科技股的价格走势,成功在股市波动中制定了获利策略。

③风险管理。金融机构运用回归分析评估市场、信用和操作风险,帮助制定相应的控制措施。例如,某保险公司使用回归模型分析市场波动,预测未来的市场风险,从而优化其投资组合并保障公司资产安全。

(3)回归算法在管理领域的应用场景示例。

①人力资源管理。回归分析可以帮助评估员工绩效、预测员工离职率以及优化招聘流程。例如,一家公司通过回归分析员工的历史绩效数据,发现某些工作环境因素对员工表现有显著影响,从而调整工作环境,提升员工绩效。

②市场营销。回归模型用于分析广告效果、预测市场需求,帮助优化营销策略。例如,某零售公司通过回归分析消费者行为,发现某一广告活动对销售影响最大,进而将营销预算集中投入此类广告,提高销售额。

③供应链管理。回归分析可用于预测需求量、优化库存管理和提高物流效率。例如,一家零售商通过回归模型分析历史销售数据,准确预测了某款商品的需求变化,优化了库存水平,减少了存货积压。

3）NLP 中的监督学习算法应用

在 NLP 领域，监督学习是常用的机器学习方法，可用于情感分析、文本分类、语法检查与纠正等多个任务场景。

（1）情感分析。情感分析也被称为意见挖掘，涉及确定文本表达的情感倾向，通常是正面、负面或中性。例如，公司可能想了解消费者对其产品的在线评论是积极还是消极。通过监督学习技术，可使用标注的训练数据集训练模型，从而自动识别文本的情感倾向。

（2）文本分类。文本分类是将文本内容归类到预定义类别中的一种常见任务。例如，在垃圾邮件检测中，邮件被分类为"垃圾邮件"或"非垃圾邮件"。监督学习方法如朴素贝叶斯等能够通过训练数据集学习如何根据邮件内容预测其类别。

（3）语法检查与纠正。语法检查和纠正工具可以通过监督学习方法进行构建，借助标注数据集训练模型，自动识别语法错误并提出正确的修改建议。这一功能的实现要求有包含错误句子及其修正版本的标注数据集。

2. 无监督学习

监督学习中的数据集都有明确的输出值，比如企业财务欺诈模型训练中每条数据都已经标明是否有财务欺诈行为。也就是说，每条训练用的数据都有一个"正确答案"，即训练数据有标签。不同于监督学习，无监督学习（unsupervised learning）是指在没有标签的数据集（即没有输出值）中通过分析数据内在特征发现数据之间潜在模式或关系的机器学习方法。无监督学习的基本思想是对给定数据进行某种"压缩"，从而找到数据的潜在结构。如图 4－4 所示，无监督学习主要可分为聚类算法、降维算法和关联规则等。

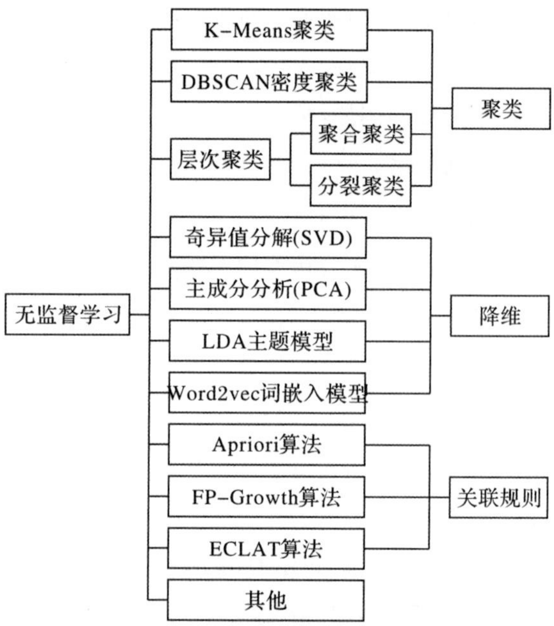

图 4－4　无监督学习方法概览

1）聚类算法

聚类（clustering）算法根据数据点之间的相似性将数据分组成多个簇（cluster），使得同一簇内的数据点尽可能相似，不同簇之间的数据点尽可能不同。常见的聚类算法包括 K-Means 聚类、DBSCAN 密度聚类和层次聚类等。此外，若聚类方法假设每个数据样本仅属于一个簇，即簇与簇之间没有交集，则称为硬聚类方法。反之，如果一个数据样本可以同时属于多个簇，即簇与簇之间存在交集，则为软聚类方法。如图 4－5 所示，图中的数据点可以被划分为三个簇，而能够将这些数据点分开的一类无监督学习方法即为聚类算法。聚类算法可广泛应用于会计、金融、市场营销等多个领域。

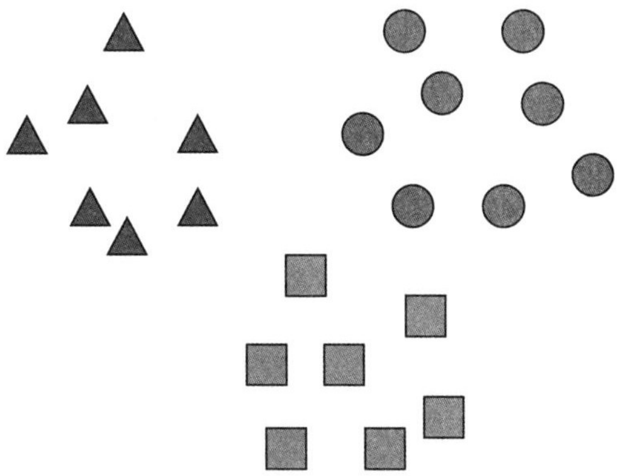

图 4－5　聚类算法示例

(1)聚类算法在会计领域的应用场景示例。

①费用分析。通过聚类分析企业的支出数据，可以识别出支出模式和异常情况。例如，可以将类似的费用归为一类，帮助识别异常报销或不合理的开支。

②应收账款管理。聚类算法可以帮助会计部门根据客户的付款历史、账龄等特征对账款进行分类，从而更好地预测回款风险并优化收款策略。

③财务报表分析。聚类算法可以对企业财务报表进行归类分析，识别出具有相似财务特征的公司或部门，发现潜在的财务问题或发展机会。

(2)聚类算法在金融领域的应用场景示例。

①信用风险分析。聚类算法被金融机构用于分析客户的信用评分数据，将具有相似信用特征的客户聚为一类，帮助银行更好地评估信用风险。

②投资组合管理。金融分析师可以使用聚类算法将不同的投资标的按风险、收益率等指标进行归类，帮助投资者构建更加平衡和多样化的投资组合。

③市场细分。聚类算法可以将市场中的投资者或金融产品按特定特征(如风险偏好、投资风格等)进行归类，为不同细分市场提供定制化的金融服务。

(3)聚类算法在管理领域的应用场景示例。

①员工绩效评估。聚类算法在企业管理中可用于分析员工的绩效数据，将表现相似的员工归为不同的群体，从而帮助管理层制定差异化的激励和培训策略。

②供应链管理。聚类算法可根据多种指标将供应链中的供应商、产品或客户进行划分，有助于优化供应链管理策略，提高效率并降低成本。

③消费者行为分析。聚类算法在市场营销中可用于将消费者按购买行为、消费习惯等特征进行分组，帮助企业制定更有效的营销策略和产品定位。

2)降维算法

在自然语言处理和机器学习领域涉及向量计算的问题中，随着维数的增加计算量呈指数级增长的现象被称为维数灾难(curse of dimensionality)。当向量维度过大时，不仅会显著降低算法训练的速度，还可能导致算法的性能显著下降。同时，数据维度过高会降低数据的可读性，给我们从数据中挖掘有意义的结构带来不小的挑战。

降维(dimensionality reduction)算法是一种通过减少数据的维度(特征数量)来简化数据表示的技术。降维的目标是保留数据中的关键信息，同时尽可能减少数据的复杂性和冗余性，从而更有效地进行分析和建模。常见的降维算法包括奇异值分解(SVD)、主成分分析和 LDA 主题模型等。结合前述维数灾难的局限可以看出，降维算法将高维数据映射到低维空间中，不仅能减少冗余特征以降低数据维度，还能便于数据的可视化，有助于进一步挖掘数据中有意义的结构。降维算法在会计、金融、市场营销和供应链管理等领域的应用场景如下。

(1)降维算法在会计领域的应用场景示例。

①财务报表压缩。在分析公司财务状况时，财务报表可能包含大量变量(如不同类型的收入、费用、资产、负债等)。降维算法能够减少这些变量的数量，将相关的财务指标合并为少数几个主成分，以便不同公司财务状况的比较。

②异常检测。会计审计工作中可能涉及到大量交易数据，降维算法可以将高维交易数据压缩成低维空间，从而更容易识别异常交易和潜在的欺诈行为。

③成本分析。制造业会计通常涉及大量的成本因素(如原材料、劳动力、间接成本等)。降维算法可简化成本分析模型，提炼出对成本波动影响最大的若干因素。

(2)降维算法在金融领域的应用场景示例。

①风险管理。金融机构面临的风险种类繁多，包括市场风险、信用风险、操作风险等。降维算法可以帮助金融分析师将众多风险因子简化为少数几个关键因子，从而更容易进行风险评估和管理。

②投资组合优化。在投资组合管理中，投资者需要分析成千上万的资产。降维算法可以将这些资产特征压缩到少数几个维度，帮助投资者识别和构建最优的资产组合。

③信用评分。金融机构在评估客户信用时，可能涉及大量的信用特征变量。降维算法可帮助简化信用评分模型，将多个相关变量合并为少数几个指标，从而提升评分模型的效率和解释性。

(3)降维算法在管理领域的应用场景示例。

①市场细分。在市场营销中，管理者需要分析大量的消费者行为数据。降维算法可将多维度的消费者特征数据（如年龄、收入、购买历史、偏好等）简化为几个关键维度，从而更有效地进行市场细分和定位。

②绩效管理。企业内部的员工绩效评估可能涉及工作效率、创新能力、团队合作等多个维度。降维算法可将这些维度压缩成几个关键指标，帮助管理层更清晰地了解整体绩效趋势。

③供应链优化。在供应链管理中，企业需要处理大量的供应商数据、库存数据和物流数据。降维算法可以简化这些数据的复杂性，从而更快地识别供应链中的瓶颈或优化机会。

3）关联规则

关联规则（association rules）是一种用于在大型数据集中发现项与项之间关系的技术，主要用于揭示频繁出现的模式。关联规则的目标是找出数据项之间的强关联或依赖关系。常用的关联规则挖掘方法包括 Apriori 算法、FP-Growth 算法和 ECLAT 算法等。购物车分析是关联规则算法在实践中的一种典型应用，通过分析大量交易数据，关联规则可以揭示顾客倾向于同时购买的商品组合。例如，在一组超市购物交易数据中，发现购买尿布的男士通常也会同时购买啤酒。商家可以利用这一发现，将啤酒和尿布放在一起陈列，便于顾客同时购买更多相关产品，从而提升超市的销售额。关联规则在会计、金融、市场营销、供应链管理等领域的应用场景如下。

图 4－6　关联规则应用：啤酒与尿布

（1）关联规则在会计领域的应用场景示例。

①成本分析与控制。关联规则挖掘技术可以帮助会计部门分析不同产品或服务成本之间的关联关系，识别成本构成中的关键驱动因素。例如，某公司发现当原材料 A 的价格上涨时，产品 X 和 Y 的成本也同时上升，导致整体生产成本增加。因此公司可采取措施与供应商协商降低原材料 A 的采购价格，从而有效控制成本。

②财务舞弊检测。审计人员可通过分析历史财务数据和行业标准，构建关联规则模型，

能够检测出不符合常规的异常情况，揭示潜在的财务舞弊行为。例如，某公司财务报表显示在短时间内突然增加了大量销售收入，并且应收账款回收周期异常。这一异常模式通过关联规则模型被识别出来，进一步调查发现公司存在虚增销售收入的行为。

③预算管理。在制定预算时，关联规则可以帮助会计部门预测不同预算项目之间的相互影响。例如，某公司的会计部门发现研发预算的增加会导致销售收入的提升，因此在下一季度的预算编制中增加了研发投入，同时减少了其他非核心部门的预算支出，以提高整体财务效益。

(2)关联规则在金融领域的应用场景示例。

①信用风险评估。金融机构可以利用关联规则挖掘技术评估客户的信用风险。例如，某银行发现在收入水平较低且有多次逾期记录的客户中，违约的风险较高。基于这一关联规则，银行加强了对此类客户的审查，并相应调整了贷款条件。

②金融产品交叉销售。金融机构可以通过关联规则分析客户购买金融产品的历史数据，发现不同产品之间的购买关联性，制定个性化营销策略。例如，某银行发现购买了信用卡的客户往往也会购买保险产品，因此在客户办理信用卡时，银行工作人员会主动推荐合适的保险产品，提升交叉销售率。

③市场趋势预测。关联规则可用于分析股票、债券等金融市场的历史数据，帮助金融机构识别出不同市场指标间的关联性，进而制定投资策略。例如，某投资公司通过分析过去十年的利率变动和股票市场表现的关联性，发现利率上升时，股票市场通常会出现下跌。基于此，公司在预期利率上升时减少股票投资。

(3)关联规则在管理领域的应用场景示例。

①客户关系管理。企业可利用关联规则分析客户的购买行为、消费偏好、服务需求等信息，识别出不同客户群体之间的关联特征。例如，某电商平台发现购买运动鞋的客户往往也会购买运动服装，因此平台在销售运动鞋时推荐相关运动服装，从而提高顾客的购买量和平台的总销售额。

②市场细分与定位。通过分析目标市场的消费者数据，企业可以发现不同消费者群体之间的关联特征，如年龄、性别、收入水平、兴趣爱好等。基于这些关联规则，企业可以将市场细分为不同的子市场，并针对每个子市场的特点制定相应的营销策略和产品定位方案。

③供应链管理。关联规则可以分析供应链上下游之间的业务关联，帮助企业优化供应链的库存管理、生产计划、物流配送等各个环节，提高供应链的效率和响应速度。例如，某制造业公司通过分析历史订单数据，发现某些零件的供应商在特定季度的交货时间通常较长。公司基于这一关联规则调整了生产计划，以避免因供应延迟导致的生产停滞。

4)NLP 中的无监督学习算法类型

在自然语言处理领域,无监督学习算法被广泛用于挖掘文本数据中的隐藏结构。以下是无监督学习在 NLP 中常被用到的模型示例。

(1)K-Means 聚类。K-Means 聚类,亦称为 K -均值聚类,是最常用的聚类算法之一。通过将数据点分组成不同的簇来发现数据的内在结构,K-Means 可以用于文本分类和主题建模。例如,在对社交媒体上的评论进行聚类时,K-Means 将关于新电影的讨论与关于新电视剧的讨论分别划分为不同的簇,从而帮助营销团队识别受欢迎的内容主题。K-Means 聚类简单高效,适用于大规模数据集,但需要预先指定簇的数量,且对初始簇中心的选择敏感,容易陷入局部最优解。

(2)LDA 主题模型。LDA 是一种概率主题模型,主要用于发现文档集合中的隐藏主题。LDA 可以用于挖掘大量文本数据中的主题分布,帮助理解文本数据的主要内容和结构。例如,我们可以通过对上市公司财务报告的历史文本数据进行 LDA 主题分析,发掘财务舞弊公司财报中的特点,进而对企业的未来财务舞弊行为进行预测。LDA 能够发现数据中的隐含结构,提供可解释的主题和词汇表示,但其参数调整较为复杂,且计算成本较高。

(3)Word2Vec 词嵌入模型。Word2Vec 是一种常用的词嵌入模型,用于将词语映射到高维向量空间,使得语义上相似的词语在向量空间中彼此靠近。在 NLP 中,Word2Vec 广泛应用于词语相似度计算、文本分类和机器翻译等任务。Word2Vec 能够有效捕获单词之间的语义关系,生成高质量的词嵌入向量,但在处理罕见词语和多义词方面存在一定挑战。

3. 自监督学习

自监督学习(self-supervised learning,SSL)是指在没有显式标注数据的情况下,通过自动生成的监督信号来训练模型的一种方法。它介于无监督学习和监督学习之间,旨在从未标注的数据中学习有用的特征或表示。有别于传统的无监督学习,自监督学习通过设计一种预测任务,从数据本身生成监督信号,从而使得模型可以在没有人工标注的情况下进行学习。这些学习到的特征可以进一步用于分类、回归等下游任务。

自监督学习通常涉及预测任务设计、预训练和微调等多个步骤。预测任务设计的目的是确定一个能够从数据中自动生成标签的预测任务。预训练则使用大量未标记数据,通过解决这些预测任务来学习数据的内在结构和特征。完成预训练后,模型可以用少量的标注数据进行微调,以提高其在特定任务中的性能。如图 4 - 7 所示,自监督学习方法主要可以分为生成式方法、对比式方法和对抗式方法。

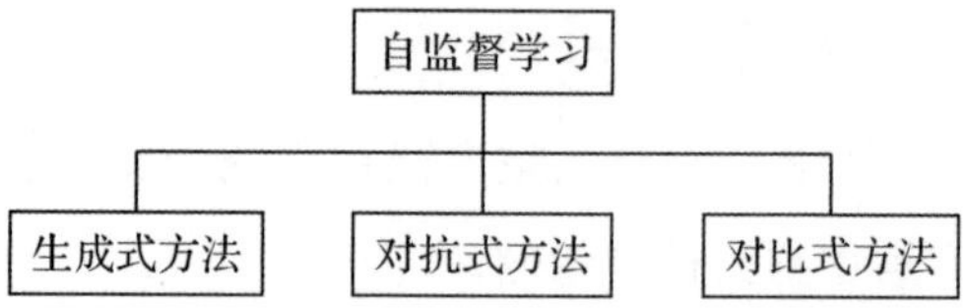

图 4-7　自监督学习方法分类

1)生成式方法

生成式自监督学习(generative SSL)通过训练模型预测数据中的缺失部分或未观察到的部分,从而学习数据的表示。这种方法通常使用生成模型来模拟数据的分布,并通过优化似然函数来进行训练。

2)对比式方法

对比式自监督学习(contrastive SSL)通过比较不同数据点之间的相似性和差异性来学习数据表示。这种方法通过构建正样本对和负样本对,并优化对比损失函数,来有效区分样本之间的差异。

3)对抗式方法

对抗式自监督学习(adversarial SSL),也称为生成-对比式自监督学习(generative-contrastive SSL),结合了生成对抗网络(generative adversarial networks,GANs)的概念。该方法通过对抗训练的方式学习数据表示,其中生成器试图生成逼真的数据样本,而判别器则试图区分真实数据与生成数据。

(1)相比监督学习而言,自监督学习具有以下优势。

①利用未标记数据。自监督学习可以利用大量未标记数据,这在标记数据稀缺的领域尤为重要。

②泛化能力较强。通过学习数据的内在结构和特征,而非简单拟合标签,自监督学习获得的模型通常具有较强的泛化能力。

③提高数据效率。通过预训练和微调的结合,自监督学习能够在较少标记数据的情况下实现良好的性能。

(2)与此同时,自监督学习也面临着以下挑战。

①预测任务设计。设计一个有效的预测任务是自监督学习的关键。任务必须足够具有挑战性,使模型能够学到有意义的表示,同时也不能过于复杂,导致学习过程难以收敛。

②计算资源消耗。自监督学习通常需要大量的计算资源,尤其是在预训练阶段,因为它涉及大规模数据和复杂模型。

4)NLP 中的自监督学习算法类型

自监督学习在自然语言处理中的应用非常广泛。通过设计巧妙的预测任务,它能够有效地利用大量未标注数据学习语言模型和表征。以下是常见的自监督学习模型：

(1)Transformer 模型。Transformer 是一种基于自注意力机制的模型，主要用于序列到序列的学习任务，如机器翻译和文本摘要。它由编码器和解码器组成，编码器将输入序列转换为向量表示，解码器则将这些向量解码为输出序列。Transformer 模型通常使用大量未标注数据进行预训练，通过掩码语言模型等自监督任务学习语言结构和语义信息。预训练后的模型可应用于各种下游任务。尽管 Transformer 本身并不直接属于生成式、对比式或对抗式自监督学习中的任何一类，但它为 BERT 和 GPT 等模型的发展奠定了基础。

(2)BERT 模型。BERT 是一种基于双向 Transformer 编码器的模型，通过掩码语言模型和下一句预测任务进行预训练。BERT 能够捕捉单词的上下文嵌入表示，广泛应用于文本分类、命名实体识别等任务。BERT 的预训练过程中不需要任何标签，它通过自动生成的监督信号(例如被随机遮掩的单词)进行自监督学习。这使得 BERT 能够在大量未标注数据上学习有效的语言表征。BERT 属于生成式自监督学习方法，但其训练过程中也包含了对比式学习的思想。该模型的详细介绍将在后续章节中进行讨论。

(3)GPT 模型。GPT 是一种单向 Transformer 模型，主要用于语言生成任务，如文本生成和问答系统。GPT 通过预测下一个单词的任务进行预训练，使得模型学会理解语言的序列性质和语义连贯性。与 BERT 不同，GPT 主要关注生成任务，广泛应用于文本生成和自然语言理解任务。GPT 利用从未标注数据中自动生成的监督信号(即下一个单词)，因此属于生成式自监督学习方法。GPT 的详细讨论将在后续章节中展开。

4.1.3　损失函数

损失函数(loss function)在机器学习中扮演着至关重要的角色，是用来衡量模型预测值与真实值之间差异的重要指标。损失函数的基本目标是将这种不一致性量化为一个数值，以便可以通过优化算法最小化这个数值，从而提升模型的预测性能。损失函数是一个非负实值函数，通常用 $L(y,\hat{y})$示，其中 y 是真实值，$\hat{y}$是模型的预测值。常用的损失函数主要包括均方误差、平均绝对误差和交叉熵损失等，具体介绍如下所示。

1. 均方误差

均方误差(mean square error，MSE)也称为 $L2$ 损失，主要用于回归问题。MSE 计算的是预测值与真实值之间差的平方和的平均，对大的误差非常敏感。

$$L(y,\hat{y})=\frac{1}{n}\sum_{i=1}^{n}(y_i-\hat{y}_i)^2 \tag{4-1}$$

式中，y_i是第 i 个样本的真实值，$\hat{y}_i$是模型对第 i 个样本的预测值，n 是样本总数。平方损失函数对异常值较为敏感，因为它会放大较大误差的影响。

2. 平均绝对误差

平均绝对误差(mean absolute error,MAE)也称为 $L1$ 损失,用于回归问题。MAE 计算的是预测值与真实值之间差的绝对值的平均,对离群点具有更强的鲁棒性。

$$L(y,\hat{y})=\frac{1}{n}\sum_{i=1}^{n}|y_i-\hat{y}_i| \tag{4-2}$$

式中,y_i是第 i 个样本的真实值,$\hat{y}_i$是模型对第 i 个样本的预测值。

3. 交叉熵损失

交叉熵损失(cross-entropy loss)多用于分类问题。它衡量的是预测概率分布与真实标签之间的差异,特别适合处理多类分类问题。

$$L(y,\hat{y})=\frac{1}{n}\sum_{i=1}^{n}| y_i\log(\hat{y}_i)+(1-y_i)\log(1-\hat{y}_i)) \tag{4-3}$$

式中,y_i是第 i 个样本的真实标签(0 或 1),$\hat{y}_i$是模型预测为正类的概率。

此外,损失函数还有其他诸多类型,如主要用于支持向量机的合页损失(hinge loss),结合 $L1$ 和 $L2$ 损失优点的平滑 $L1$ 损失(smooth L1 loss),以及对噪声和离群点非常敏感的指数损失(exponential loss)等。不同的损失函数有不同的特性和适用场景。选择合适的损失函数可以大大提高模型的训练效率和最终性能。回归问题通常使用 MSE 或 MAE;分类问题则常用交叉熵损失或合页损失;而对于如相似度学习等特殊任务,则可能需要采用平滑 $L1$ 损失或者其他更具针对性的损失函数。

4.1.4 泛化问题

泛化(generalization)能力指的是通过某一机器学习方法训练所得模型,对未知数据的预测能力,即训练好的模型在新数据上的性能好坏。如图 4-8 所示,如果模型在训练集和测试集上表现都差,则称之为欠拟合;如果模型在训练集和测试集上表现最优,称之为最佳拟合;如果模型在训练集上表现好,在测试集上表现差,则称之为过拟合。

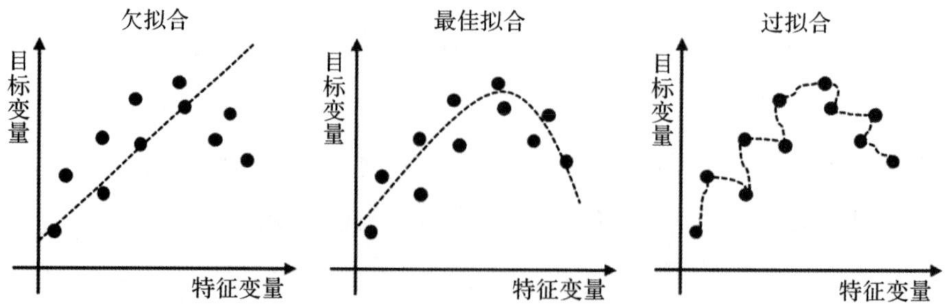

图 4-8 欠拟合、最佳拟合和过拟合

1. 欠拟合

欠拟合(underfitting)的产生主要是由于模型过于简单,无法捕捉数据中的关键模式和结构。这样的模型在训练数据和新数据上都表现不佳。欠拟合可以比喻为用小学数学知识去解决大学物理问题,力量不足。例如,用一条直线去拟合具有多个波形的数据集,显然是无法获得良好预测效果的。

2. 过拟合

与欠拟合相反,过拟合(overfitting)发生在模型过度复杂时,它能够完美地捕捉训练数据中的全部信息,包括噪声和异常值。这样的模型在训练数据上的表现非常好,但在新的、未见过的数据上表现却很差。这就像一名学生只针对考试内容进行学习而无法应对实际问题一样。一个常见的过拟合例子是决策树模型,如果树的深度太大,它可能完全记住了训练数据,包括其中的随机误差,导致在新的数据集上无法做出准确的预测。

4.1.5　机器学习的工作流程

如图 4-9 所示,假定数据获取工作已经完成,机器学习的工作流程包括数据预处理、特征工程、模型训练和模型评估等环节。

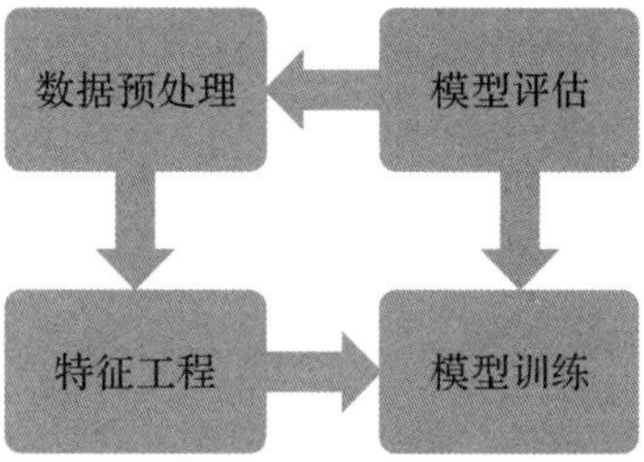

图 4-9　机器学习工作流程

1. 数据预处理

数据预处理是数据分析和机器学习中至关重要的一步,它直接影响到模型的性能和准确性。文本预处理步骤包括了数据清洗、分词、词性标注、词形还原和词干提取、去除停用词等,已在上一章中进行了详细介绍。除此之外,针对结构化数据,常规的预处理流程包括缺失值处理、异常值处理、数据离散化和数据规范化等。

1) 缺失值处理

缺失值是指数据集中某些记录的某些特征没有值的情况。缺失值的存在可能会影响数据分析和模型训练的结果。因此,需要对缺失值进行处理。常见的处理方法包括:

(1) 删除法。直接删除包含缺失值的记录或特征。这种方法简单,但可能会丢失大量信息。

(2)填充法。用某个值填充缺失值,如使用均值、中位数、众数等统计量进行填充;或者使用插值法(如线性插值)来估计缺失值。

(3)预测法。利用其他特征构建模型来预测缺失值。

2)异常值处理

异常值是指在数据集中显著偏离其他观测值的数据点。异常值可能是由于测量错误、数据录入错误或极端情况造成的。处理异常值的方法包括:

(1)删除法。直接删除异常值。这种方法简单,但可能会丢失重要信息。

(2)替换法。用某个合理的值替换异常值,如使用四分位数范围(IQR)确定异常值的上下限,并用上限或下限替换异常值。

(3)转换法。对数据进行变换(如对数变换、Box-Cox 变换),以减少异常值的影响。

3)数据离散化

部分机器学习任务还会涉及数据离散化的任务。数据离散化是将连续型变量转换为离散型变量的过程。离散化可以帮助简化模型,提高计算效率,并可能改善模型的表现。常见的离散化方法包括:

(1)等宽离散化。将连续变量的范围划分为宽度相等的区间。

(2)等频离散化。将连续变量的范围划分为每个区间包含相同数量的数据点。

(3)基于聚类的离散化。使用聚类算法(如 K-means)来确定区间的边界。

4)数据规范化

数据规范化的目标是调整数据的尺度,可以把有量纲的表达式转换为无量纲的纯量,使模型训练更加高效,提升模型的精度。数据规范化的常用方法包括数据归一化和数据标准化。

数据归一化(normalization)通常是指将一列数据的数值缩放到一个固定的区间内,最常见的是将数据映射到[0,1]区间。数据归一化的公式为:

$$x^* = \frac{X_i - X_{\min}}{X_{\max} - X_{\min}} \tag{4-4}$$

式中,$X_{\max}$为最大值,$X_{\min}$为最小值。

数据标准化是将数据转换为均值为 0、标准差为 1 的分布。数据标准化的公式为:

$$x^* = \frac{X_i - \mu}{\sigma} \tag{4-5}$$

式中,μ 和 σ 代表样本的均值和标准差。

2. 特征工程

特征工程是将原始数据转换为算法能理解的、更能表达问题本质的特征或属性的过程。

如图 4 - 10 所示，特征工程一般包含了特征提取和特征选择及特征降维等步骤。特征工程在整个机器学习流程中占据着非常重要的地位，耗时通常较多。斯坦福大学人工智能实验室主任吴恩达认为，“数据和特征决定了机器学习的上限，而模型和算法只是逼近了上限而已”。

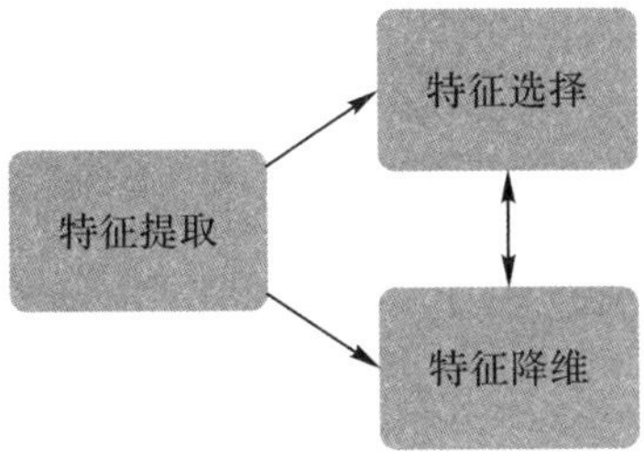

图 4 - 10　特征工程的一般步骤

1）特征提取

特征提取是指将任意数据（文本、图像等），转换为可用于机器学习的数字特征。如图 4 - 11所示，通过分词、构建词表及索引、数据编码等环节，最终将“我爱北京天安门”这句话转换成一个 4×4 维的矩阵，初步实现了对文本的特征提取。

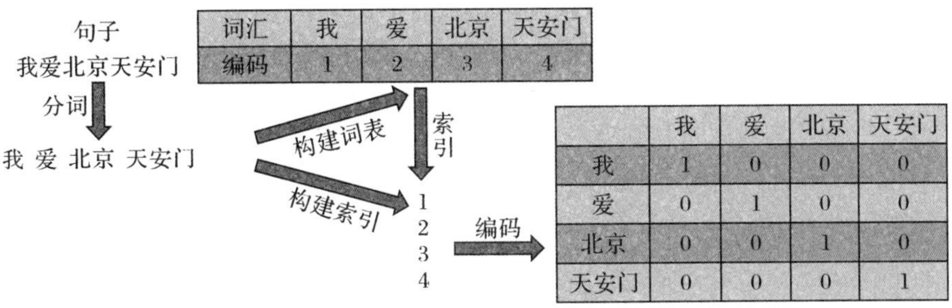

图 4 - 11　特征提取示例

2）特征选择

不同特征对模型的影响程度不同，需要选择出对问题重要的一些特征（即相关特征），移除与问题相关性不大的特征（即无关特征），这一过程称为特征选择。特征选择的常用方法包括过滤法、包装法和嵌入法等。例如，Pearson 相关系数作为一种常见的过滤法，可用于度量两个变量 X 和 Y 之间的线性相关性，结果的取值区间为$[-1,1]$，-1 表示完全的负相关，$+1$ 表示完全的正相关，0 表示没有线性相关性。

3）特征降维

特征降维是在某些限定条件下，降低随机变量（特征）的维数，得到一组“不相关”主变量的过程。特征降维的基本要求是在降低维数相同的情况下，保留尽可能多的信息。

图 4-12 作为示例展示了二维空间上的样本点降维到一维空间的转换过程。

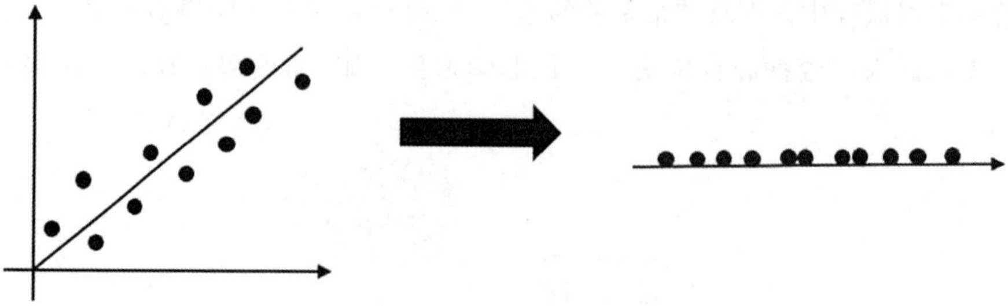

图 4-12　特征降维示例

3. 模型训练

完成特征工程后，接下来进入如图 4—13 所示的机器学习模型训练环节，主要包括数据集划分、模型方法选择和具体的模型训练环节。

图 4-13　模型训练的一般步骤

1）数据集划分

如图 4-14 所示，在进行正式的模型训练之前，需要根据机器学习任务将数据集划分为训练集和测试集，部分任务场景下还需要额外划分验证集，不同的数据集在机器学习的模型训练中扮演着不同的角色。

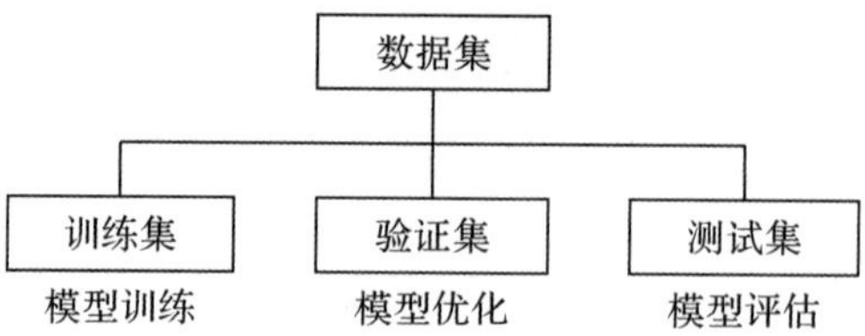

图 4-14　数据集的划分

(1)训练集(training set)。训练集是用于训练模型的数据子集。通过学习训练集中的数据及其对应的标签，模型调整其参数以最小化损失函数。训练集的目标是让模型学习数据中的模式和特征，进而能够做出预测或分类。

(2)测试集(test set)。测试集是用于最终评估模型性能的数据子集。它在整个训练和调优过程中是完全独立的，只有在模型训练和调优完成后才使用。测试集的目标是为了评估模型在完全未知数据上的表现，衡量模型的泛化能力。

(3)验证集(validation set)。训练集和测试集是机器学习任务中数据集划分的主要类型，此外一部分任务还涉及验证集的使用。验证集是用于模型调优的数据子集，角色介于训练集和测试集之间。主要用于评估模型在训练过程中的性能，并帮助调整超参数，如学习率、正则化系数等。验证集的目标是为了帮助监控模型的表现，防止过拟合，并确保模型在看不见的数据上也有良好的性能。

总的来说，训练集用于模型的训练过程，验证集用于模型的调优和选择，而测试集则用于独立评估模型的最终性能。这种划分有助于避免模型过拟合，确保其在实际应用中具有良好的泛化能力。

2）模型方法选择

模型方法选择环节通常可分别明确任务需求、确定候选模型、模型初步比较和模型详细评估等步骤。

第一步：明确任务需求。首先，需要明确想要解决的问题类型，如回归、分类、聚类等。这直接决定了后续模型选择的方向。深入了解问题的具体需求，包括数据的规模、数据的特征类型（如数值型、分类型）、是否存在缺失值或异常值、以及是否需要实时预测等。

第二步：确定候选模型。根据问题类型和数据特性，列出可能适用的机器学习算法作为候选模型。例如，对于分类问题，可以选择逻辑回归、决策树、随机森林、支持向量机等；对于回归问题，可以选择线性回归、岭回归、套索回归等。

第三步：模型初步比较。快速试验多个候选模型，通过简单的评估方法（如留出法）初步评估各模型的性能。

第四步：模型详细评估。使用更严格的评估方法（如交叉验证）进一步评估各模型的性能，考虑准确性、训练时间、模型复杂度等因素。

3）训练环节

模型训练是机器学习的核心环节。通过调整模型参数，使其从预处理后的数据中学习模式，最终实现预测或分类功能。在进入训练过程之前，数据集通常被分为训练集和测试集，有时还有验证集。其中，训练集用于更新模型的权重以最小化误差函数，而验证集（如有）则用于监控模型的泛化能力，防止过拟合。通过反复迭代优化算法（如梯度下降等），模型逐步提高其在训练数据上的表现，直到达到满意的准确率或完成预定的迭代次数。模型训练的目标是使模型不仅在训练数据上表现良好，而且能够有效地推广至新数据。

4. 模型评估

不同类型的机器学习算法的评估方式有所差异。分类和回归等监督学习算法可以通过测试集的预测结果和真实结果之间的差异比较产生较为明确的模型评估标准。而聚类和降维等无监督学习算法虽会提供参考的模型拟合指标，但对模型效果的判断大多需要结合具体应用场景，较监督学习而言相对主观。在此，我们主要介绍监督学习算法的模型评估指标。而无监督学习的模型评估在后续算法的具体应用中会有所涉及。

1）分类算法的模型评估

在分类任务下，测试集数据的预测结果（predicted condition）与真实标记（ture condition）之间存在四种不同的组合，构成如表 4-1 所示的混淆矩阵（confusion matrix）。

表 4-1 混淆矩阵构成

类别	真实为正类	真实为负类
预测为正类	true positive(TP)	false positive(FP)
预测为负类	false negative(FN)	true negative(TN)

（1）准确率（accuracy）。准确率是指预测正确的数占样本总数的比例。它是最简单的评估指标之一，在类别分布均衡时非常有用。但是在类别不平衡的数据集中，它可能并非最佳选择。准确率的计算公式如下：

$$\text{Accuracy} = \frac{\text{TP} + \text{TN}}{\text{TP} + \text{TN} + \text{FN} + \text{FP}} \tag{4-6}$$

（2）精确率（precision）。精确率是指正确预测为正类占全部预测为正的样本比例。它表明了预测为正类的样本中有多少真实为正类，在误报成本较高的场景中尤其重要。精确率的计算公式如下：

$$\text{Precision} = \frac{\text{TP}}{\text{TP} + \text{FP}} \tag{4-7}$$

（3）召回率（recall）。召回率是指正确预测为正类占全部正样本的比例。它衡量了模型捕获所有相关案例的能力。在漏报正类实例后果极为不利的情况下，例如欺诈检测中，召回率尤为重要。召回率的计算公式如下：

$$\text{Recall} = \frac{\text{TP}}{\text{TP} + \text{FN}} \tag{4-8}$$

（4）F1 得分。F1 得分作为一种综合评价指标，兼顾精确率和召回率。当需要平衡精确率和召回率时，F1 得分尤其适用，如文本分类或医学诊断。F1 得分用精确率和召回率的调和平均数表示，计算公式如下：

$$\text{F1} - \text{Score} = \frac{2\text{TP}}{2\text{TP} + \text{FN} + \text{FP}} = \frac{2 \times \text{Precision} \times \text{Recall}}{\text{Precision} + \text{Recall}} \tag{4-9}$$

（5）ROC 曲线与 AUC 指标。逻辑回归等部分监督学习模型的分类结果并非 0 或 1，而是 0～1 之间的概率。将预测概率用不同的阈值进行分类，每个阈值对应的预测类别分布不同，混淆矩阵也不同。那么，有没有一种方法能把不同概率阈值下的所有混淆矩阵表示在同一个二维空间内呢？根据混淆矩阵，可以得到 TPR 和 FPR 两个指标，其中 TPR(true positive rate)是指真实为正例的样本中预测结果为正例的比例（即召回率），FPR(false positive rate)是指真实为负例的样本中预测结果为正例的比例，二者的计算公式分别如下：

$$\mathrm{TPR} = \frac{\mathrm{TP}}{\mathrm{P}} = \frac{\mathrm{TP}}{\mathrm{TP}+\mathrm{FN}} \tag{4-10}$$

$$\mathrm{FPR} = \frac{\mathrm{FP}}{\mathrm{N}} = \frac{\mathrm{FP}}{\mathrm{FP}+\mathrm{TN}} \tag{4-11}$$

将不同概率阈值下的 TPR 和 FPR 两个指标表示在二维坐标系中，绘制 ROC 曲线(receiver operating characteristic curve)。AUC(area under the curve of ROC)指标取值即为 ROC 曲线与右下角的面积，如图 4-15 所示。AUC 广泛用于二元分类问题，它有助于理解模型区分正负类别的能力。AUC 的最小值为 0.5，最大值为 1，取值越高表示模型效果越好。

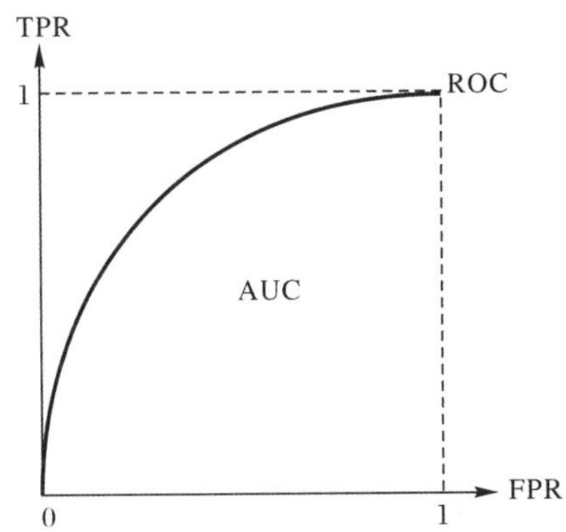

图 4-15　ROC 曲线与 AUC 指标示例

2）回归算法的模型评估

回归算法模型评估的基本思想是衡量预测值与实际值的差距大小，预测值与实际值越接近，模型效果越好。具体而言，模型评估包括以下指标：常用于损失函数提到的均方误差 MSE 和平均绝对误差 MAE，代表 MSE 算术平方根的均方根误差 RMSE(root mean squared error)，以及代表模型拟合优度的决定系数(coefficient of determination 或 r-squared)、校正的决定系数(adjusted r-squared)等。

4.1.6 小结

本节内容主要介绍了机器学习算法的定义、分类、关键概念、实现流程、及其在 NLP 领域的常见应用场景或模型。接下来的 4.2—4.6 小节将详细介绍 NLP 中的文本表征基础、Word2Vec 词嵌入模型、BERT 语言模型、主题模型以及集成学习方法等方法的原理及应用。

4.2 文本表征基础

4.2.1 One-Hot 编码

One-Hot 编码是一种最简单的文本表示方法。它将文本中的每个词语表示为一个高维向量,其中只有一个维度为 1,其他维度全为 0。One-Hot 编码的维度等于词汇表的大小,每个词汇的位置在向量中是唯一的。假设我们有一个包含三个词汇的词汇表:["宫保鸡丁""麻婆豆腐""鱼香肉丝"]。根据 One-Hot 编码,每个词的表示如下:

表 4-2 One-Hot 编码示例

词汇	One-Hot 编码
"宫保鸡丁"	[1,0,0]
"麻婆豆腐"	[0,1,0]
"鱼香肉丝"	[0,0,1]

4.2.2 文本表征原理

1. 词袋模型

词袋模型(bag of words)是一种将文本表示为无序词汇集合的模型,它忽略了文本中的语法和词序信息。词袋模型的核心思想是将文本中的每个词看作是一个独立的特征,并将这些特征按词汇表的顺序组合成一个向量。向量的每个元素代表一个词在文本中出现的次数。

词袋模型的实现步骤主要包括以下两步:第一步,建立词汇表。首先需要从语料库中提取所有的词汇,并构建一个词汇表。这个词汇表包含了所有可能出现在文本中的词。第二步,构建基于词袋模型的文档向量。对于每个文本,根据词汇表将其表示为一个向量。向量的每个元素表示词汇表中的一个词在该文本中出现的次数。假设语料集中有以下两个文档:

文档 A。"宫保鸡丁 麻婆豆腐 宫保鸡丁 鱼香肉丝"

文档 B。"麻婆豆腐 鱼香肉丝 麻婆豆腐 麻婆豆腐"

根据这些文档构建的词汇表为["宫保鸡丁""麻婆豆腐""鱼香肉丝"]。然后,利用词袋模型将每个文档转换为词频向量:

表 4-3　基于词袋模型的文档表征示例

文档编号	文档向量
文档 A	[2,1,1]
文档 B	[0,3,1]

此时，整个语料集的原始文档-词项矩阵(document-term matrix，DTM)则为：

表 4-4　原始文档-词项矩阵示例

类别	宫保鸡丁	麻婆豆腐	鱼香肉丝
文档 A	2	1	1
文档 B	0	3	1

2. 词频

词频(term frequency，TF)是一种用于衡量词汇在文档中出现频率的特征表示方法。它定义了一个词在文档中出现次数的占比，即该词在文档中的重要性。一般情况下，词频可以直接用来衡量一个词在文档中的权重。词频的计算公式如下：

$$\mathrm{TF}(t,d)=\frac{\text{词 t 在文档 d 中出现的次数}}{\text{文档 d 中的总词数}} \tag{4-12}$$

式中，t 表示词汇，d 表示文档。

假设语料集中有以下两个文档：

文档 A。“宫保鸡丁 麻婆豆腐 宫保鸡丁 鱼香肉丝”

文档 B。“麻婆豆腐 鱼香肉丝 麻婆豆腐 麻婆豆腐”

以文档 A 为例，每个词的 TF 为：

表 4-5　词频示例

词汇	TF
宫保鸡丁	2/4=0.5
麻婆豆腐	1/4=0.25
鱼香肉丝	1/4=0.25

此时，整个文档集基于 TF 的文档-词项矩阵 DTM 则为：

表 4-6　基于 TF 的文档-词项矩阵示例

类别	宫保鸡丁	麻婆豆腐	鱼香肉丝
文档 A	0.5	0.25	0.25
文档 B	0	0.75	0.25

词频方法用于文本表征的优点是能够反映出词语在文档中的重要性，但该方法仅依赖单个文档的信息，未能考虑词语在整个语料库中的普遍性，即每个词语在语料集中的重要性。接下来，介绍一种兼顾了词语在语料库中普遍性的词频——逆文档频率方法。

3. 词频-逆文档频率

词频-逆文档频率 TF-IDF(term frequency-inverse document frequency)是对词频的扩展，结合了逆文档频率 IDF(inverse document frequency)，用于衡量一个词在某个文档中出现的重要性，但同时考虑到该词在整个语料库中是否普遍出现。TF-IDF 的核心思想是，如果一个词在很多文档中都出现，那么它对区分文档的重要性就较低。TF-IDF 的计算可以分为三步：

第一步。计算词频(TF)，公式如上。

第二步。计算逆文档频率(IDF)。

$$\mathrm{IDF}(\mathrm{t})=\log\left(\frac{N}{1+\text{包含词 t 的文档数}}\right) \tag{4-13}$$

式中，N 表示文档总数，包含词 t 的文档数指的是含有词 t 的文档数量。

第三步。计算 TF-IDF。

$$\text{TF-IDF}(\mathrm{t},\mathrm{d})=\mathrm{TF}(\mathrm{t},\mathrm{d})\times\mathrm{IDF}(\mathrm{t}) \tag{4-14}$$

式中，t 表示词汇，d 表示文档。

假设语料集中有如下两个文档：

文档 A。“宫保鸡丁 麻婆豆腐 宫保鸡丁 鱼香肉丝”

文档 B。“麻婆豆腐 鱼香肉丝 麻婆豆腐 麻婆豆腐”

因此，词汇表为[“宫保鸡丁”“麻婆豆腐”“鱼香肉丝”]。TF-IDF 的计算结果如下表所示：

表 4-7 TF-IDF 示例

词汇	TF		IDF	TF×IDF	
	文档 A	文档 B		文档 A	文档 B
宫保鸡丁	2/4=0.5	0/4=0	log[2/(1+1)]=0	0.5×0=0	0×0=0
麻婆豆腐	1/4=0.25	3/4=0.75	log[2/(1+2)]≈ −0.176	0.25×(−0.176)≈ −0.044	0.75×(−0.176)≈ −0.132
鱼香肉丝	1/4=0.25	1/4=0.25	log[2/(1+2)]≈ −0.176	0.25×(−0.176)≈ −0.044	0.25×(−0.176)≈ −0.044

此时，整个语料集在 TF-IDF 表征方法下的文档-词项矩阵则为：

表 4-8　基于 TF-IDF 的文档-词项矩阵示例

	宫保鸡丁	麻婆豆腐	鱼香肉丝
文档 A	0	−0.044	−0.044
文档 B	0	−0.132	−0.044

TF-IDF 方法的优点是在计算词语的重要性时，考虑了词语在整个语料库中的普遍性，能够有效降低高频无意义词语的权重。该方法常用于信息检索、文本分类和聚类等任务。但该方法仍然具有如下的局限性，计算复杂度相对较高，仍然无法捕捉词语的语义信息，无法处理同义词和多义词的问题。

4.2.3　文本表征示例

示例要求：基于沪深 A 股金融业公司的财报文本语料样本计算出语料层面的原始文档-词项矩阵（DTM）、基于 TF-IDF 的 DTM，并展示出“公司”“创新”“成果”这三个词汇的词频-逆文档频率（TD-IDF）计算结果。

示例代码如下：

```
# 引入 package
import re  # python 的标准库
from os.path import basename,splitext  # python 的标准库 os
from glob import glob  # # python 的标准库

from tqdm import tqdm  # tqdm 的版本为 4.67.1
# sklearn 的版本为 0.24
from sklearn.feature_extraction.text import TfidfVectorizer,CountVectorizer

# 读取停用词
with open('Data\\CH4\\stop_words.txt','r',encoding = 'utf-8')as r:
    stop_words = r.readlines()
# 获取所有文件名
files = glob(r'Data\\CH3\\jieba_seg\\ * .txt')
# 去停用词、删除单字、删除不包含中文的词
words = {}
for file in tqdm(files[:100]):
    with open(file,'r',encoding = 'utf-8')as f:
        text = [w for w in re.split('[ \n]',f.read())if w not in stop_words and re.
search('[\u4e00-\u9fa5]',w)and len(w)> 1]
        words[splitext(basename(file))[0]] = '.join(text)
```

```
# 准备语料
corpus = list(words.values())

# 创建一个 CountVectorizer 对象
dtm_vectorizer = CountVectorizer()

# 将文本数据转换为 DTM
dtm = dtm_vectorizer.fit_transform(corpus)

# 获取特征名称
features = dtm_vectorizer.get_feature_names_out()
# TF 中的第 1 个文档中"公司""创新""成果"的词频
dtm_word = features.tolist()
dtm_index = [dtm_word.index("公司"),dtm_word.index("创新"),dtm_word.index("成果")]
dtm[0,dtm_index].toarray()
array([[943,  3,  5]],dtype = int64)

# DTM
dtm.toarray()
array([[ 0,0,13,…,0,0,0],
       [ 0,0,14,…,0,0,0],
       [ 0,0,19,…,0,0,0],
       …,
       [ 0,1,1,…,0,0,0],
       [ 0,0,2,…,0,0,0],
       [ 0,0,2,…,0,0,0]],dtype = int64)

# 初始化 TF-IDF 模型
vectorizer = TfidfVectorizer()

# 更新 TF-IDF 模型
X = vectorizer.fit_transform(corpus)

#"公司""创新""成果"的 IDF 中值
word = vectorizer.get_feature_names_out().tolist()
index = [word.index("公司"),word.index("创新"),word.index("成果")]
vectorizer.idf_[index]
array([1.,1.11531085,1.])

# 将 TF-IDF 稀疏数组转化为密集矩阵
dense_matrix = X.toarray()
```

```
# 第一个文档中的"公司""创新""成果"三个词汇的 TF-IDF 值
dense_matrix[0,index]
array([0.41364875,0.0014677,0.00219326])

# TF-IDF 矩阵
dense_matrix
array([[0.,0.,0.00732419,…,0.,0.,0.],
       [0.,0.,0.01375932,…,0.,0.,0.],
       [0.,0.,0.01617691,…,0.,0.,0.],
       …,
       [0.,0.,0.00126838,…,0.,0.,0.],
       [0.,0.,0.00143881,…,0.,0.,0.],
       [0.,0.,0.00542466,…,0.,0.,0.]])
```

4.2.4　小结

在自然语言处理中，文本表征是一个重要的基础步骤，它将人类语言转换为机器可以理解和处理的格式。词袋模型、词频和 TF-IDF 是三种常用的文本表征方法。它们各自具有不同的特点。

(1)词袋模型。词袋模型是一种最简单的文本表征方法，它忽略单词的顺序和语法，仅仅统计每个单词在文本中出现的次数。这种模型只关心单词是否出现，而不关心它们如何组织在一起。

(2)词频。词频指一个词在文档中出现的频率。与词袋模型类似，它也是计算词的出现次数，但通常会结合逆文档频率来使用，形成 TF-IDF 权重。

(3)TF-IDF。TF-IDF 是一种统计方法，用以评估一个词对于一个文档集或语料库中的其中一份文档的重要程度。它不仅考虑了词在文档中出现的频率，还考虑了该词在整个文档集合中的逆文档频率，即该词在所有文档中出现的频率的倒数。

词袋模型、词频和 TF-IDF 这三种文本表征方法的优缺点如表 4－9 所示。

表 4－9　不同文本表征方法的比较

类别	优点	缺点
词袋模型	简单易懂，易于实现。	①只包含词汇的频数信息，无法衡量其相对频率。 ②忽略词序信息。
词频	简单易懂，便于分析词汇在文档中的占比情况。	①未考虑词汇本身对于文档的区分能力。 ②忽略词序信息、上下文、和多义词等。
TF-IDF	更好地反映词对文档的区分能力。	忽略词序信息、上下文和多义词等。

总的来说，词袋模型、词频和 TF-IDF 都是将文本转换为数值特征的常用方法，它们在处理速度、复杂度和语义保留方面有所不同。在选择这些方法时，应根据具体任务的需求和数据特性来决定最合适的文本表征方法。

4.3 Word2Vec 词嵌入模型

与 TF、TF-IDF 方法不同，Word2Vec 词嵌入模型语言考虑了语义信息，并对词向量进行了降维，该模型通常用于生成和理解自然语言文本。在介绍 Word2Vec 之前先介绍与其相关的部分背景知识。

在传统的文本表示方法（如词袋模型）中，文本被视为一个词语的集合，忽略词语的顺序和语法结构，只统计每个词语在文本中出现的频率。词袋模型使用维度等于词汇表大小的稀疏向量来表示文本，向量的每一维对应词汇表中的一个词语，如果该词语在文本中出现，则对应维度的值为其出现的次数（或 1 表示出现，0 表示未出现），否则为 0。词袋模型中每个词使用 One-Hot 向量表示，One-Hot 向量的维度等于词典的大小，只有一个维度为 1，其余维度都为 0，该维度对应词在词典中的索引。这种表示方式无法捕捉单词之间的语义关系和上下文信息，并且存在以下缺点：高维度和稀疏性，导致计算和存储效率低下；忽略词序，无法捕捉词语之间的顺序关系。这在动辄上万甚至百万词典的实际应用中，面临着巨大的维度灾难问题（the curse of dimensionality）。

分布式表示基于“分布假设”（distributional hypothesis），即如果两个词语经常出现在相似的上下文中，那么它们的含义也可能相似。基于这一假设，分布式表示将每个词语映射到一个低维、稠密的实数向量，这些向量捕捉了词语的语义和语法信息，以及词语之间的关系。在分布式表示模型中，单词被映射到一个连续的向量空间中，向量的维度通常远小于词汇表的大小。分布式表示具有以下优点：低维度和稠密性，提高计算和存储效率；捕捉词语之间的相似性，语义相似的词语在向量空间中距离较近；能够捕捉单词的语义信息和上下文关系；泛化能力更强，能够更好地处理未登录词。分布式表示是基于大规模语料库训练得到的，能够更好地捕捉语言的统计规律。常见的分布式表示模型包括 Word2Vec（包括 CBOW 和 skip-gram 两种模型）、GloVe、FastText、ELMo、BERT 等。

分布式表示通过将数据映射到低维向量空间中，有效地捕捉了数据的潜在语义和上下文信息，极大地改善了模型的性能和计算效率。这种表示方法在多个领域中发挥了重要作用，并推动了自然语言处理技术的发展。

4.3.1　背景知识

1. 统计语言模型

与统计语言模型类似，Word2Vec 模型考虑了上下文窗口内词语的共现信息。Word2Vec 可以被视为一种基于神经网络的统计语言模型的改进和简化版本。因此在介绍 Word2Vec 之前，有必要先回顾与其相关的背景知识，即统计语言模型。

统计语言模型的目标是预测给定上下文中下一个词出现的概率。它基于词频统计和概率论，通过计算词序列的联合概率或条件概率来建模语言。以序列 $s=w_1,w_2,w_3,\cdots,w_l$ 为例，$w_1,w_2,w_3,\cdots,w_l$ 是组成序列 s 的 Token，，序列 s 概率分布 $p(s)$ 为组成序列的 Token 的联合概率分布：

$$\begin{aligned}p(s)&=p(w_1,w_2,w_3,\cdots,w_l)\\&=p(w_1)p(w_2\mid w_1)p(w_3\mid w_1,w_2)\cdots p(w_l\mid w1,w_2,\cdots,w_{l-1})\\&=\prod_{i=1}^{l}p(w_i\mid w_1,\cdots,w_{i-1})\end{aligned}\tag{4-15}$$

式中，条件概率 $p(w_2|w_1)$，$p(w_3|w_1,w_2)$ 是统计语言模型的参数。

统计语言模型公式非常简洁，但是在应用时，仍存在较多问题。以中文来例，中文词典有约 11000 个汉字(《现代汉语词典》收录的汉字数)，常见汉字有约 3500 个(《通用规范汉字表》将一级字的字量仍定为 3500 个)。联合概率分布中的条件概率 $p(w_i|w_1,\cdots,w_{i-1})$ 中，第 i 个词 w_i 是由前 $i-1$ 个词 $(w_1,\cdots,w_{i-1})$ 计算，随着序列 s 长度增加，参数量以指数级增长。随着参数量增加，带来以下两个问题：参数空间过大，大部分的 Token 组合在训练语料中没出现，无法从训练语料中得到计算所有的概率分布；数据稀疏，对于没有在语料中出现的组合，根据最大似然估计就会得到这个分布的概率为 0，这将导致整个句子的概率为 0。

1) N 元语法

为了解决参数空间过大的问题，引入马尔科夫假设：一个 Token 出现的概率只和它前面出现的一个或有限的几个 Token 有关。

$$p(s)=\prod_{i=1}^{l}p(w_i\mid w_1,\cdots,w_{i-1})=\prod_{i=1}^{l}p(w_i\mid w_{i-k},w_{i-(k-1)},\cdots,w_{i-1})\tag{4-16}$$

满足上面的条件的模型就被成为 N 元语法(n-gram)，其中的 n 对应考虑的不同上文单词个数。通常情况下，n 不能取太大的数，否则的话，参数个数过多的问题还是会存在，常用 $n=1,2,3$。

对于 $n\geqslant 2$ 的情况，每个词与其前 $n-1$ 个词有关，即

$$p(w_1,w_2,\cdots,w_l)=\prod_{i=1}^{l}p(w_i \mid w_{i-n+1}^{i-1}) \tag{4-17}$$

式中，条件概率 $p(w_k|w_{k-n+1}^{k-1})$ 由统计得到：

$$p(w_k \mid w_{k-n+1}^{k-1})=\frac{\text{count}(w_{k-n+1}^{k})}{\text{count}(w_{k-n+1}^{k-1})} \tag{4-18}$$

2）平滑

在计算条件概率时，未在语料库出现的序列组合 $\text{count}(w_{k-n+1}^{k})=0$ 的概率为0，固定搭配 $\text{count}(w_{k-n+1}^{k})=\text{count}(w_{k-n+1}^{k-1})$ 的概率为1。然而，这种直接统计方法存在严重的问题，严重影响了模型的泛化能力。为了解决数据稀疏性问题，我们需要采用平滑方法，将未出现的序列概率取为大于0的值，将固定搭配的序列概率向下取小于1的值。常见的平滑方法有：Laplace 平滑（laplace smoothing）、Good-Turing 平滑、线性插值平滑、Kneser-Ney 平滑、Witten-Bell 平滑。

以 Laplace 平滑为例，条件概率修正为：

$$p(w_k \mid w_{k-n+1}^{k-1})=\frac{\text{count}(w_{k-n+1}^{k})+1}{\text{count}(w_{k-n+1}^{k-1})+V} \tag{4-19}$$

当 $\text{count}(w_{k-n+1}^{k})=0$ 时，即数据集中未出现过序列组合时，条件概率为：

$$p(w_k \mid w_{k-n+1}^{k-1})=\frac{1}{\text{count}(w_{k-n+1}^{k-1})+V} \tag{4-20}$$

当 $\text{count}(w_{k-n+1}^{k})=\text{count}(w_{k-n+1}^{k-1})$ 时，即在数据集中，序列组合 $w_{k-n+1},w_{k-n+2},\cdots,w_{k-1}$ 后未出现过除 w_k 以外的字，此时序列组合的条件概率为：

$$p(w_k \mid w_{k-n+1}^{k-1})=\frac{\text{count}(w^{k-1})+1}{\text{count}(w_{k-n+1}^{k-1})+V} \tag{4-21}$$

在介绍了基于统计的语言模型，特别是N元语法模型及其平滑技术之后，已经了解了如何利用词频和上下文信息来预测词序列的概率。然而，N元语法模型仍然存在一些固有的局限性，例如：N元语法型只能考虑有限长度的上下文，无法捕捉长距离的依赖关系；泛化能力有限，即使使用了平滑技术，对于训练语料中未出现的N元语法，其概率估计仍然不够准确；N元语法模型将每个词都视为独立的符号，无法利用词语之间的语义或句法相似性，无法捕捉词语之间的相似性。为了克服这些局限性，并更好地建模自然语言的复杂性，研究人员开始探索使用神经网络来构建语言模型。

2. 神经网络

1）神经网络介绍

神经网络具有强大的非线性拟合能力和表示学习能力，可以有效地捕捉词语之间的复杂关系，并更好地处理数据稀疏性问题。神经网络是一种受生物神经系统启发的计算模型，其基本单元是神经元。这些神经元通过连接组成一个网络，能够通过层次化的方式处理信息。神经网络的结构灵感来源于神经元的工作方式，其中每个神经元接收输入信号，进行处理，并将结果传递到其他神经元。典型的神经网络由输入层、隐藏层、输出层组成。

①输入层。输入层接收外部数据，例如图像的像素值或文本的词嵌入，输入层的神经元数目通常等于输入数据的特征数。

②隐藏层。隐藏层位于输入层和输出层之间，负责从输入数据中提取特征和模式，隐藏层可以有一层或多层，每个隐藏层包含多个神经元，层数和神经元的数量决定了网络的“深度”和“宽度”，影响网络的表达能力。

③输出层。输出层生成最终的预测结果或分类标签，输出层的神经元数目通常对应于具体任务的输出需求，例如分类任务中的类别数。

神经网络通过将输入数据从输入层传递到输出层，经过多个隐藏层的处理，实现对复杂数据的映射和学习。每个神经元的工作包括加权求和、激活两种计算。

①加权求和。加权求和是指神经元接收来自前一层的输入信号，将这些信号与相应的权重相乘，然后将结果相加。

②激活。激活是指加权求和的结果通过激活函数进行非线性变换，激活函数的选择对网络的性能和学习能力至关重要。激活函数为模型引入非线性，使得神经网络能够学习和表示复杂的函数关系。

神经网络的训练过程主要包括前向传播和反向传播两个步骤。

①前向传播(forward propagation)：前向传播将输入数据传递通过网络的各层，计算输出值，并根据预测结果与真实标签之间的误差来评估模型的性能。

②反向传播(back propagation)：反向传播通过计算误差对网络参数的梯度来更新权重。反向传播算法利用梯度下降等优化方法调整权重，以最小化损失函数，从而提高模型的预测准确性。

神经网络通过模拟生物神经系统的工作方式，利用层次结构和非线性变换，能够有效地处理复杂数据和任务。理解神经网络的基本概念和工作原理是深入学习其特性和应用的基础。

2)梯度下降

训练神经网络的目标是找到一组最佳的模型参数，使得模型能够尽可能准确地预测结果。为了实现这个目标，需要使用优化算法来调整模型参数，而梯度下降就是其中最常用且有效的优化算法。常见的梯度下降算法包括随机梯度下降(stochastic gradient descent，SGD)、小批量梯度下降(mini-batch gradient descent)和含动量的梯度下降(momentum)等，每类算法的特点如表 4-10 所示。

表 4-10 常见梯度下降算法

梯度下降算法	特点
随机梯度下降	①每次只使用一个样本计算梯度并更新参数。 ②计算速度快但噪声较大,可能导致收敛不稳定。
小批量梯度下降	①将训练数据分成小批量,每个小批量计算梯度并更新参数。 ②这种方法在计算效率和收敛稳定性之间取得了平衡。
含动量的梯度下降	①引入动量项来加速收敛过程和减小振荡。 ②更新公式中加入了前一步的梯度信息。

在介绍梯度下降算法的优化过程前,先介绍损失函数、梯度和学习率等梯度下降算法中的基本概念。

①损失函数(loss function)。损失函数是用来衡量模型预测结果与真实值之间差异的指标。简单来说,损失函数的值越小,模型的预测就越准确。通过最小化损失函数,可以不断优化模型的性能,使其预测结果更接近真实值。

②梯度(gradient)。梯度是损失函数相对于模型参数的偏导数。它是一个向量,其方向指向损失函数增长最快的方向,而其大小表示在该方向上的变化速率。在梯度下降中,利用梯度的反方向来更新参数,因为希望找到使损失函数最小化的参数值。可以形象地比喻为下山:站在山上的某个位置,想要尽快下到山底。梯度就指明了最陡峭的下山方向,而梯度的大小则表示坡度的陡峭程度。

③学习率(learning rate)。学习率是梯度下降算法中的一个重要超参数,它决定了每次参数更新的步长。学习率的大小直接影响着模型的训练过程:过大的学习率可能导致模型在最优解附近震荡,甚至无法收敛,即"一步跨过山底";过小的学习率会使收敛速度过慢,训练时间过长,即"一步一步挪下山"。因此,选择合适的学习率对于梯度下降算法的性能至关重要。通常需要通过实验来调整学习率,找到一个最佳值。

基于此,梯度下降算法的优化过程如下:

第一步,初始化参数。在训练开始时,随机初始化模型参数(如权重和偏置)。

第二步,计算梯度。通过前向传播计算损失,然后使用反向传播算法计算损失相对于模型中每个参数的梯度。

第三步,更新参数。根据计算得到的梯度和学习率,更新模型参数。更新公式如下:$\theta=\theta-\eta\cdot\nabla\theta J(\theta)$其中,$\theta$ 是模型参数,η 是学习率,$\nabla\theta J(\theta)$是损失函数 $J(\theta)$对参数 θ 的梯度。

梯度下降算法通过逐步调整模型参数,最小化损失函数,从而优化模型的性能。

3)激活函数

在神经网络的每个神经元中,激活函数扮演着至关重要的角色。激活函数为神经元引入了非线性因素,使得网络能够学习和表示复杂的函数关系。如果没有激活函数,即使是多层网络也只能进行线性变换,无法有效地学习非线性模式,从而大大限制了网络的表达能力。

表 4-11 常见激活函数

激活函数	公式	特点
Sigmoid 函数	$\sigma(x)=\frac{1}{1+e^{-x}}$	①输出范围在 0 和 1 之间。 ②适用于二分类任务的输出层。 ③可能导致梯度消失问题,因为在极端值处梯度接近于零。
Tanh 函数	$\tanh(x)=\frac{e^{x}-e^{-x}}{e^{x}+e^{-x}}$	①输出范围在−1 和 1 之间。 ②相比于 sigmoid,tanh 函数的梯度较大,能缓解梯度消失问题。
ReLU 函数	$\mathrm{ReLU}(x)=\max(0,x)$	①输出为输入值和 0 之间的最大值。 ②简洁高效,能够加速训练过程。 ③可能导致“死神经元”问题,即部分神经元在训练过程中永远输出零。
Softmax 函数	$\mathrm{Softmax}(x_i)=\frac{e^{x_i}}{\sum_j e^{x_j}}$	①输出值转化为概率分布。 ②输出的值总和为 1,适合于分类任务中的概率估计。

常见的激活函数包括 ReLU、Sigmoid、Tanh 等,它们各自具有不同的特性和适用场景。

4)神经网络训练示例

在神经网络模型的训练过程中,首先通过前向传播,输入数据通过各层神经元的计算,最终得到神经网络的输出;然后通过损失函数,计算神经网络输出和真实值之间的损失;接着,通过反向传播算法,计算各层神经元参数的梯度;最后,通过优化算法更新神经元的参数。

在了解神经网络基础知识后,下文将通过身高和体重预测性别的简单示例,展示神经网络模型的训练过程。训练中的数据集输入特征为身高和体重,输出特征为性别。

表 4-12 数据集示例

编号	身高	体重	性别
0	160	45	0
1	178	75	1
2	163	50	0
3	172	70	1

注:身高的单位是厘米,体重的单位是千克,性别编码中 0 表示女性,1 表示男性。

将通过身高体重预测性别的任务定义为线性模型：

$$g = W \times x + \text{bias} \tag{4-22}$$

式中，g 是预测的为男性的概率，$1-g$ 即为女性的概率；x 分别为身高和体重组成的特征，$W=[w_0, w_1]$是权重和 bias 为偏置；初始化权重参数为[0,0]，偏置为 0.1。以训练数据选编号为 0 为例：

第一步，计算模型输出。

$$\bar{g}=160\times 0+45\times 0+0.1=0.1$$

第二步，计算损失。

$$\text{loss}_{\text{MSE}}=(0.1-0)^2=0.01$$

第三步，计算梯度。

$$\frac{\partial_{\text{loss}_{\text{MSE}}}}{\partial_{\bar{g}}}=2\times 0.1=0.2$$

$$\frac{\partial_{\text{loss}_{\text{MSE}}}}{\partial_{\text{bias}}}=\frac{\partial_{\text{loss}_{\text{MSE}}}}{\partial_{\bar{g}}}\times\frac{\partial_{\bar{g}}}{\partial_{\text{bias}}}=0.2\times 1=0.2$$

$$\frac{\partial_{\text{loss}_{\text{MSE}}}}{\partial_{w_0}}=\frac{\partial_{\text{loss}_{\text{MSE}}}}{\partial_{\bar{g}}}\times\frac{\partial_{\bar{g}}}{\partial_{w_0}}=0.2\times 160=32$$

$$\frac{\partial_{\text{loss}_{\text{MSE}}}}{\partial_{w_1}}=\frac{\partial_{\text{loss}_{\text{MSE}}}}{\partial_{\bar{g}}}\times\frac{\partial_{\bar{g}}}{\partial_{w_1}}=0.2\times 45=9$$

第四步，将学习率设置 η 为 0.001，根据梯度更新模型参数。

$$\overline{\text{bias}}=\text{bias}-\eta\times\frac{\partial_{\text{loss}_{\text{MSE}}}}{\partial_{\text{bias}}}=0.1-0.001\times 0.2=0.0998$$

$$\overline{\mathrm{w}_0}=\text{bias}-\eta\times\frac{\partial_{\text{loss}_{\text{MSE}}}}{\partial_{w_0}}=0-0.001\times 32=-0.032$$

$$\overline{w_1}=\text{bias}-\eta\times\frac{\partial_{\text{loss}_{\text{MSE}}}}{\partial_{w_1}}=0-0.001\times 9=-0.009$$

利用数据集的训练数据，多次的更新模型参数。

4.3.2　Word2Vec 词嵌入模型介绍

1. Word2Vec 模型介绍与应用

针对同一概念或事物，表达者往往会使用多个语义相似的词汇进行描述。中文表达方式丰富多样，相同语义可用多种不同词汇予以表示。由于中华文化博大精深，加之汉字基数众多且搭配灵活，中文语言的表达方式异常丰富多彩。因此，在选定种子词集之后，还需对词集进行相似词扩充。现有文献中使用的相似词扩充方法多为人工扩充法和通用同近义词典扩充法。人工扩充法主要受限于研究人员的主观经验判断，可靠性和可复制性较弱；而通用同近义词词典扩充法(如 Harvard IV-4 Psychosocial Dictionary,WordNet,HowNet 等)对普通语料较为适用,但对年报等财经专业语料的适用性较弱。基于此,选择一个财经语料专用的相似词扩充方法无疑更加适合财经类研究。

Word2Vec 词嵌入模型由 Mikolov 等(2013)提出,根据上下文内容将词语表征为实数值向量,并通过向量的相似度计算得到词语之间的语义相似性。Word2Vec 词嵌入模型具有以下优势。首先,它可以将词汇表示成一个密集的固定维度的实值向量,与传统 One-Hot 独热编码相比,避免了维数灾难;其次,它可以捕获词的语义信息,语义相近的词在向量空间上具有相似的向量表征。也就是说,Word2Vec 可以综合且客观地反映出词语在语义和句法等方面的特征。

Li 等(2021a)运用 Word2Vec 模型从公司的盈余电话会议文本中提取了诚信、团结等公司文化指标,进而分析其对于企业运用效率和风险承担等方面的关系。Li 等(2021b)沿用 Li 等(2021a)的 Word2Vec 方法,研究发现新冠疫情的发生对企业运营带来了显著的负面影响,但是相对于拥有较弱文化的企业,那些具备较强文化属性的企业却能在疫情中拥有更加良好的表现,说明企业文化在危机中所凸显的无形资产属性。

简单来讲,该模型的核心思想基于一种朴素的语言学原理,即对于语义相似的词汇,其邻近的词汇往往也较为类似,因此可以用邻近词汇的出现情况来表示词汇本身。本文通过以下例子来阐述该语言学原理:当计算“研发”和“危机”两个词汇的相似度时,可以计算文本中两者相邻词汇出现的次数来表示这两个词汇。假设相邻词共有 5 个词汇(成果,攻克,进行,遭遇,度过),用这 5 个词汇作为相邻词出现次数的对应 5 维向量来表示“研发”和“危机”。如果在“研发”的相邻词中上述五个词汇出现次数分别为:“成果”5 次,“攻克”3 次,“进行”5 次,“遭遇”0 次,“度过”0 次,那么“研发”则可以表示为向量 $\boldsymbol{A}$:(5,3,5,0,0)。类似地,“危机”可以表示为向量 $\boldsymbol{B}$:(0,0,2,5,5)。

进一步地,通过计算向量 $\boldsymbol{A}$,$\boldsymbol{B}$ 之间的相似性则可以确定“研发”和“危机”的相似度。以向量 $\boldsymbol{A}$,$\boldsymbol{B}$ 的余弦相似度(计算公式如下)为例,可以得出“研发”和“危机”的相似度为 0.18。

$$\text{CosineSimilarity}(\boldsymbol{A},\boldsymbol{B})=\frac{\boldsymbol{A}\cdot\boldsymbol{B}}{\|\boldsymbol{A}\|\times\|\boldsymbol{B}\|}=\frac{\sum_{i=1}^{n}(\boldsymbol{A}_i\times\boldsymbol{B}_i)}{\sqrt{\sum_{i=1}^{n}(\boldsymbol{A}_i^2)}\times\sqrt{\sum_{i=1}^{n}(\boldsymbol{B}_i^2)}}\tag{4-23}$$

当然,实际应用中 Word2Vec 的词汇向量维度一般远大于上述示例,整个计算过程和向量维度实际含义也更为复杂。下一小节将详细介绍 Word2Vec 的原理架构。

2. Word2Vec 模型原理

Word2Vec 模型是一个用于学习词向量的深度学习模型,它通过将词语映射到一个连续的向量空间中,捕捉词语之间的语义关系。Word2Vec 主要有两种训练方法,分别为 Skip-Gram 模型和 CBOW(continuous bag of words)模型,其模型架构见图 4 - 16。其中,

CBOW 模型的主要思想是给定上下文词语去预测中心词，而 Skip-Gram 模型则是给定中心词去预测其上下文词语。通过这种方式，Word2Vec 能够将语义相似的词语映射到相近的向量，使得词语的语义关系可以通过向量空间中的距离和方向来表示。

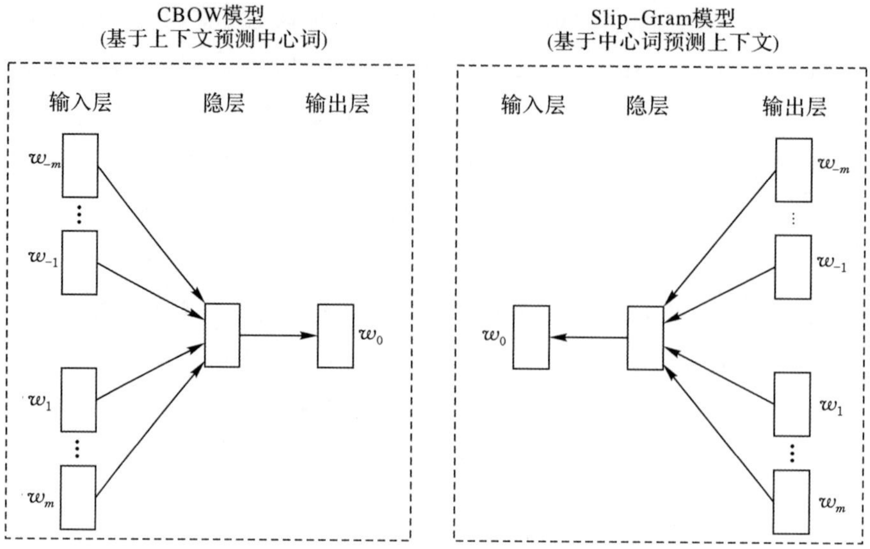

图 4-16　Word2Vec 模型架构图

1）CBOW 模型

CBOW 模型通过使用上下文中的词语来预测中心词。CBOW 更适合处理高频词。给定一个上下文集合 $C=\{w_{-m},\cdots,w_{-1},w_1,\cdots,w_m\}$，预测中心词$w_0$的条件概率：

$$P(w_0 \mid C)=\frac{\exp(v_{w_0}^T \cdot \bar{v}_C)}{\sum_{w\in V}\exp(v_w^T \cdot \bar{v}_C)} \tag{4-24}$$

2）Skip-Gram 模型

Skip-Gram 模型通过中心词来预测其上下文中的词语。Skip-Gram 在处理低频词时表现较好。对于中心词w_0和其上下文词语集合 $C=\{w_{-m},\cdots,w_{-1},w_1,\cdots,w_m\}$，Skip-Gram 模型的目标是最大化如下条件概率的乘积：$\prod_{w_i\in C}P(w_i \mid w_0)$，其中，每个上下文词语的条件概率为：

$$P(w_i \mid w_0)=\frac{\exp(v_{w_i}^T \cdot v_{w_0})}{\sum_{w\in V}\exp(v_w^T \cdot v_{w_0})} \tag{4-25}$$

3. Word2Vec 模型评估

Word2Vec 模型评估方法主要分为内在评估和外在评估。其中，内在评估侧重于直接评估词向量本身的质量，例如词语相似度、词语类比、可视化等方式。

词语相似度是 Word2Vec 模型评估的关键指标。词义相似性任务的核心是评估两个词向量之间的相似性，通常使用向量间的距离或相似性度量来实现。好的词向量模型应该使得语义上相似的词在向量空间中距离较近，而语义上不同的词距离较远。为了评估词义相似性，通常使用一些标准的数据集，这些数据集包含了一组词对，并为每对词提供了语义相似性等人工评分。

表 4-13　词语相似度评估数据集

数据集	数据概况
WordSim-353	包含 353 对英语单词，每对词有一个人工评分，表示词对之间的语义相似性。
SimLex-999	包含 999 对英语单词，提供了详细的相似性评分，旨在评估词向量模型在捕捉语义相似性方面的能力。
MEN 数据集	包含 3000 对英语单词，提供了词对的语义相似性评分，用于评估词向量模型的表现。

词语类比任务用于检验模型是否能正确地捕捉到单词之间的关系。这个任务通常用于验证词向量模型是否能在向量空间中体现出已知的语义或语法关系。词语类比任务通常通过向量运算找到与计算结果最相似的词向量，并判断是否为正确答案，准确率越高，说明词向量捕捉到的语义关系越准确。假设有四个词 queen、king 和 prince、princess，四个词对应的词向量 vec(queen)、vec(king)、vec(prince)、vec(princess)，应该存在以下类比关系：vec(king)－vec(queen)＋vec(princess)≈vec(prince)。

表 4-14　词语类比评估数据集

数据集	数据概况
Google 的类比数据集	包含大量的英语单词对，涵盖语法和语义的多种类比关系，如国家-首都、动词变形等。
SemEval 数据集	由 SemEval 竞赛提供，包含了各种类型的类比任务，专注于词向量模型在不同语境下的类比能力。

不同于内在评估，外在评估任务需要将词向量应用到下游的自然语言处理任务中，通过观察任务的性能来间接评估词向量的质量，如文本分类、机器翻译等任务。

总的来看，内在评估的优点是简单、快速，能够直接反映词向量的质量，缺点是与实际应用任务的关联性不强，可能出现内在评估表现好但外在评估表现差的情况。外在评估的优点是能够直接反映词向量在实际应用中的效果缺点是评估结果受下游任务和模型的影响较大，难以单独评估词向量的贡献。因此，在实际应用中，通常需要结合内在评估和外在评估两种方法，全面地评估 Word2Vec 模型的性能。

4.3.3　Word2Vec 词嵌入模型示例

示例要求：基于沪深 A 股金融业公司的文本样本进行 Word2Vec 词嵌入模型建模，根据建模结果输出"公司"的词向量表示，以及与"公司"相似度最高的前 10 个词汇。

示例代码如下：

```
#安装 gensim 等库
! pip install gensim==4.1.0 scipy==1.10.1 scikit-learn==0.24 numpy==1.
26.4 pandas==2.2.2 spacy==3.7.4 jieba==0.42.1

#查看 gensim 的版本
import gensim,sklearn,numpy,pandas
print(gensim.__version__)
print(sklearn.__version__)
print(numpy.__version__)
print(pandas.__version__)
4.1.0
0.24.0
1.26.4
2.2.2

import spacy
from spacy.lang.zh.stop_words import STOP_WORDS
stop_words = spacy.lang.zh.stop_words.STOP_WORDS
print(f'部分停用词示例:{list(stop_words)[:10]}')
部分停用词示例:['最大','居然','譬喻','过于','彻夜','>','经常','但愿','所幸','莫非']

#对于大文本文件，逐行返回结果
def read_large_file(corpus_path):
    with open(corpus_path,'r',encoding='utf-8')as fi:
      for line in fi:
        yield line.strip()

#检验是否全是中文字符
def is_all_chinese(strs):
    for _char in strs:
      if not'\u4e00'<=_char<='\u9fa5':
        return False
```

```
        return True

#获取中文词组
def get_all_cn_words(words_list):
        res = []
        for word in words_list:
          flag = is_all_chinese(word)
          if flag:
            res.append(word)

        return res

import os

# 定义一个类,根据传入的文件路径,读取文件内容并返回
class Get_Sentences(object):
        def __init__(self,dir):
            self.dir = dir
        def __iter__(self):
            # 遍历目录下的每个文件
            for file_name in os.listdir(self.dir):
              # 读取文件的每一行
              for line in open(os.path.join(self.dir,file_name),'r',encoding = 'utf-8'):
                # 去除停用词和空白字符
                clean_words = [word for word in line.split()if word.lower()not in
stop_words and word ! = '']
                yield clean_words

from gensim.models import Word2Vec
import jieba

# 训练一个 Word2Vec 模型
def train_Word2Vec_model():
        # 假设这是你分词后的文本所在的路径
        seg_text_path = r'Data\CH4\jieba_seg'

        # 假设这是你存放 wiki 语料的地方
        wiki_data_path = r'Data\CH4\wiki_corpus\wiki.zh.simple.txt'

        courpus = []

        sentences = Get_Sentences(seg_text_path)
```

```
    for sent in sentences:
        courpus.append(sent)

    # 添加 wiki 的中文语料
    for wiki_line in read_large_file(wiki_data_path):
        words = [word for word in jieba.cut(wiki_line) if word and word not in stop_
words and word ! = ']
        cn_words = get_all_cn_words(words)
        if cn_words:
            courpus.append(cn_words)

    # 训练 Word2Vec 模型
    model = Word2Vec(sentences, vector_size = 300, window = 5, min_count = 1,
workers = 4)

    # 保存模型至特定路径
    model.save(r'Data\CH4\w2v_model\Word2Vec.model')

# 执行方法
train_Word2Vec_model()

from gensim.models import Word2Vec

# 加载上述训练后的 Word2Vec 模型
w2v_model_path = r'Data\CH4\w2v_model\Word2Vec.model'
w2v_model = Word2Vec.load(w2v_model_path)

# 输出"公司"的词向量
firm_vector = w2v_model.wv['公司']
print(f'公司的词向量是:{firm_vector}')

公司的词向量是:[-1.2820567   0.5635809   1.8367829   0.40689638   1.4523025   ……
  0.12498233 -1.2180653   -1.0363965   0.00358956   0.9998648 ]

# 输出与"公司"相似度最高的前 10 个词
similarity_words = w2v_model.wv.similar_by_word('公司',10)
print(f'与公司相似度最高的 10 个词是:{similarity_words}')
与公司相似度最高的 10 个词是:[('英国公司', 0.6824738383293152), ('子公司',
0.6614182591438293), ('美国公司', 0.6457552909851074), ('日本公司', 0.6377530694007874),
('合资企业', 0.6234057545661926), ('总公司', 0.6076962947845459), ('控股公司',
0.5987805724143982), ('母公司', 0.5985071659088135), ('股份公司', 0.5971094965934753), ('联
营公司', 0.5918171405792236)]
```

4.3.4　小结

Word2Vec 词嵌入模型是自然语言处理中的一种重要技术，用于将词汇映射到向量空间中，从而捕捉词语之间的语义关系。下面总结其优点、缺点和适用场景：

1. Word2Vec 词嵌入模型的优点

(1)可捕捉语义关系。Word2Vec 能够捕获词汇之间的相似性，通过训练得到的词向量，在向量空间中距离相近的词具有相似的语义。例如，"猫"和"狗"在向量空间中的距离会较近，因为它们都是宠物。

(2)计算效率高。Word2Vec 模型使用高效的算法(如 CBOW 和 skip-gram)，可以快速处理大规模语料库。这使得它适用于需要处理大量文本数据的场景。

(3)易于实现。Word2Vec 有现成的实现工具，如 gensim 库，方便开发者快速构建和应用。

(4)迁移学习。可以使用预训练的 Word2Vec 模型进行迁移学习，即在一个大型通用数据集上训练模型，然后将这些预训练的词向量应用到特定的任务中。

2. Word2Vec 词嵌入模型的局限

(1)不能区分一词多义。Word2Vec 无法捕捉词语在不同上下文中可能具有的不同含义。例如，"生气"在"我很生气"和"万物充满生气"中的含义是不同的，但 Word2Vec 不能区分这种多义性。

(2)处理未登录词困难。对于训练数据中未出现的词汇，Word2Vec 无法生成有效的词向量，这限制了其在面对新词或少见词时的应用。

(3)依赖大数据集。为了获得高质量的词向量，Word2Vec 需要大量的训练数据。在数据量不足的情况下，模型的表现会显著下降。

3. Word2Vec 词嵌入模型的适用场景

(1)指标提取。在使用词典法进行指标构建时，可基于 Word2Vec 的词汇相似度结果对关键词汇进行相似词扩展，从而构建更加适配且全面的研究指标。

(2)情感分析。Word2Vec 常用于情感分析任务，通过词向量来理解文本情感倾向。例如，可以通过文本词语及其关联来判定产品评价的正负面。

(3)知识图谱构建。Word2Vec 可以用于构建知识图谱，通过词嵌入技术将不同实体和概念联系起来，形成丰富的知识网络。

4.4 BERT 语言模型

4.4.1 背景知识

BERT 语言模型利用基于 Transformer 的神经网络来理解和生成自然语言。因此，在正式介绍 BERT 语言模型之前，有必要先介绍与之相关的神经网络模型背景知识。神经网络作为人工智能领域的重要分支，近年来取得了巨大的发展。神经网络通过模拟神经元的连接方式，实现对复杂数据的学习和处理。20 世纪 40 年代，心理学家 McCulloch 和数学家 Pitts 提出了最早的神经网络模型(即 MP 模型)。该模型由简单的神经元组成，通过阈值函数进行信息处理。由于当时计算能力的限制，神经网络的发展一度陷入停滞。直到 20 世纪 80 年代，反向传播算法的提出为神经网络的发展带来了新的机遇。该算法通过计算误差的反向传播来调整神经网络的权重，使得神经网络能够有效地进行学习。此后，神经网络在模式识别、函数逼近等领域得到了广泛的应用。21 世纪初，随着计算能力的不断提高和大数据的出现，基于多层神经网络的深度学习兴起。它能够自动地从数据中学习特征，从而实现对复杂任务的高效处理。

在深度学习的推动下，神经网络的性能得到了极大的提升。LSTM、卷积神经网络(convolutional neural networks，CNN)和 Transformer 等三类不同的神经网络模型，因出色的性能和广泛的应用而备受关注，本文对这三种神经网络的发展进行详细介绍。

1. 长短期记忆网络

LSTM 的概念最早由 Hochreiter 和 Schmidhuber 于 1997 年提出。他们在论文中介绍了 LSTM 的基本结构和训练方法，并通过实验证明了 LSTM 在处理序列数据方面的优势。长短期记忆网络(LSTM)是一种特殊的循环神经网络(RNN)，由输入门、遗忘门、输出门和细胞状态组成(如图 4－17 所示)，通过这些门的控制，LSTM 能够在处理序列数据时，选择性地保留有用的信息，遗忘无用的信息，从而实现对长期依赖关系的建模。

当输入为x_t时，分别计算遗忘门$f_t=\sigma(W_f[h_{t-1},x_t]+b_f)$、输入门$i_t=\sigma(W_i[h_{t-1},x_t]+b_i)$、输出门$o_t=\sigma(W_o[h_{t-1},x_t]+b_o)$、候选状态值为$\widetilde{C_t}=\tanh(W_c[h_{t-1},x_t]+b_c)$；

根据遗忘门和输入门更新细胞状态$C_t=f_t\times C_{t-1}+i_t\times\widetilde{C_t}$；

根据输出门和细胞状态计算隐状态 $h_t=o_t\times\tanh(C_t)$，隐状态即是 LSTM 输出的特征。

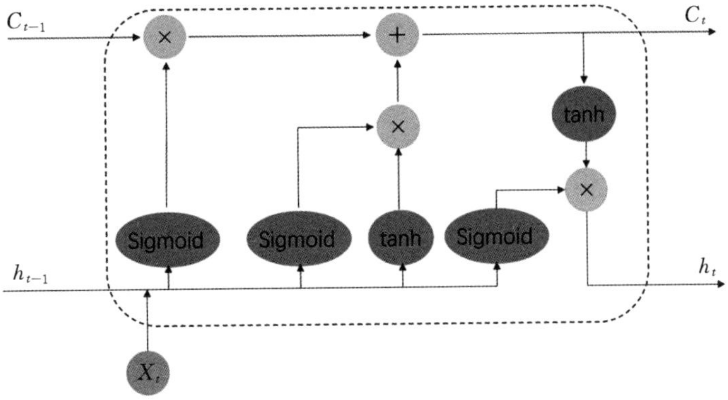

图 4-17　LSTM 模型

随着时间的推移，在应用中对 LSTM 进行了不断的改进和优化。其中，最具代表性的是 Graves 等人提出的双向 LSTM(BiLSTM)和门控循环单元(GRU)。BiLSTM 能够同时处理序列数据的正向和反向信息，从而提高了模型的性能。GRU 则是一种简化版的 LSTM，它减少了门的数量，提高了训练速度。LSTM 在自然语言处理、语音识别、时间序列预测等领域得到了广泛的应用。总体来说，LSTM 需要按顺序计算序列数据的特征，不能充分利用 GPU 并行计算的能力，训练和推理时间相对较长。

2. 卷积神经网络

卷积神经网络最早由 Fukushima 于 1980 年提出。他在论文中介绍了一种基于神经网络的图像识别系统，该系统使用了类似于卷积操作的特征提取方法。卷积神经网络由卷积层、池化层和全连接层组成(如图 4-18 所示)。卷积层通过卷积核与输入图像进行卷积操作，提取图像的特征；池化层则通过对特征图进行下采样，减少特征图的尺寸，提高模型的计算效率；全连接层则将提取的特征进行整合，输出最终的分类结果。

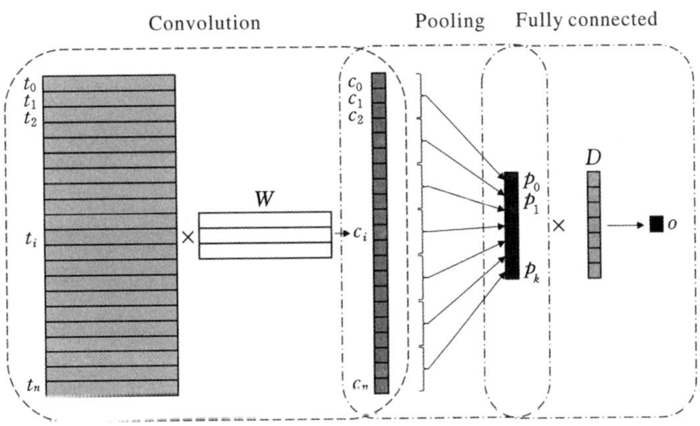

图 4-18　卷积神经网络模型

以中文自然语言处理的应用举例，对于中文文本序列 Chars 为中文字符序列$char_0$，$char_1$，$char_2$，…，$char_i$，…，$char_n$，首先，在嵌入层将$char_i$映射为维度为(1，m)的向量表示t_i，得到维度为(n，m)的向量表示 $T=t_0,t_1,t_2,\cdots,t_i,\cdots,t_n$；在卷积层，经过卷积核 W(实际应用中会有激活函数)，得到低维特征 $C=c_0,c_1,c_2,\cdots,c_i,\cdots,c_n$；在池化层(一定范围内的特征取最大值、均值等操作)去掉冗余信息，将特征维度降低，得到有效的特征 $P=p_0,p_1,\cdots,p_i,\cdots,c_k$；最后，在全连接层，计算出与任务相关的值 o。

随着硬件设备的不断升级和数据量的急剧增长，更深、更复杂的卷积神经网络架构被不断提出。例如，AlexNet 在 2012 年的 ImageNet 图像识别大赛中以显著优势夺冠，标志着 CNN 在大规模图像识别任务中的崛起。此后，VGGNet、ResNet 等一系列优秀的网络架构相继涌现，刷新图像识别的准确率。

尽管卷积神经网络取得了巨大的成功，但它也存在一些缺点。CNN 可以提取局部特征，但是缺乏对全局信息的有效捕捉，对于一些需要全局信息的任务，如语义理解、情感分析等，CNN 表现不佳。

3. Transformer 模型

在介绍 Transformer 以前，先就 Transformer 的核心——注意力机制。注意力机制的核心思想是让模型有选择地聚焦于输入数据的特定部分，从而更高效地处理信息。

注意力机制通过计算一个注意力权重分布，来确定不同部分的重要程度。对于序列数据，如文本或时间序列，注意力机制可以根据当前的状态动态地关注不同位置的信息。在图像数据中，它可以关注不同区域的特征。

注意力机制有很多种不同类型，下文将以图 4-19 为例简单介绍。Query 是与当前位置输入有关的向量表示，Keys 和 Values 是所有输入有关的两种向量表示。首先，计算 Query 和 Keys 的余弦相似度得到 Scores；然后，通过 Softmax 得到权重的分布 Distribution；最后，通过 Distribution 对 Values 进行加权求和，得到注意力机制的输出 Output。

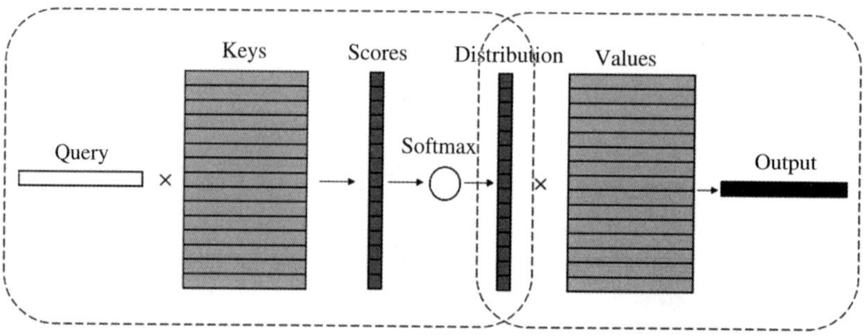

图 4-19 注意力机制

Attention 模型复杂度跟 CNN、RNN 相比，参数也更少，复杂度更小，对算力的要求也更小；同时，Attention 机制每一步计算不依赖于上一步的计算结果，解决了 LSTM 不能并行计算的问题；而且 Attention 机制可以获得全局的特征，有效处理长距离的信息依赖。总的来说，注意力机制为深度学习模型带来了更强大的信息处理能力和更好的可解释性，成为推动人工智能发展的重要技术之一。

与传统的循环和卷积神经网络不同，Transformer 模型完全基于注意力机制来构建。Transformer 架构使得模型能够并行处理输入序列，并有效地学习长距离依赖关系。

为了解决模型没有循环或卷积结构，无法直接利用输入序列的顺序信息的问题，Transformer 在第一层的输入中引入位置编码，将输入序列和生成的输出序列的位置信息融合到输入中，位置编码除了可以使用固定的函数，例如正弦和余弦函数外，还可以使用模型训练得到的位置嵌入向量。

Transformer 模型采用编码器-解码器结构。编码器将输入序列映射成上下文表示，它由相同的层堆叠而成，每层包含两个子层：捕捉输入序列中不同位置之间的关系，提取更丰富的语义信息的多头自注意力层；增强模型的表达能力的前向全连接层。解码器接收编码器的输出，并逐个生成输出序列中的元素。它也由多个相同的层堆叠而成，每层包含三个子层：捕捉输出序列中不同位置之间的关系，防止信息泄露的遮蔽多头注意力层；将解码器与编码器的输出连接起来，使解码器能够关注输入序列中的相关信息的编码器-解码器多头注意力层；增强解码器的表达能力的前向全连接层。为了从不同的表征空间获取捕捉更丰富的语义关系，Transformer 模型使用多头注意力机制，将 Query、Keys 和 Values 线性投影到多个不同的子空间中，在每个子空间中独立的应用缩放点积注意力，最后将所有子空间的输出拼接为注意力机制的输出。Transformer 模型架构可见于第 6 章的 6.2.1 小节。

与 LSTM 和 CNN 相比，Transformer 模型架构具有显著的优势：

(1)并行化。由于自注意力机制可以并行计算，因此 Transformer 模型的训练速度比基于循环神经网络的模型要快得多。

(2)长距离依赖。自注意力机制允许模型直接关注输入序列中任意两个位置之间的关系，从而更容易学习长距离依赖关系。

(3)可解释性。注意力权重可以提供模型如何理解输入序列的线索，从而提高模型的可解释性。

基于 Transformer 推出了大量的模型，在其中 BERT 是具有代表性的预训练语言理解模型。

4.4.2 BERT 语言模型介绍

1. BERT 语言模型介绍及应用

BERT 语言模型因其庞大的参数规模，通常被称为大语言模型。通过学习海量文本中的语义和句法关系，BERT 能够在文本分析中有效捕捉上下文信息。这主要得益于其关键创新——采用双向训练的语言建模方法。与传统单向语言模型（如仅从左到右或从右到左进行建模）相比，双向训练能够更全面地理解文本语境。Devlin 等（2019）的研究表明，相较于单向语言模型，双向语言模型在捕捉词序和上下文信息方面具有显著优势。此外，在语言翻译、命名实体识别和情感分析等任务中，BERT 也显著优于其他自然语言处理算法（Devlin et al.，2019）。凭借强大的文本理解能力，BERT 语言模型在经济管理领域具有广阔的应用前景。

事实上，BERT 语言模型在财务分析、股票市场和会计披露等领域展现出了巨大潜力，为国内外学者提供了崭新的研究视角。Chen 等（2024）使用 BERT 语言模型构建了企业微观层面的、随时间变化的、企业感知到的贸易政策不确定性指标，为研究企业对外部环境的不确定性感知提供了新的方法。Lee 和 Zhong（2022）使用 BERT 语言模型分析了中国投资者互动平台上约 250 万个问题，发现大多数问题反映了投资者在处理公开信息时所面临的困境。Huang 等（2023）将 BERT 语言模型应用于会计金融领域，分析了上市公司披露的各类定期报告文本，发现 BERT 不仅能够整合会计金融知识，而且在情感分类方面显著优于其他方法。刘青和肖柏高（2023）使用 BERT 语言模型学习了专利文本摘要，并成功分类出劳动节约型专利。

2. BERT 语言模型训练过程

BERT 语言模型，是一种基于 Transformer 编码器的语言表示模型。BERT 采用两阶段训练策略。在预训练阶段，BERT 应用“掩码语言模型”（mask language model，MLM）和“下一句预测”（next sentence prediction，NSP）作为预训练任务，克服语言模型的单向性限制。MLM 任务是随机遮蔽一些输入词，让模型根据模型输出的特征预测被遮蔽的词；NSP 任务是预测输入中的两段句子是否为正确的顺序关系。MLM 任务和 NSP 任务均使用大规模未标注文本数据，降低了模型预训练的标注成本。在微调阶段，需要在 BERT 模型的输出层后，添加任务有关的神经网络结构，应用少量标注数据，训练与任务有关的层和 BERT 模型，即可达到或超越传统神经网络模型的效果。图 4－20 展示了 BERT 模型的预训练与微调过程。

BERT 模型具有很强的通用性，只需要根据任务调整输入和输出，就可以用于各种自然语言处理任务。在包括 GLUE 基准测试、SQuAD 问答、SWAG 常识推理等多项自然语言处理任务上取得了优异的结果。同时，BERT 的微调训练简单高效，只需要少量特定任务的标定数据即可训练。

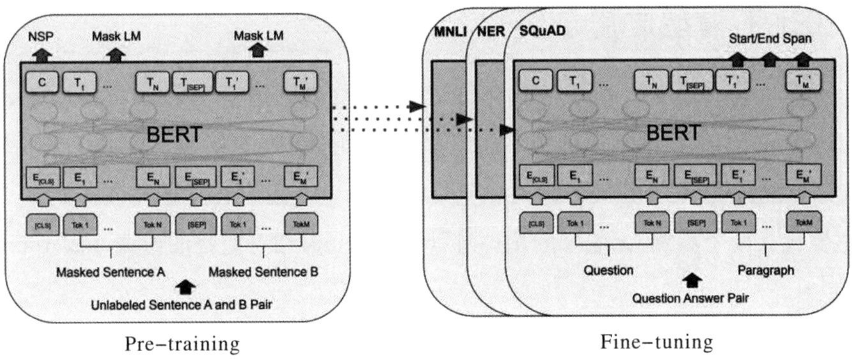

图 4-20　BERT 模型的预训练与微调

注：该图示来源于文献 Alaparthi 等(2020)。

3. BERT 语言模型评估指标

BERT 是一种强大的预训练语言模型，在自然语言处理领域得到广泛应用。为了有效衡量 BERT 模型的性能，需要根据不同的任务类型选择合适的评估指标。这些指标能够帮助深入了解模型在特定任务上的表现，从而进行模型优化和比较。

对于分类任务，如文本分类和情感分析，常用的评估指标包括准确率、精确率、召回率、F1 得分和 AUC 指标等。而在文本生成任务中，例如机器翻译和文本摘要，常用的评估指标包括 BLEU、ROUGE、METEOR 和 BERTScore。BLEU 衡量生成文本和参考文本之间 N-Gram 的重叠程度，但它只考虑词语的精确匹配，忽略了语义信息。ROUGE 侧重于召回率，衡量生成文本和参考文本之间 N-Gram 和词序列的重叠程度。METEOR 改进了 BLEU 的一些缺点，考虑了同义词和词干还原等因素。BERTScore 则基于预训练语言模型 BERT，通过计算生成文本和参考文本在 BERT 模型中的嵌入向量之间的相似度来衡量语义相似性，能够更好地捕捉文本的语义信息，但计算成本较高。此外，困惑度也是一个常用的指标，用于衡量语言模型的性能，表示模型预测下一个词的“不确定性”，困惑度越低，模型性能越好。

在应用中，评估指标主要取决于具体的任务和目标。在高风险领域，召回率可能比精确率更重要；而在信息检索领域，精确率可能更重要。在文本生成任务中，如果更关注语义相似性，BERTScore 可能是一个更好的选择。此外，针对特定任务的微调、交叉验证以及数据集的质量都会影响评估结果。为了更全面地评估 BERT 的性能，通常会将其与一些基线模型进行比较。因此，深入了解各种评估指标的优缺点，并根据具体任务选择合适的指标，是评估 BERT 模型性能的关键。

4.4.3 BERT 模型应用示例

以 Chen 等(2024)开发的中国上市公司微观层面的、随时间变化的贸易政策不确定性(TPEU)指标为例,本节详细阐述使用 BERT 语言模型进行文本指标构建的主要步骤。作者将 TPEU 定义为企业管理层对贸易政策变化可能影响企业运营程度的感知。构建 TPEU 指标的过程主要包括两个步骤:无监督的预训练(pre-training)和有监督的微调(fine-tuning)。

1. 预训练

首先,以中国上市公司披露的各类财务文本作为数据输入,对 BERT 模型进行预训练。数据来源涵盖企业季度/年度财务报告、IPO 招股说明书、盈余电话会议记录、企业社会责任报告和管理层关于内部控制的报告等。此样本总共包含超过 18 亿个标记(Tokens)。按照 Devlin 等(2019)提出的方法,利用掩码语言模型对 BERT 进行预训练。MLM 的核心思想是在训练过程中随机遮盖(掩蔽)部分输入文本中标记,然后让 BERT 语言模型根据上下文来预测这些被掩蔽的标记。通过这种方式,BERT 语言模型能够学习文本的双向表示,克服传统语言模型仅从左到右或从右到左的单向性限制。此外,作者还进行了下一个句子预测任务,该任务使 BERT 模型能够辨别句子对之间的关系,从而进一步增强其理解语境语义的能力。这一系列预训练步骤,使 BERT 具备了处理财务文本语境的强大能力,为后续的微调奠定了坚实基础。

2. 微调

在微调步骤中,BERT 语言模型基于预训练所得的参数进行优化,同时更新这些参数以及与 TPEU 分类任务相关的参数。该分类任务依赖于人工标注的 TPEU 数据集,用于训练模型识别管理层对贸易政策不确定性的感知。标注过程中,若某个句子包含管理层对贸易政策不确定性对公司层面运营的潜在影响的评论信息,则该句子被标注为与 TPEU 相关的句子。具体而言,每个句子由三位在会计金融和政策不确定性方面具有丰富背景知识的研究人员独立标注。只有当三位研究人员都认为某个句子属于 TPEU 时,该句子才被标注为 TPEU 相关。研究人员从 MD&A 披露文本中随机抽取 6000 个句子作为初始样本,通过标注,最终得到了 5300 个句子,其中,592 句被三位研究人员一致标注为 TPEU 相关,4708 句被标注为不相关。完成标注后,将 5300 个样本句子随机划分为三部分:80%用于训练,10%用于验证,另外 10%用于测试。在微调过程中,BERT 语言模型的输出结果为句子属于 TPEU 相关类别的概率。研究者设定 0.5 作为分类阈值,即当概率高于 0.5 时,句子被归类为 TPEU 相关(标签=1),否则归为不相关(标签=0)。测试数据集的结果表明,微调后的 BERT 语言模型在 TPEU 识别任务中表现优异,其准确率为 99.62%,召回率为 96.61%,F1 得分为 98.28%。

接下来，将该模型应用于所有剩余 A 股上市公司的 MD&A 中。对于每个公司年度，首先获取其 MD&A 中每个句子与 TPEU 相关的概率。如果句子的概率等于或大于设定的阈值(即 0.5)，则将该句子分类为与 TPEU 相关的句子。最后，企业微观层面的 TPEU 指数被定义为 TPEU 相关句子占 MD&A 文档中句子总数比例。用公式表征如下：

$$TPEU_{i,t} = \frac{\sum_{s=1}^{S_{it}} \{1[P_s \geqslant 0.5]\}}{S_{i,t}} = \frac{\sum_{s=1}^{S_{it}} \{1[s \in \text{Sentences related to TPEU}]\}}{S_{i,t}} \tag{4-26}$$

在此公式中，下标 i 和 t 分别表示公司和年份。$S_{i,t}$ 是 MD&A 文档中的句子总数。1[ ]是一个指示函数，如果满足某个条件(即 s 属于 TPEU)，则取值 1，否则取 0。P_s 是句子 s 属于 TPEU 的概率。

示例代码如下：

```
! pip install dill == 0.3.9
! pip install transformers == 4.48.0

import os
import random
import uuid
import json

import pandas as pd
import numpy as np
from tqdm import tqdm
import dill as pickle

import torch
import torch.nn.functional as F
import torch.nn as nn
from torch.utils.data import Dataset
from torch.utils.data import DataLoader
from transformers import AutoModel,AutoTokenizer,BertConfig

# 固定所有随机种子
def set_seed(seed):
    random.seed(seed)
    np.random.seed(seed)
    torch.manual_seed(seed)
    torch.cuda.manual_seed_all(seed)
    torch.backends.cudnn.deterministic = True  # 确保 CUDA 卷积使用确定性算法
```

```
set_seed(20240520)

#定义模型
class BertSent(nn.Module):
    def __init__(self,bert,bert_config):
      super(BertSent,self).__init__()
        self.bert = bert

        # bert 的特征维度
        emb_dim = bert_config.hidden_size
        self.dropout = nn.Dropout(0.1)
        self.class_num = 2
        self.tpeu = nn.Linear(emb_dim,self.class_num)

    def forward(self,input_ids,token_type_ids,attention_mask):
        enc_output = self.bert(input_ids = input_ids,attention_mask = attention_
mask,token_type_ids = token_type_ids)
        seq_enc_output = enc_output[1]
        seq_enc_output = self.dropout(seq_enc_output)
        pred = self.tpeu(seq_enc_output)
        return pred

class SentData(Dataset):
    """
    数据集
    """
    def __init__(self,data):
      super(SentData,self).__init__()
      self.data = data
      self.length = len(data)

    def __getitem__(self,item):
      return self.data[item]

    def __len__(self):
      return self.length

tokenizer = AutoTokenizer.from_pretrained("Data\\CH4\\chinese-roberta-wwm-ext")

def instance2data(instance):
    """
    将一条数据转换为训练数据
```

```
    """
    infos = tokenizer(instance['sent'])
    input_ids = infos['input_ids']
    token_type_ids = infos['token_type_ids']
    attention_mask = infos['attention_mask']
    input_len = len(input_ids)
    pad_length = 512-input_len
    if pad_length > 0:
        input_ids.extend([0] * pad_length)
        token_type_ids.extend([1] * pad_length)
        attention_mask.extend([0] * pad_length)
else:
        input_ids = input_ids[:512]
        token_type_ids = token_type_ids[:512]
        attention_mask = attention_mask[:512]
    return torch.tensor(input_ids),torch.tensor(token_type_ids),torch.tensor
(attention_mask),torch.tensor(input_len),torch.tensor(instance['label']),
instance['id']

def sent_collate_fn(batch):
    """
    将一个 batch 的数据转为训练数据
    """
    batch = [instance2data(i)for i in batch]
    input_ids,token_type_ids,attention_mask,input_len,label,ids = zip(*batch)
    input_ids = torch.stack(input_ids)
    attention_mask = torch.stack(attention_mask)
    token_type_ids = torch.stack(token_type_ids)
    input_len = torch.stack(input_len)
    label = torch.stack(label)

    max_len = max(input_len).item() # batch 中的最大长度
    input_ids = input_ids[:,:max_len] # input
    attention_mask = attention_mask[:,:max_len].bool() # mask
    token_type_ids = token_type_ids[:,:max_len] # 句子 id

return input_ids,token_type_ids,attention_mask,input_len,label,ids

class FocalLoss(nn.Module):
    """
    损失函数
```

```
    """
    def __init__(self,gamma = 2,weight = None,ignore_index = -1):
        super(FocalLoss,self).__init__()
        self.gamma = gamma
        self.weight = weight
        self.ignore_index = ignore_index

    def forward(self,pred,target):
        prob = torch.softmax(pred,dim = 1)
        logprob = torch.log(prob)
        logprob = (1 - prob) * * self.gamma *  logprob
        loss = F.nll_loss(logprob,target,self.weight,ignore_index = self.ignore_
index)
        return loss

loss_fn = FocalLoss()

# 一个 epoch 训练集训练模型

def train_epoch(model,optimizer,train_data,scheduler):
    losses = []
    model.train()
    for data in tqdm(train_data):
        input_ids,token_type_ids,attention_mask,_,label,_ = data

        logit = model(input_ids,token_type_ids,attention_mask)

        loss = loss_fn(logit,label)
        loss.backward()
        losses.append(loss.item())
        optimizer.step()
        scheduler.step()
        optimizer.zero_grad()
    return sum(losses)/len(losses)

# 验证集评估模型
def evaluate(model,dev_data,show_matrix = False):
    model.eval()
    matrix = np.zeros((2,2))
    correct,total = 0,0
    losses = []
    with torch.no_grad():
```

```
        for data in dev_data:
            input_ids,token_type_ids,attention_mask,_,label,ids = data
            logit = model(input_ids,token_type_ids,attention_mask)
            loss = loss_fn(logit,label)
            losses.append(loss.item())
            logit = F.log_softmax(logit,dim = -1)
            pred = torch.argmax(logit,dim = 1)
            for t in range(2):
                for p in range(2):
                    matrix[t][p] + = ((label = = t)&(pred = = p)).sum()

    if show_matrix:
        return matrix
    else:
        for t in range(2):
            correct + = matrix[t][t]
        total = matrix.sum()
        return correct,total,sum(losses)/len(losses)

#训练模型
def train(model,optimizer,train_data,dev_data,test_data,epochs,scheduler):
    best_loss = float('inf')
    for epoch in range(epochs):
        avg_loss = train_epoch(model,optimizer,train_data,scheduler)
        print(f"Dev:")
        correct,total,eval_loss = evaluate(model,dev_data)
        print(f'Epoch {epoch} Train Loss:{avg_loss} Eval Loss:{eval_loss} Eval
Acc:{correct/total:.4f}')
        # 保存在验证集上效果最好的模型
        if eval_loss < best_loss:
            best_loss = eval_loss
            if not os.path.exists("Data\\CH4\\tpeu"):
                os.makedirs("Data\\CH4\\tpeu")
            torch.save(model,'Data\\CH4\\tpeu\\best_acc.pt',pickle_module =
pickle)
            print(f"Test:")
            matrix = evaluate(model,test_data,show_matrix = True)
    return matrix

#准备数据集
```

```
#读取数据
data_json_path = 'Data\\CH4\\贸易政策不确定性.json'
with open(data_json_path,'r',encoding = 'utf8')as r:
    data = json.load(r)

# 将数据打乱,因为已经设置随机种子,所以每次打乱后的顺序保持一致
random.shuffle(data)

#测试集
test_data = DataLoader(SentData(data[int(0.9 * len(data)):]),shuffle = False,
batch_size = 16,collate_fn = sent_collate_fn)

#训练集
train_data = DataLoader(SentData(data[:int(0.8 * len(data))]),batch_size = 8,
collate_fn = sent_collate_fn)

#验证集
dev_data = DataLoader(SentData(data[int(0.8 * len(data)):int(0.9 * len(data))]),
shuffle = False,batch_size = 16,collate_fn = sent_collate_fn)

{'id':81,'sent':'随着公司国际业务的不断发展,国际化进程的进一步深入,海外销售体系日益完善,受国际收支及外汇储备、政治局势及人民币汇率走势不确定性的影响,公司以非人民币结算的销售收入和以非人民币计价的资产存在一定的汇兑风险。','label':1}
{'id':659,'sent':'iii.一项交易的发生取决于其他至少一项交易的发生;','label':0}

#定义模型

#加载预训练训练模型
bert = AutoModel.from_pretrained(r"Data\\CH4\\chinese - roberta - wwm - ext")
bert_config = BertConfig.from_pretrained(r"Data\\CH4\\chinese - roberta - wwm -
ext")

#实例化预测贸易政策不确定性模型
model = BertSent(bert,bert_config)

#是否有可用的GPU
is_cuda = True if torch.cuda.is_available()else False

#设置优化器

#针对不同参数确定不同学习率
pretrained_model_parameters = model.bert.named_parameters()
no_decay = ["bias","LayerNorm.weight"]
```

```
optimizer_grouped_parameters = [
    {"params":[p for n,p in pretrained_model_parameters if not any(nd in n for nd in no_decay)],
        "weight_decay":0.01,'lr':1e-5},
    {"params":[p for n,p in pretrained_model_parameters if any(nd in n for nd in no_decay)],"weight_decay":0.0,'lr':2e-5},
    {"params":[p for n,p in model.tpeu.named_parameters()if not any(nd in n for nd in no_decay)],
        "weight_decay":0.01,'lr':2e-5}
]

#定义优化器
optimizer = torch.optim.Adam(optimizer_grouped_parameters,eps = 1e-8)

#设置训练参数
warm_up_steps = 200
total_steps = 1000
warm_up_lr = lambda step:(step + 1)/warm_up_steps if step < warm_up_steps else (total_steps - step + warm_up_steps)/total_steps
scheduler = torch.optim.lr_scheduler.LambdaLR(optimizer,lr_lambda = warm_up_lr)

#模型训练
matrix = train(model, optimizer, train_data, dev_data, test_data, epochs = 10, scheduler = scheduler)

#输出最优混淆矩阵
matrix

array([[51.,0.],
       [ 0.,49.]])

#训练好的模型预测测试集数据

test_data = DataLoader(SentData(data),shuffle = False,batch_size = 128,collate_fn = sent_collate_fn)
# model = torch.load('tpeu/best_acc.pt')
model.eval()
with torch.no_grad():
    rows = []
    logits = []
    ids = []
    for batch in dev_data:
```

```
        input_ids,token_type_ids,attention_mask,input_len,label,idx = batch

        logit = model(input_ids,token_type_ids,attention_mask)
        logit = F.softmax(logit,dim = -1)
        logit = logit.tolist()
        logits.extend(logit)
        ids.extend(idx)
    rows.extend([[idx, * logits[index]] for index,idx in enumerate(ids)])

predict_data = pd.DataFrame(rows,columns = ['idx','与贸易政策不确定性无关','与贸易政策不确定性有关'])
predict_data
```

	idx	与贸易政策不确定性无关	与贸易政策不确定性有关
0	6	0.038984	0.961016
1	903	0.932082	0.067918
2	10	0.055891	0.944108
3	658	0.928986	0.071014
4	810	0.920864	0.079136
…	…	…	…
95	515	0.915960	0.084040
96	854	0.906934	0.093066
97	683	0.924700	0.075300
98	532	0.923584	0.076416
99	768	0.928924	0.071076

4.4.4 小结

从上述内容可以看出，BERT 语言模型在经济管理领域展现出了巨大的应用潜力，已被广泛应用于上市公司披露的财务报告、分析师报告、盈余电话会议文本以及专利文本。BERT 语言模型在经管领域的应用推动了自然语言处理技术在商业和会计金融中的深入融合，为数据驱动的管理决策提供了强有力的支持。这一技术进步不仅提升了信息处理效率，也为未来的研究和实践开辟了新的路径。与传统的文本分析方法相比，BERT 具有明显优势：它克服了语境独立性、易受人为错误影响、无法适应动态商业环境以及低估叙述信息重要性等问题。BERT 能够精确识别词语在上下文语境中的具体含义，尤其对于具有多重含义的词汇，它能够通过不同的词向量进行表征。这一特性正是 BERT 语言模型能够精准理解和分析文本上下文的关键所在。

然而，尽管 BERT 语言模型具有显著优势，它仍存在不足之处。首先，庞大的参数量使得训练和使用该模型变得困难且成本高昂，通常需要大量的文本数据、计算资源、能源消耗以及较长的训练时间。其次，与其他深度学习算法类似，大型语言模型以其"黑箱"特性而著称。虽然这些算法的基本机制是可以理解的，训练后的模型参数也可被观察，但由于参数数量庞大，准确理解模型如何将输入转化为输出变得极为困难。这种低可解释性可能成为研究人员使用 BERT 模型来测试经济和管理理论的障碍。

4.5　主题模型

4.5.1　主题模型介绍

1. 主题模型介绍及应用

在文本挖掘和自然语言处理领域，文档-词汇矩阵(DTM)是一种常见的文档表征方法。DTM 通过将每个文档表示为术语频率的向量，为文本分析提供了一种直接的数值表达。然而，尽管 DTM 在某些应用中具有一定的实用性，但它也存在显著的局限性。首先，高维度问题是 DTM 的一个主要挑战。每个文档通常由大量独特的术语表示，这些术语在整个语料库中可能仅出现一次或几次。这种情况下，DTM 产生的矩阵往往是稀疏的，即大多数元素为零。稀疏矩阵的存在不仅增加了计算的复杂性，还可能导致模型的过拟合，因为它难以有效捕捉术语之间的语义关系。此外，高维数据也会对存储和处理资源提出更高的要求，尤其是在面对大规模数据集时。

为了克服这些局限性，主题模型作为一种更为先进和强大的工具被引入，用于文档的降维以及主题分类。主题模型通过识别文档集中潜在的语义结构，将高维数据压缩为低维表示，同时保留文档中关键的语义信息。这使得对大规模文本数据集的分析变得更加高效和有意义。

主题模型，尤其是基于概率框架的模型，有着丰富的发展历史，最早可以追溯到用于发现文本数据中潜在结构的统计方法。20 世纪末，潜在语义分析(LSA)的发展标志着对文档语义建模的结构化探索的开始。LSA 利用奇异值分解(SVD)技术，揭示文档中隐含的语义模式。然而，LSA 的线性代数方法虽然在一定程度上缓解了高维问题，但由于缺乏概率基础，它在解释性和灵活性方面有所不足。其后继者——由 Blei 等人于 2003 年提出的潜在狄利克雷分配(latent Dirichlet allocation，LDA)模型，由于其稳健的概率基础以及自动推断语料库中主题数量的能力，成为最广泛采用的主题模型。

LDA 模型的独特之处在于它通过概率分布来表示文档和词汇之间的关系。具体来说，

LDA假设每个文档是若干主题的混合体，而每个主题则由一组词的概率分布来定义。通过这种概率表示，LDA不仅可以自动推断出文档集中存在的主题数量，还能为每个文档生成一个主题分布，从而实现对文档集的更细致和解释性更强的分析。LDA模型的另一个显著优势在于其在推断过程中的稳健性。LDA使用狄利克雷分布作为先验，这种分布允许模型在数据稀疏的情况下依然能够有效地推断出主题结构。这一特点使得LDA特别适用于大规模且内容复杂的文本数据集。

2. LDA主题模型原理架构

LDA是一种主题建模方法，旨在从大量文档中自动发现隐藏的主题结构。LDA假设每篇文档是多个主题的混合体，而每个主题又由词汇的概率分布定义。通过对词语在文档中的共现模式进行分析，LDA能够推断出每篇文档中涉及的主题以及每个主题所包含的词汇。

1）LDA模型的生成模型

LDA作为一种生成式概率模型，描述了文档的生成过程。它的基本思路是：假设文档中的每个词语都是由某个隐藏的主题生成的，而每个主题又是从文档集合中的潜在主题分布中随机抽取出来的。以下是LDA生成过程的关键步骤：

（1）确定文档中的主题比例。

每篇文档被假设由多个主题构成，并通过一个隐藏的主题分布来表示，记作θ_d。这个主题分布从狄利克雷分布中抽取，公式为$\theta_d \sim \mathrm{Dir}(\alpha)$，其中$\alpha$是狄利克雷分布的超参数，控制主题分布的稀疏性。简单来说，θ_d表示文档中各个主题的比例。例如，一篇关于科技的文章可能80%属于“科技”主题，20%属于“政治”主题。图4-21展示了LDA模型中的文档——主题分布。每一个文档都由不同的主题比例构成。

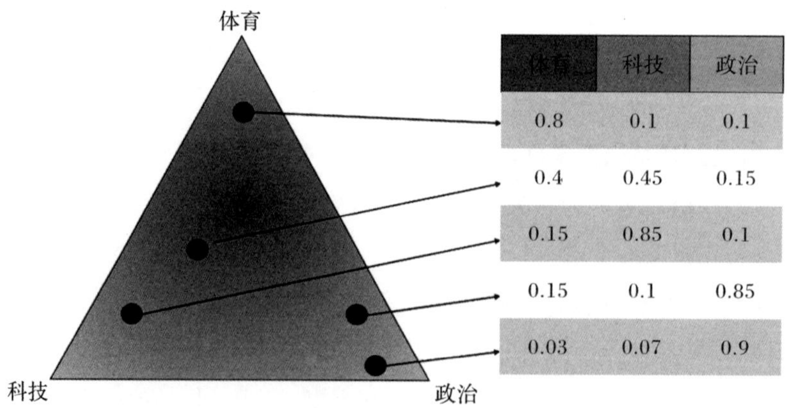

图4-21　LDA模型文档——主题分布

(2)为每个要生成的词选择主题。

在生成文档中的每个词时，根据文档的主题分布 θ_d，随机选择一个主题 z，这个主题代表了当前词汇的来源。每个词的主题分配是根据文档的主题分布进行的，公式为 $z \sim \text{Multinomial}(\theta_d)$。例如，在一篇关于 AI 的文档中，某个待生成的词可能被分配到“科技”主题，而另一个词可能被分配到“政治”主题。

(3)根据主题生成相关词汇。

选择主题后，LDA 从与该主题相关联的词汇分布中生成一个具体的词汇。每个主题都有一个对应的词汇分布，记作 ϕ_k，表示该主题下的词汇生成概率，这个分布同样从狄利克雷分布中抽取，公式为 $\phi_k \sim \text{Dir}(\beta)$，其中 β 是词汇分布的超参数。例如，如果当前词汇被分配到“科技”主题，它可能是“人工智能”“5G”或“创新”等词。图 4－22 展示了 LDA 模型中的主题——词语分布。

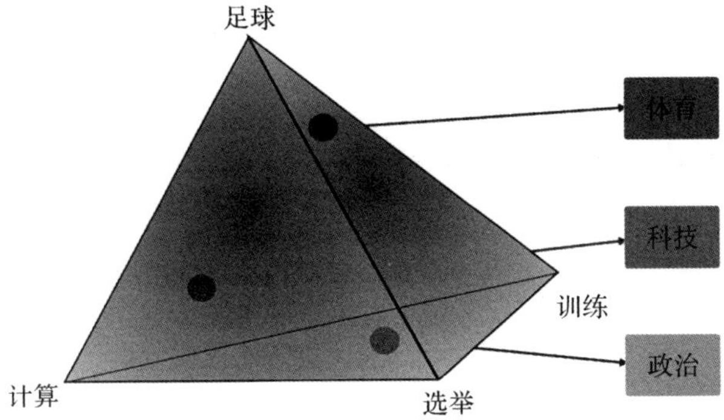

计算	足球	训练	选举
0.1	0.6	0.25	0.05

计算	足球	训练	选举
0.5	0.1	0.3	0.1

计算	足球	训练	选举
0.1	0.1	0.1	0.7

图 4－22　LDA 模型主题——词语分布

这个生成过程对每篇文档的每个词重复进行，最终每篇文档可以表示为多个主题的混合体，每个主题则由词汇的概率分布表示。图 4－23 展示了 LDA 主题模型的整个文档生成过程。

为了更好地理解 LDA 的工作原理，下面是一个涉及三个主题的例子：假设我们有一组新闻文章，涵盖科技、体育和政治三个主题。接下来，我们通过 LDA 主题模型复现它们的生成过程。

主题词汇：

科技，包含的词汇有“人工智能”“计算”“机器人”“大数据”；

体育，包含的词汇有“足球”“篮球”“比赛”“运动员”；

政治，包含的词汇有“选举”“政策”“政府”“领导人”。

第一步：确定文档中的主题比例。

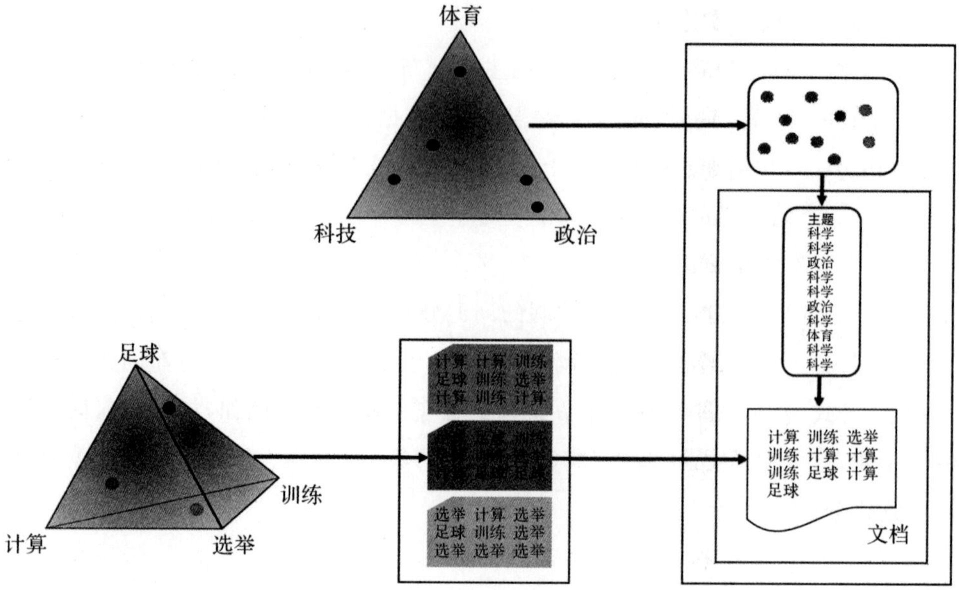

图 4-23　LDA 主题模型文档生成过程

假设我们正在生成一篇涵盖科技、体育和政治内容的文档。LDA 为这篇文档分配的主题分布如下：50%科技，30%体育，20%政治。

这一主题分布表明，文档的主要内容集中在科技领域，同时包含部分关于体育和政治的次要讨论。

第二步：为每个要生成的词选择主题。

接下来，基于文档的主题分布，LDA 会为每个待生成的词分配一个主题。

第一个词有 50%的概率来自“科技”主题，30%来自“体育”主题，20%来自“政治”主题。假设第一个要生成的词的主题选择了“科技”。

第二个词有相同的分配概率，假设来自“体育”主题。

第三个词来自“政治”主题。

通过重复这一过程，依次为文档中所有待生成的词分配主题，从而完成文档的主题分布建构。

第三步：根据主题生成相关词汇。

根据每个待生成词所分配的主题，LDA 会从对应的词汇分布中抽取一个具体的词：

第一个词来自“科技”主题，可能是“计算”。

第二个词来自“体育”主题，可能是“足球”。

第三个词来自“政治”主题，可能是“选举”。

通过这一过程依次生成更多的词汇，直至完成全部词语的生成，从而构成一篇简短的文档：

"量子计算的突破正在改变科技行业，而足球比赛的激烈竞争也吸引了全球的关注。同时，近期的选举让人们更加关注政策和政府的决策。在 AI 领域，机器人技术不断进步，体育比赛中的篮球联赛也日益受到欢迎。随着新政策的出台，政府的领导人正面临新的挑战。"

以上是 LDA 模型下文档的生成过程。在此基础上，我们已经获得所有生成的文档及其中的词语。接下来，我们将基于这些信息，反推生成过程中的各类分布参数，以重现其潜在的生成机制。

2）LDA 模型的推断与参数估计

在上一节中，我们介绍了 LDA 模型的生成过程，展示了如何通过概率模型将文档分解为不同的主题混合体。然而，在实际应用中，我们的目标并非生成文档，而是通过已有的文档集合推断出隐藏的主题分布和词汇分布，这就是 LDA 模型的推断问题。推断是从已知的文档出发，反向估计出隐藏的主题分布与词汇分布的过程。

推断的核心目标是估计以下两个主要参数：

①文档的主题分布(θ)。表示每篇文档中的各个主题占比。θ 是一个多项分布，反映每篇文档由哪些主题组合而成，以及各主题在文档中的比例。

②主题的词汇分布(ϕ)。表示每个主题下词汇的分布情况。ϕ 同样是一个多项分布，表示某个特定主题中词语的出现概率。每个主题都有其专属的词汇分布，决定了该主题的主要内容。

然而，文档中的具体主题和词汇分布是隐藏变量，无法直接观察到。LDA 通过给定文档中的词汇，反向推断出这两个参数。为此，需要使用推断方法。由于 LDA 的生成模型基于复杂的概率分布，无法通过精确解析的方式直接求解，因此需要使用近似推断方法。主要有两种常见的推断方法：变分推断（variational inference）和吉布斯采样（gibbs sampling）。表 4－15 总结了两种推断方法的优缺点。

表 4－15　推断方法优缺点对比

	优点	缺点
变分推断	速度较快	推断结果不够精确
吉布斯采样	推断结果较为精确	计算代价较高

变分推断是一种将推断问题转化为优化问题的近似推断方法。其核心思想是用一个简单且可处理的分布（称为变分分布）来近似复杂的后验分布。通过最小化真实后验分布与变分分布之间的差异（即 Kullback-Leibler 散度），我们可以得到对文档主题分布(θ)和主题词汇分布(ϕ)的近似估计。

吉布斯采样是一种基于“马尔科夫链蒙特卡洛”方法的采样技术。它通过反复采样文档中每个词汇的主题分配，逐步逼近真实的后验分布。吉布斯采样会不断迭代，更新每个词的主题分配，直到整个模型收敛，最终得到文档的主题分布和词汇的主题分布。

文档的主题分布(θ_d)：每篇文档中各个主题的概率分布。例如，对于一个含有科技、体育、政治三个主题的文档，θ_d可能为[0.5,0.3,0.2]，表示该文档包含50%的科技内容，30%的体育内容和20%的政治内容。

主题的词汇分布(ϕ_k)：每个主题中词汇的概率分布。例如，在“科技”主题中，词汇“人工智能”可能占据20%的概率，“计算”可能占据15%的概率，依此类推。ϕ_k表示了每个主题中常见的词语。

这些参数通过推断方法逐步优化，最终使得模型能够有效地解释文档集合中的潜在主题结构。

3. 模型评估指标

在构建和训练LDA模型后，我们需要通过一定的标准来评估其表现，评估LDA的性能，涉及衡量模型在语料库中捕捉潜在主题的能力以及这些主题对后续任务的实用性。由于LDA是一种无监督学习模型，因此没有像监督学习中那样的直接准确度指标。相反，使用各种评估指标和技术来衡量LDA模型生成的主题的质量和有效性：

1) 困惑度

困惑度(perplexity)是评估概率模型(如LDA)质量的常用指标。它衡量模型对未见数据(即未用于训练的数据)的预测能力。简单来说，较低的困惑度表示模型更好，因为它表明模型更有可能正确地预测测试集中单词的出现。

困惑度的计算公式为测试数据在给定模型下的负对数似然的指数形式：

$$\text{Perplexity} = \exp\left\{-\frac{1}{N}\sum_{d=1}^{M}\log P(w_d)\right\} \tag{4-27}$$

式中，N是测试集中的总单词数，M是测试集中的文档数，$P(w_d)$是在给定模型下文档d中单词序列的概率。

困惑度能够客观地衡量模型对新数据的适应能力。但是，困惑度只关注模型对词汇的拟合程度，可能无法完全反映主题的语义一致性。

2) 主题连贯性

主题连贯性(topic coherence)衡量的是每个主题内词汇的语义相似性。一个连贯的主题是指那些词汇在现实世界文本中更可能一起出现，因此对人类解释者来说更有意义。主题连贯性往往比困惑度更受欢迎，因为它更好地反映了主题的可解释性。主题连贯性能够更好地反映生成的主题是否具有语义可解释性，但是它主要评估局部的词汇相关性，无法全面反映整个主题模型的质量。

一种流行的主题连贯性度量是 C_v 连贯性分数，该分数结合了多种指标，包括词汇在同一文档中的共现和主题内词汇的语义相似性。较高的连贯性分数表明主题更具解释性。此外，U_Mass 连贯性通过衡量文档中词对的共现与个别出现的比率的对数计算连贯性，适用那些与训练数据拟合较好的模型。

3）主题数量的选择

选择最佳的主题数量（K）对于 LDA 模型的性能至关重要。主题数量过少可能会过度简化数据，而过多的主题则可能导致过拟合，使得主题过于具体且意义不大。可以通过计算不同 K 值下的困惑度来帮助确定适当的主题数量，但这通常需要在模型复杂度和可解释性之间取得平衡。

4）人工评估

由于 LDA 的输出旨在具有可解释性，人工评估在评估主题质量方面起着重要作用。可以要求人类评委对主题的连贯性、主题对特定文档的相关性，甚至主题对特定任务的整体实用性进行评分。尽管主观性较强，但人工评估提供了关于主题与人类理解一致性的宝贵见解。

4. 文档解读与主题分布分析

在完成 LDA 模型的参数推断和模型评估后，我们得到了每篇文档的主题分布。这一分布为我们提供了关于文档内容的更多信息，帮助我们进一步理解每篇文档的主题结构。这一阶段的关键任务是如何解读每份文档，以及通过 LDA 获得了哪些额外的信息。

1）主题分布解读

LDA 模型为每篇文档生成一个主题分布向量，该向量描述了文档中涉及的主题及其对应的比例。具体来说，对于每篇文档，LDA 推断出一个包含不同主题比例的向量，例如：

文档 A 的主题分布的一种可能如表 4－16 所示。

表 4－16　主题分布示例

主题 1（科技）	主题 2（体育）	主题 3（政治）
40％	35％	25％

这种主题分布为我们提供了文档在不同主题上的权重或重要性。通过这些比例，我们可以判断文档的主要内容以及次要的相关话题。

2）关键词解读

除了文档的主题分布，LDA 还为每个主题生成了一个词汇分布，这可以帮助我们进一步理解各个主题的具体内容。每个主题通过一组高频词汇来定义，这些词汇代表了该主题下的主要概念。例如，前述的“科技”主题可能包括的高频词汇为“人工智能”“创新”“技术”等，而“政治”主题可能包括“选举”“政策”“政府”等词语。通过查看每个文档的主题分布以及相关主题的高频词汇，我们能够更深入地解读文档的语义内容。例如，文档 A 可能与“科技”相关的内容讨论了 AI 的发展，与“体育”相关的部分可能是关于最近的体育赛事，而与“政治”相关的部分可能涉及某国的政府政策。

总之，在 LDA 模型训练和评估之后，我们不仅可以获得每篇文档的主题分布信息，还能够基于关键词分布更深入地理解文档内容。LDA 模型通过提供文档的主题多样性和变化趋势，为我们提供了更多语义层面的洞察，使我们能够更好地解读每篇文档。这些分析结果能够帮助我们在文档集合中识别重要的内容和趋势，最终实现更精准的主题分析目标。

4.5.2 主题模型代码示例

示例要求：基于沪深 A 股制造业公司的 1000 份年报文本，训练 LDA 主题模型，最终得到文档-主题表格和主题-词语表格，以便得到每份年报的主题分布和主题解读。

示例代码如下：

```
import os # python 的标准库
import shutil # python 的标准库
import random # python 的标准库
# 设置固定随机种子，确保随机操作可复现
random.seed(42)

# 获取所有文件
def get_all_files():
    # 假设这是你分词且去除停用词的文本所在的路径
    seg_text_path = 'Data\\CH3\\clean_dir'
    # 假设这是你存放训练集文本的路径
    lda_training_set_data_path = 'Data\\CH4\\LDA\\LDA_train'
    if not os.path.exists(lda_training_set_data_path):
        os.makedirs(lda_training_set_data_path)
    # 假设这是你存放测试集文本的路径
    lda_test_set_data_path = 'Data\\CH4\\LDA\\LDA_test'
    if not os.path.exists(lda_test_set_data_path):
        os.makedirs(lda_test_set_data_path)
    # 获取全部原始文本
    file_list = os.listdir(seg_text_path)
    return file_list
```

```
file_list = get_all_files()
print(f'文件的长度为{len(file_list)}')
文件的长度为 1000

# 假设这是你分词后的文本所在的路径
seg_text_path = 'Data\\CH3\\clean_dir'
# 假设这是你存放训练集文本的路径
lda_training_set_data_path = 'Data\\CH4\\LDA\\LDA_train'
# 假设这是你存放测试集文本的路径
lda_test_set_data_path = 'Data\\CH4\\LDA\\LDA_test'

# 假设这是停用词等噪声词的文件路径
noisy_words_path = 'Data\\CH4\\noisy_words.txt'
def get_noisy_words(file_path = noisy_words_path):
    with open(file_path,'r',encoding = 'utf-8')as file:
        noisywords = file.read().splitlines()
    return noisywords
noisy_words = get_noisy_words()

# 把原始的 1000 份文本拆分为 800 份训练集文本和 200 份测试集文本
def split_files_for_lda():
    # 随机抽取 800 份文件
    file_list_800 = random.sample(file_list,800)
    for file in file_list_800:
        src_path = os.path.join(seg_text_path,file)
        dst_path = os.path.join(lda_training_set_data_path,file)
        shutil.copy(src_path,dst_path)
    # copy 剩余的 200 份
    left_file = list(set(file_list)-set(file_list_800))
    for file in left_file:
        src_path = os.path.join(seg_text_path,file)
        dst_path = os.path.join(lda_test_set_data_path,file)
        shutil.copy(src_path,dst_path)

split_files_for_lda()

# 安装 gensim 包:
! pip install gensim = = 4.1.0
# 安装 scipy 包:
! pip install scipy = = 1.10.1

from gensim.corpora import Dictionary
```

```
from gensim.models import LdaModel
import pickle
import json
import os,re
from typing import Pattern

pattern_token:Pattern[str] = re.compile("[.? /。,,;;、::"“‘’“"’!! $ % ()》《()()—_
√□【】+ <> - ]\n")

def tokenize(document):
    document = document.lower()
    words = pattern_token.sub("",document).split()
    # 去除停用词等噪声
words = [w for w in words if len(w)> 1 and w not in noisy_words]
]
    return words

# 定义全局变量,可以在全部数据集上使用
word_count_dict = Dictionary()

def get_lda_train_data():
    # 定义两个变量,分别存文件名和文件内容
    titles,documents = [],[]
    for file in os.listdir(lda_training_set_data_path):    # 遍历训练集
        with open(os.path.join(lda_training_set_data_path,file),'r',encoding =
'utf-8')as fi:
            texts = fi.read()
            titles.append(f"{file.split(' - ')[0]} - {file.split(' - ')[1]}")
            documents.append(texts)

    for document in documents:
        processed_doc = [tokenize(document)]
        word_count_dict.add_documents(processed_doc)

print(f'训练集语料库包含 {len(word_count_dict)} 个词')
    # 保留出现次数大于文档数的 5 %,并且出现频率小于 95 % 的词
    no_below_count = int(len(documents) * 0.05)
    print(f'低频词的阈值设为 {no_below_count}')
    word_count_dict.filter_extremes(no_below = no_below_count,no_above = 0.95)
print(f'过滤低频词和高频词之后,当前语料库包含 {len(word_count_dict)} 个词')

corpus,texts = [],[]
```

```
    for document in documents:
        processed_doc = tokenize(document)
        corpus.append(word_count_dict.doc2bow(processed_doc))
        texts.append(processed_doc)
    return titles,documents,corpus,texts,word_count_dict

titles,documents,corpus,texts,word_count_dict = get_lda_train_data()
训练集语料库包含 127709 个词
低频词的阈值设为 40
过滤低频词和高频词之后,当前语料库包含 6443 个词
def train_lda_model():
    # 假设这是你存放模型目录
    process_data_path = 'Data\\CH4\\LDA\\LDA_model'
    if not os.path.exists(process_data_path):
        os.makedirs(process_data_path)

    # 训练模型
    alpha_para = float('{:.2f}'.format(50/70))
    lda = LdaModel(corpus,num_topics = 50,id2word = word_count_dict,
                   random_state = 100,alpha = alpha_para,eta = 0.1,passes = 20,
iterations = 100)
    # 保存模型
    with open(os.path.join(process_data_path,'lda_model.pkl'),'wb')as fi:
        pickle.dump(lda,fi)
    return lda

lda_model = train_lda_model()
print('End of running train_lda_model')
End of running train_lda_model

def get_stkcd_year_corpus_by_path(text_path):
    global word_count_dict
# 读取股票代码、年份、文本词向量相关信息
    stkcd_list,year_list,documents,corpus = [],[],[],[]
    # 遍历读取文本
    for file in os.listdir(text_path):
        stkcd_list.append(f"{file.split('-')[0]}")
        year_list.append(f"{file.split('-')[1]}")
        with open(os.path.join(text_path,file),'r',encoding = 'utf-8')as fi:
            texts = fi.read()
        documents.append(texts)
```

```
print(f'训练集包含{len(documents)}个文件,当前语料库共有{len(word_count_
dict)}个词')

    for document in documents:
        processed_doc = tokenize(document)
        corpus.append(word_count_dict.doc2bow(processed_doc))
    return stkcd_list,year_list,corpus

def get_doc_topic_prob_by_path(text_path):
    # 获取文档-主题表
    stkcd_list,year_list,corpus = get_stkcd_year_corpus_by_path(text_path)

    doc_topic_prob = lda_model.get_document_topics(corpus,per_word_topics =
False,minimum_probability = 0)
    doc_topic_prob = pd.DataFrame(doc_topic_prob)
    doc_topic_prob = doc_topic_prob.applymap(lambda x:x[1])
    doc_topic_prob.rename(columns = lambda col:'主题-' + str(col),inplace = True)
    doc_topic_prob.insert(0,'year',year_list)
    doc_topic_prob.insert(0,'stkcd',stkcd_list)
    return doc_topic_prob

#安装 pandas 包:
! pip install pandas = = 2.2.2

import pandas as pd
# 获取全部数据集上的文档-主题表
doc_topic_prob_pd = get_doc_topic_prob_by_path('Data\\CH3\\clean_dir')

doc_topic_prob_csv.to_csv('Data\\CH4\\LDA\\doc_topic_probs.csv',index = False,
header = True)
print("获取文档-主题表完成")
print(doc_topic_prob_csv.head())
训练集包含 1000 个文件,当前语料库共有 6443 个词
获取文档-主题表完成
   stkcd   year   主题-0     主题-1     主题-2     主题-3     主题-4
0  000418  2008   0.000519   0.052147   0.015352   0.000378   0.000554
1  000418  2009   0.000549   0.033525   0.023205   0.000464   0.003534
2  000418  2011   0.000350   0.000859   0.073677   0.000358   0.029437
3  000418  2012   0.000578   0.001852   0.008955   0.000362   0.270825
4  000418  2013   0.012833   0.007073   0.001800   0.000326   0.291941
...
```

```
# 获取主题-词表
topic_word_list = lda_model.print_topics(-1,100)
topic_word_list = [[word.split("*")[-1].rstrip('"')for word in word_s[1].split
("+")] for word_s in topic_word_list]
topic_word_list = pd.DataFrame(topic_word_list).T
topic_word_list.rename(columns = lambda col:'主题-' + str(col),inplace = True)
topic_word_list.to_csv('Data\\CH4\\LDA\\topic_words.csv',index = True,header =
True)
print("获取主题-词表完成")
print(topic_word_list.head())
获取主题-词表完成
   主题-0    …  主题-4    …  主题-7  …  主题-10  …
0  集团股份  …  全文      …  电气    …  化工     …
1  光伏      …  上期      …  机电    …  能源     …
2  重工      …  本期发生  …  风电    …  煤化工   …
3  电缆      …  期初数    …  机械    …  焦化     …
4  电站      …  期末数    …  币种    …  煤炭     …
```

4.5.3 小结

主题模型，尤其是 LDA 主题模型，已经成为自然语言处理和文本挖掘领域的重要工具，因为它能够揭示大型文档集合中的隐藏主题结构。这种方法在处理和分析大规模文本数据时，展现出了卓越的能力，特别是在经济管理等需要分类和总结非结构化文本信息的领域。通过减少文本数据的维度并保留其核心语义，LDA 简化了复杂数据集的处理，使得分析更具可操作性和意义。

LDA 模型的一个主要优势在于它的降维能力。文本数据通常是高维的，因为每个词汇都可以看作是一个维度。LDA 通过将文档表示为多个主题的混合，解决了这个高维问题。这种方法不仅降低了数据的复杂性，还提供了更加人类可理解的分析视角。每个主题可以通过其高频出现的词汇进行解释，从而使得分析员能够为主题进行标注和解释。这对于需要结果透明且可操作的应用场景非常重要，如市场研究或情感分析。

尽管 LDA 拥有许多优势，但它也存在一些挑战和局限。首先，LDA 的推理过程是迭代的，尤其是在处理非常大的数据集时，可能需要大量计算资源。这对硬件性能提出了较高的要求。其次，LDA 的性能对超参数的选择高度敏感，例如主题数量的确定或狄利克雷分布的平滑参数。不恰当的超参数设置可能导致主题模型效果不佳，因此在实际应用中需要精心调整与验证。此外，LDA 在处理短文本时表现较差。短文本中词汇的稀少性使得模型难以准确推断出主题。这在社交媒体或简短用户评论的分析中尤其突出。最后，尽管 LDA 可以生成可解释的主题，有时主题的前几位高频词汇并不能很好地定义一致的主题，这给用户带来了理解和标注的困难。

LDA在许多实际应用中展现了强大的功能。它在文本分类、信息检索、情感分析等任务中非常有用。例如，在金融市场分析中，LDA可以用于从大量的非结构化文本（如新闻报道、公司公告、财务报告等）中提取出关键的主题和情感倾向，从而帮助投资者预测市场动向。通过LDA对这些文本数据进行分析，经济分析师可以揭示出潜在的市场情绪，识别影响投资决策的重要因素。例如，Ryans(2021)通过LDA模型分析了美国证券交易委员会(Securities and Exchange Commission，SEC)问询函的主题分布，研究了这些主题对公司未来财务报告和收益可信度的影响。此外，LDA在财务欺诈检测中也展现了其强大的分析能力。Duan等(2024)通过对公司管理层讨论与分析(MD&A)部分进行LDA主题分析，成功提取出了能够有效预测财务欺诈的因素，从而为企业管理者和投资者提供重要的风险预警信号，展示了LDA在复杂经济环境中应对新兴风险的潜力。

综上所述，LDA模型作为现代文本分析的重要工具，不仅在学术研究中得到了广泛应用，还在实际的经济管理实践中展现了强大的分析能力。尽管主题模型是强大的工具，但需要认识到，它们并不是唯一可以用于减少文档表示维度的方法。例如，Doc2Vec等方法也能够有效地处理高维文本数据，并提供不同的分析视角。不同方法适用于不同类型的数据和任务，因此在实际应用中，需要根据具体的需求来选择最合适的工具。随着大数据时代的到来，LDA和其他主题模型将在越来越多的领域中发挥更大的作用，推动数据驱动的决策，使经济管理更加科学和精准。

4.6 集成学习

4.6.1 集成学习介绍

1. 集成学习模型介绍

集成学习(ensemble learning)起源于解决单一机器学习模型在预测任务中的局限性。研究人员发现，单独的模型往往容易受训练数据的影响，导致在新数据上的表现不理想。为了克服这一问题，研究者提出了将多个模型的预测结果结合起来的方法。通过这种“集成”的方式，模型的整体准确性可以得到显著提高。

集成学习的核心思想是：单个模型可能会犯一些错误，但如果我们组合多个模型的结果，这些错误可以相互抵消。比如，假设有多个模型在同一数据集上做分类任务，它们可能各自有不同的判断。当我们结合它们的结果时，错误的影响会减弱，从而得出更好的预测。这个思想的初步研究可以追溯到20世纪90年代，当时Kearns和Valiant(1994)提出了“弱分类器”的概念。弱分类器是指那些单独效果不佳的分类器，但通过集成可以构建出一个强大的分类器。接下来的研究进一步证明，结合多个模型的预测效果往往优于单一模型。Freund 和 Schapire（1990）开发的 Boosting 算法标志着一个重要的里程碑，展示了通过组合弱模型可以创建一个强大且高度准确的模型。多年来，集成学习得到了显著发展。Breiman 在 1996 年提出了 Bagging 方法，进而发展出随机森林算法（Breiman，2001），进一步巩固了集成学习在机器学习领域中的地位。这些进展表明，集成方法可以有效地减少方差和偏差，这两个因素是机器学习模型中关键的错误来源。

集成学习通过结合多个模型（通常为弱分类器）来创建一个更强大且更准确的模型。这些模型可以是同一类型的，比如多个决策树，或者是不同类型的，比如决策树、神经网络和贝叶斯分类器的组合。其主要目标是通过利用每个单独模型的优势来提高模型的性能。集成学习不是依赖单个模型进行预测，而是使用多个模型来做决策。最终预测通常是通过对所有模型的预测进行平均（回归）或多数投票（分类）来确定。可以将集成学习比作一个投票系统：假设我们想要预测明天的天气，有三位专家——分别是基于历史数据、气候数据、机器学习的不同专家。单独每位专家的预测可能都有误差，但通过结合三位专家的意见，比如多数投票，我们可能得到一个更准确的结果。这就是集成学习的基本原理：通过组合多个模型的判断，得到更稳健的预测。

集成学习在机器学习生态系统中占有独特的地位。与传统的单一模型方法相比，集成方法不受单个模型性能限制的束缚。相反，它们利用多个模型的多样性来实现更好的泛化能力和更高的准确性。这使得集成学习在数据模式复杂且难以建模的复杂现实应用中尤其强大。集成学习主要的任务和应用包括分类任务、预测任务，以及异常检测。

2. 集成学习模型分类

集成学习有多种类型，每种方法都通过不同的策略组合多个模型的预测结果，以提高模型的整体性能。虽然集成学习方法多种多样，但最常见且最广泛使用的类型包括 Bagging 和 Boosting。

1）Bagging

Bagging，全称为 Bootstrap Aggregating，是一种并行训练多个模型的集成方法。它的核心思想是通过对原始数据进行多次随机采样，生成不同的训练集，从而提高模型的稳定性和准确性。具体来说，Bagging 使用有放回的随机采样来生成多个训练集。假设原始数据集包含 n 个样本，Bagging 会从中随机抽取 n 个样本，每次抽取后将样本放回。因此，某些样本可能被多次选中，而有些样本可能不会出现在某些采样集中。通过这种扰动数据的方式，Bagging 能训练出多个不同的弱分类器。图 4 - 24 展示了 Bagging 的原理和流程。

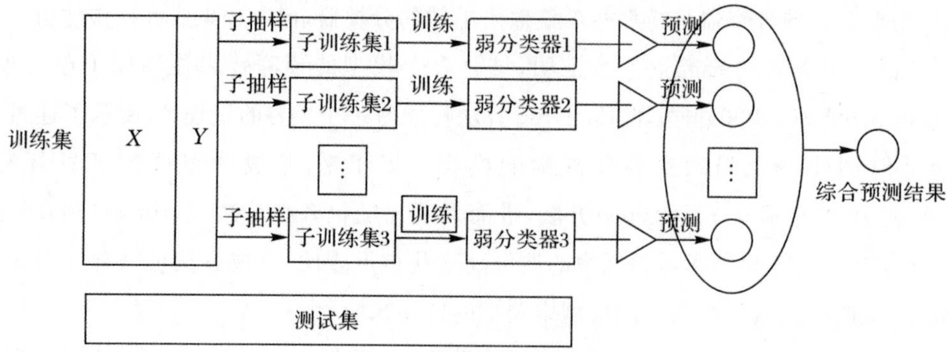

图 4-24　Bagging 原理示意

Bagging 的优势在于它能够降低模型的方差，也就是模型对训练数据噪声的敏感性。这是因为通过将多个模型的预测结果进行平均(对于回归任务)或多数投票(对于分类任务)，可以有效平滑个别模型的预测误差，提高整体泛化能力。

随机森林(random forest)是 Bagging 最典型的应用之一。随机森林不仅使用了 Bagging 的有放回采样策略，还在构建每个决策树时引入了额外的随机性：每次分裂节点时，只从一部分特征中选择最佳分裂点。这样进一步增加了决策树之间的多样性，降低了模型的方差，同时提升了训练效率。在实践中，随机森林广泛应用于高维数据场景，如金融欺诈检测、文本分类、医疗诊断等任务。

2) Boosting

Boosting 是一种顺序训练模型的集成方法，旨在通过纠正前一个模型的错误来逐步提高模型的准确性。与 Bagging 不同，Boosting 的每个模型是在前一个模型的基础上进行训练的，专注于那些前一个模型未能正确分类的样本。Boosting 的工作机制是：在每一轮训练中，Boosting 会对那些被错误分类的样本给予更高的权重，使得后续模型能够更集中精力在这些更难分类的样本上。最后，Boosting 将多个弱分类器组合起来，生成一个强分类器。整体的预测结果是所有模型的加权和，其中表现更好的模型对最终结果有更大的影响。图 4-25展示了 Boosting 的原理和流程。

Boosting 的目标是降低模型的偏差，即减少模型对数据的欠拟合。与 Bagging 主要通过并行方法减少方差不同，Boosting 通过逐步改进模型来减少系统误差，通过采用串行训练多个弱分类器，使后续模型重点学习前一轮的误差，以逐步优化整体模型性能。

梯度提升树(gradient boosting decision tree)是 Boosting 方法的典型代表。梯度提升树不是直接调整样本权重，而是通过残差拟合的方式，每次迭代让新的决策树去学习前一轮模型的预测误差，从而逐步逼近真实目标值。梯度提升树在处理非线性关系时表现更优，并且支持连续数值的回归任务，因此在信用评分、广告点击率预估、搜索排序等任务中有广泛

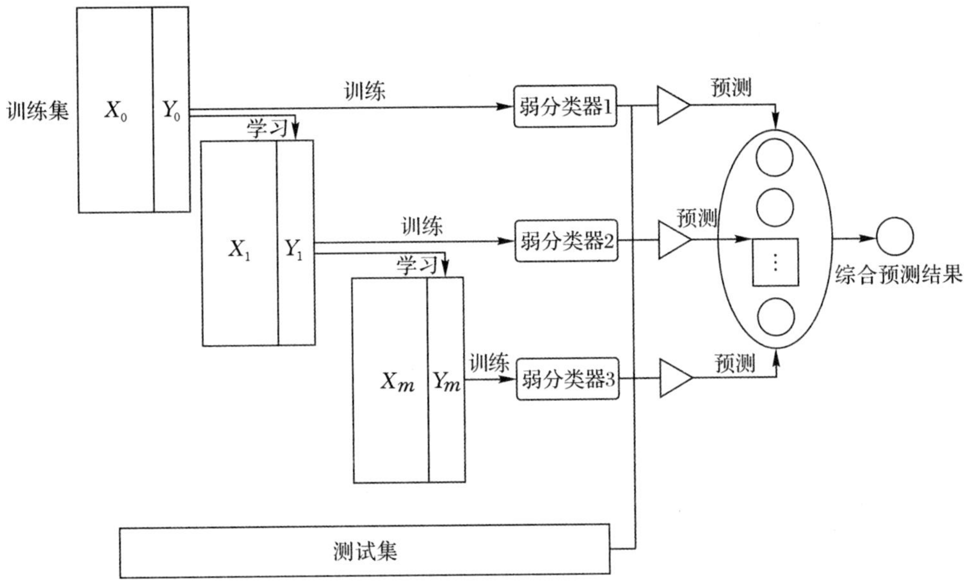

图 4 - 25　Boosting 原理示意

应用。此外，基于梯度提升树的优化版本，如 XGBoost 和 LightGBM，通过引入并行计算和高效的分裂策略，大幅提升了训练速度，使其成为处理大规模数据集的首选方法。

3）集成学习的其他类型

除了 Bagging 和 Boosting，还有一些其他集成学习方法，如 Stacking（堆叠）和 Voting（投票）。Stacking 通过将多个基础模型的输出作为新模型的输入，进一步提升性能。Voting 则通过对多个模型的预测结果直接进行投票或平均来做出最终预测。尽管这些方法在某些场景下也很有效，但 Bagging 和 Boosting 无疑是集成学习中最为广泛使用的两种方法。

3. 模型评估

在之前的章节中，我们已经介绍了机器学习的评价指标，本节将通过一个实例来进一步阐释机器学习评价指标的实际含义和用法。假设我们正在开发一个二元分类系统，用于检测电子商务平台上的欺诈交易。为了提高检测效果，我们决定采用随机森林集成学习模型。我们训练了模型并在测试集上做出了一些预测，表 4 - 17 是我们获得的混淆矩阵。

表 4 - 17　集成学习混淆矩阵

实际/预测	预测为非欺诈(0)	预测为欺诈(1)
实际为非欺诈(0)	90	10
实际为欺诈(1)	20	80

我们现在要通过这个混淆矩阵来计算各种评价指标，包括准确率、精确率、召回率，以及F1 得分，并解释它们的特定含义。

1）准确率

$$\text{Accuracy} = \frac{\text{TP} + \text{TN}}{\text{TP} + \text{FP} + \text{TN} + \text{FN}} \tag{4-28}$$

式中：

TP(true positive)=80(实际欺诈，预测为欺诈)；

TN(true negative)=90(实际非欺诈，预测为非欺诈)；

FP(false positive)=10(实际非欺诈，预测为欺诈)；

FN(false negative)=20(实际欺诈，预测为非欺诈)。

计算得到准确率为 85%，在此场景中，模型有 85%的准确率，意味着它在 85%的情况下可以正确分类交易为欺诈或非欺诈。虽然准确率较高，但因为类别不平衡(即欺诈交易相对较少)，准确率可能不足以全面反映模型的性能。

2）精确率

$$\text{Precison} = \frac{\text{TP}}{\text{TP} + \text{FP}} \tag{4-29}$$

计算得到精确率为 89%，精确率告诉我们，在所有被预测为欺诈的交易中，89%实际上是欺诈。这对于误报成本较高的场景非常重要，比如，如果误报会导致客户体验恶化或平台信任度下降，那么我们需要进一步收集证据，分析检测，确保预测为欺诈的交易确实是欺诈。

3）召回率

$$\text{Recall} = \frac{\text{TP}}{\text{TP} + \text{FN}} \tag{4-30}$$

计算得到召回率为 80%，召回率表示模型捕获欺诈交易的能力。在我们的案例中，模型成功检测出 80%的欺诈交易(即 20%的欺诈交易未被发现)。当我们关注捕获所有欺诈时，召回率非常关键，例如在欺诈检测中，漏报一个欺诈交易可能造成严重后果。

4）$F1$ 得分

$$F1 - \text{score} = 2 \times \frac{\text{Precision} \times \text{Recall}}{\text{Precision} + \text{Recall}} \tag{4-31}$$

计算得到 $F1$ 得分为 0.843，$F1$ 得分是精确率和召回率的调和平均数。它在精确率和召回率之间取得了平衡，特别适用于当我们既希望减少误报，又希望尽量避免漏报时。对于欺诈检测这样的任务，$F1$ 得分尤为重要，因为它在捕捉欺诈交易的同时，也考虑了错误报警对系统性能的影响。

4.6.2 集成学习代码示例

在这一节中，我们通过一个具体的代码示例，展示如何应用集成学习方法来解决实际问题。这里，我们选择检测财务欺诈作为我们的示例场景。在财务欺诈检测场景中，欺诈样本通常只占少数，类别不平衡性尤为突出。因此我们选择集成学习中的平衡随机森林(balanced random forest)方法，它是一种改进的 Bagging 方法，特别适用于处理类别不平衡数据集。

示例要求：基于 2007—2016 期间所有沪深 A 股上市公司的财务数据、非财务数据和文本特征数据，采用平衡随机森林的方法，构建财务欺诈检测模型。

示例代码如下：

```
! pip install matplotlib= =3.9.2
! pip install imbalanced-learn= =0.12.3

import pandas as pd # pandas 的版本为 2.2.2
import matplotlib.pyplot as plt
from imblearn.ensemble import BalancedRandomForestClassifier
# sklearn 的版本为 0.24
from sklearn.model_selection import train_test_split
from sklearn.model_selection import GridSearchCV
from sklearn.metrics import classification_report
from sklearn.metrics import make_scorer,accuracy_score,recall_score,roc_auc_
score,precision_score
import warnings

# 忽略所有的警告
warnings.filterwarnings('ignore')

# 处理原始数据
data = pd.read_csv("Data\\CH4\\random_forest\\random_forest_data.csv")
data = data.convert_dtypes()  # 将所有列的值若为数字的转换为数值类型(int、float
等)

# 缺失值填充。对于连续变量,用同年同行业均值填充;对于 01 变量,用同年同行业中位
数填充。
data_columns = data.columns          # 列名
year_indu_ = data.groupby(['year','indu'])  # 根据年份(year)、行业(indu)进行分组
统计,用于后续的填补空值
len_data = data.shape[0]            # 数据的行数
for col  in data_columns:           # 依次遍历每一列进行缺失值的处理
```

```
    if col in ["stkcd","year","indu","fraud"]:
        # 前4列不算特征维度不做处理,分别为:股票代码、年份、行业分类、需要预测验证的结果
        continue
    if col in ["Audit","Audit_Firm","SOE","Duality","SEOs","Delisting"]:
        # 01变量,用同年同行业中位数填充。将分组的结果中空值对应的(year、indu)结果判断非空后计算中位数,填补缺失
        fill_col = [year_indu_.get_group((data['year'].iloc[i],data['indu'].iloc[i]),)[col].dropna().median()
                    if pd.isnull(data[col].iloc[i])else data[col].iloc[i] for i in range(len_data)]
        # 如果同年同行业均为缺失值,则使用所有值的中位数进行填补
        fill_col = [data[col].dropna().median()
                    if pd.isnull(fill_col[i])else fill_col[i] for i in range(len_data)]
    else:
        # 连续变量,用同年同行业均值填充。将分组的结果中空值对应的(year、indu)结果判断非空后计算均值,填补缺失
        fill_col = [year_indu_.get_group((data['year'].iloc[i],data['indu'].iloc[i]),)[col].dropna().mean()
                    if pd.isnull(data[col].iloc[i])else data[col].iloc[i] for i in range(len_data)]
        # 如果同年同行业均为缺失值,则使用所有值的均值进行填补
        fill_col = [data[col].dropna().mean()if pd.isnull(fill_col[i])else fill_col[i] for i in range(len_data)]
    data[col] = fill_col        # 将填充好的列替换原始数据

X = data.drop(labels = ["stkcd","year","indu","fraud"],axis = 1)   # 去除非特征维度剩下的均为特征变量
Y = data['fraud']  # 需要预测的结果变量

# 对数据集进行划分,X_Train为训练集的特征变量,X_Test为测试集的特征变量,
# Y_Train为训练集的结果变量,Y_Test为测试集的结果变量
# 取80%作为训练集,20%作为测试集,test_size = 0.2
X_Train,X_Test,Y_Train,Y_Test = train_test_split(X,Y,test_size = 0.2,stratify = Y,random_state = 100)

# 叶子节点上包含的样本最小值,这里仅用少量参数取值演示
min_samples_leaf_list = list(range(1,50,10))
# 平衡随机森林中决策树的个数,这里仅用少量参数取值演示
n_estimators_list = list(range(1,120,20))
```

```
# 创建评估指标
scoring = {‘accuracy’:make_scorer(accuracy_score),      # 准确率
          ‘precision’:make_scorer(precision_score),    # 精确率
          ‘recall’:make_scorer(recall_score),          # 召回率
          ‘auc_scorer’:make_scorer(roc_auc_score)      # AUC
          }

# 网格搜索需要优化的参数组
param_grids = {‘min_samples_leaf’:min_samples_leaf_list,‘n_estimators’:n_
estimators_list}
# 构建平衡随机森林,random_state 给定随机值,class_weight 给定权重
BRFC = BalancedRandomForestClassifier(random_state = 50,class_weight = {0:1,1:0.
6})
# 构建网格搜索。
# estimator:要调整参数的模型;
# param_grid:要调整的参数及其可能的值;
# cv:表示交叉验证的折数;
# n_jobs:表示用于并行运行的 CPU 核心数,如果设置为 - 1,将使用所有可用的处理器;
# scoring:用于指定评估模型性能的指标,这里使用 4 种值来评估模型
# refit:多个值评估模型性能时,指定其中一个值作为最优的评估标准
grid_search = GridSearchCV(estimator = BRFC,param_grid = param_grids,cv = 5,n_jobs
= - 1,scoring = scoring,refit = ‘auc_scorer’)
# 使用训练集进行训练
grid_search.fit(X_Train,Y_Train)
```

```
GridSearchCV
best_estimator_: BalancedRandomForestClassifier
BalancedRandomForestClassifier(class_weight={0: 1, 1: 0.6}, n_estimators=81,
                               random_state=50)
BalancedRandomForestClassifier
BalancedRandomForestClassifier(class_weight={0: 1, 1: 0.6}, n_estimators=81,
                               random_state=50)
```

```
# 网格搜索每次的参数及结果
cv_results_json = grid_search.cv_results_
for i in range(len(cv_results_json[‘params’])):
    min_samples_leaf = cv_results_json[‘params’][i][‘min_samples_leaf’]   # 叶子
节点上包含的样本最小值
    n_estimators = cv_results_json[‘params’][i][‘n_estimators’]    # 平衡随机森
林中决策树的个数
    accuracy = cv_results_json[‘mean_test_accuracy’][i]       # 准确率
    precision = cv_results_json[‘mean_test_precision’][i]     # 精确率
    recall = cv_results_json[‘mean_test_recall’][i]           # 召回率
```

```
    auc_scorer = cv_results_json['mean_test_auc_scorer'][i]        # AUC
    print(f"参数 min_samples_leaf:{min_samples_leaf}\t"
        f"参数 n_estimators:{n_estimators}\t"
        f"准确率:{round(accuracy,10)}\t"
        f"精确率:{round(precision,10)}\t"
        f"召回率:{round(recall,10)}\t"
        f"AUC:{round(auc_scorer,10)}\t")

print("\n 最好的参数及评分:")
print(grid_search.best_params_,grid_search.best_score_)

print("\n 使用最佳参数的模型对测试集进行预测:")
y_pred = grid_search.predict(X_Test)
print(classification_report(Y_Test,y_pred))
最好的参数及评分:
{'min_samples_leaf':1,'n_estimators':81} 0.6923027739523904
使用最佳参数的模型对测试集进行预测:
              precision    recall    f1 - score   support
         0.0      0.99       0.66       0.79       3450
         1.0      0.04       0.71       0.07       65
    accuracy                            0.66       3515
   macro avg      0.51       0.68       0.43       3515
weighted avg      0.97       0.66       0.78       3515

# 可视化特征重要性
feature_importances = grid_search.best_estimator_.feature_importances_
# 将特征与其重要性对应
importances_zip = list(zip(X_Train.columns,feature_importances))
# 对特征重要性进行排序
sorted_indices = sorted(importances_zip,key = lambda x:x[1],reverse = False)
x_list = [i[0] for i in sorted_indices]          # x 轴为重要性数值
y_list = [i[1] for i in sorted_indices]          # x 轴为特征名称
plt.figure(figsize = (13,8))          # 设定可视化画布大小
plt.barh(x_list,y_list)
# 避免中间乱码
plt.rcParams['font.sans - serif'] = ['SimHei']
plt.rcParams['axes.unicode_minus'] = False
# 展示可视化结果
plt.xlabel('特征重要性')
plt.title('随机森林模型的特征重要性')
plt.show()
```

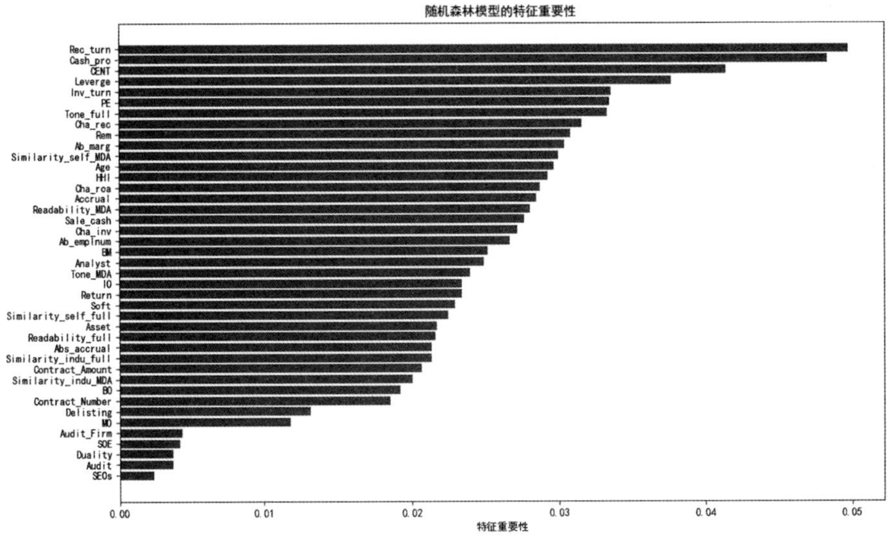

4.6.3　小结

本章详细介绍了集成学习的基本概念、主要类型(bagging 和 boosting),以及评估集成模型效能的关键指标。此外,我们探讨了集成学习如何通过组合多个模型的结果来提高模型的整体性能和稳健性。

1. 集成学习的优势

集成学习的主要优势可以总结为以下几点:

(1)提高模型准确性。集成学习通过结合多个弱分类器(如决策树、神经网络等)生成一个更强大的模型,通常比单一模型具有更高的准确性和泛化性能。特别是在处理高维度、复杂数据时,集成学习能够有效减少预测误差,提供更为稳定的结果。bagging 减少了方差,boosting 减少了偏差,二者都能带来更稳健的预测结果。

(2)降低过拟合风险。特别是在 bagging 方法中,通过对原始数据集的多次有放回抽样,集成学习能有效地减少模型在训练数据上的过拟合现象。这对于噪声数据集或复杂的非线性问题尤其重要。随机森林就是通过这一机制降低过拟合,同时还能提高模型的泛化能力。

(3)高度灵活性。集成学习不仅适用于分类问题,还能应用于回归任务,甚至在某些场景中也可用于无监督学习。不同于许多传统机器学习方法,它能够利用不同的弱分类器进行组合,因此在应对不同类型的数据集时具有高度的适应性。

(4)处理不平衡数据集。boosting 方法,特别是梯度提升树这样的技术,能够通过逐步优化误分类样本的残差,有效提高对少数类别的预测性能。这使得集成学习在欺诈检测、异常检测等应用中表现出色，这些领域通常存在类别不平衡问题。

2. 集成学习面临的挑战和存在的限制

集成学习也存在一些挑战和限制包括：

(1)计算复杂度。与单一模型相比，集成学习通常需要更多的计算资源。这是因为多个模型需要独立训练和评估，特别是在涉及大量数据或大量模型时，训练时间可能显著增加。此外，调优多个模型的超参数也增加了复杂性。

(2)可解释性降低。虽然集成学习能显著提高模型的性能，但模型的复杂性也随之增加。多个模型的组合使得很难直观理解最终预测的决策路径。在某些需要高透明度的领域，如医疗或金融行业，这可能是一个显著的限制。

(3)对噪声数据的敏感性。boosting 虽然在提升模型准确性方面表现优异，但其对噪声和异常值非常敏感。由于 boosting 方法强调难以分类的样本，噪声数据可能会被过度强调，从而导致模型过拟合。

(4)部署和维护难度。集成学习模型的复杂性还体现在其部署和维护过程中。模型数量增加、复杂度上升可能给大规模应用带来挑战，如需要更多的存储空间和计算资源，模型更新和扩展也更为困难。

3. 集成学习的应用领域

集成学习的应用领域广泛，尤其适合于以下场景：

(1)高准确性要求。在医疗诊断、金融预测等领域，错误分类的代价高昂，集成学习的高准确性和稳健性尤为重要。

(2)数据复杂或不平衡。在处理复杂、非线性关系的数据时，集成学习能够捕捉微妙的模式。此外，对于类别不平衡的问题，如欺诈检测或少数类别识别，集成学习能够显著改善少数类的识别率。

(3)模型多样性有益。当不同模型能够提供互补的信息时，将它们集成起来能够提高模型整体性能。集成学习通过结合多个不同的弱分类器，捕捉到每个模型的最佳特性，获得卓越的表现。

总结而言，集成学习在提高模型性能、应对复杂数据集方面展示了其强大的能力。然而，其复杂性和计算成本的增加要求在实际应用中谨慎权衡。通过合理的模型选择与优化，集成学习能够为各种机器学习任务提供强大的支持。

4.7　本章总结

本章主要介绍了管理研究中常用的自然语言处理和机器学习方法，包括了 One-Hot 编码、词袋模型、词频和 TF-IDF 等文本表征基础方法，以及以词汇表征为起点的 Word2Vec 词嵌入模型、BERT 语言模型，和用于文档降维的 LDA 主题模型。与此同时，本章还介绍了多个模型相结合而产生的集成学习方法。本章通过展示多种方法的实际应用案例，旨在促进研究人员对这些模型更深层次的理解。本章尽管介绍了不同方法的相关示例，但主要目标是为了更好地理解这些模型。接下来的第五章将系统地介绍如何运用各类方法构建管理研究中的相关测度和指标。

关键术语

机器学习　监督学习　分类　回归　无监督学习　聚类　降维　关联规则　训练集
测试集　特征工程　模型评估　One-Hot 编码　词袋模型　词频　词频-逆文档频率
Word2Vec 词嵌入模型　神经网络　BERT 语言模型　上下文　预训练　微调
文档降维　主题模型　LDA　主题分布　集成学习　分类器　准确性

第 5 章　管理研究中的 NLP 测度构建实战

本章导读

本章主要介绍了在经济管理研究中基于自然语言处理的测度方法，构建内容相关、内容无关指标以及复合型指标。通过具体案例分析和代码实现，本章帮助读者掌握如何在不同经管问题场景下，使用 NLP 技术进行有效的指标构建和分析。学习目标包括理解和掌握单维度和多维度内容相关指标的构建，情感分析、可读性分析等内容无关指标的构建，复合型指标的构建，以及概念效度检验。本章节的主要学习目标点包括：

- 理解基于 NLP 的内容相关和内容无关指标的构建方法。
- 掌握单维度的管理者短视、人口老龄化、以及多维度的管理会计等内容有关指标的构建技术。
- 掌握文本可读性、情感分析、文本相似性等内容无关指标的构建技术。
- 学习复合型指标的构建及其在实际中的应用。
- 掌握概念效度检验的原理与实战操作。

5.1　内容相关指标的构建

5.1.1　内容相关指标的构建介绍

内容相关指标的构建是基于文本的实际语义和主题，通过自然语言处理技术提取特定概念或现象的量化测度过程。在经济管理研究中，内容相关的指标主要关注文本中反映的某种特定含义，例如管理层的决策倾向、对人口老龄化的感知和企业的管理会计实践等。这类指标的构建依赖于对管理学理论和语言模型的理解，通过分析文本中的词语分布和语义关系，形成对研究对象的量化描述。在实战中，研究者通常结合特定领域的背景知识和理论，采用基于词向量的模型来捕捉文本的深层语义，设计出能够解释经济管理现象的有效测度指标。接下来，本书将介绍基于词典法和 Word2Vec 技术的单维度指标"管理者短视"和"人口老龄化"的构建，以及多维度指标"管理会计实践"的构建。

词典法本质上是通过词频分析技术，将预定义的词典与分析文本中的词汇进行匹配，并通过词频或句频计算来捕获文本的量化属性。这种方法涉及三类词典：通用词典、专业词典和定制词典。通用词典广泛适用于多个领域，不仅限于财经，例如 Harvard 和 LIWC 词典。而专业词典针对特定行业，经过专家大量阅读并定制，如 Loughran&Mcdonald 词典，专门针对财经文本。定制词典则根据研究者的具体需求定制，基于广泛文献回顾和文档分析。词典法的操作流程包括：首先预处理文本，如分词、去除停用词等；接着，利用算法将文本中的词汇与预设置的词典进行匹配；最后，根据词频或句频计算文本指标，不同研究背景下，研究者可能会采用不同的计算权重方法，包括固定权重和基于词频-逆文档频率矩阵的权重。Word2Vec 模型在上一章已经被详细介绍，其通过将文本内容转化为低维度的向量空间计算，使得向量空间的相似度能够代表文本语义的相近程度。目前，该模型已在会计和金融领域中被广泛应用于对相似词的扩充。

5.1.2　管理者短视

1. 理论基础

管理者短视主义（managerial myopia），源于社会心理学中的时间导向（time orientation）理论，指管理者的决策视域较短，相对于关注企业未来发展，管理者更倾向于关注当下能够即刻满足的利益。这种时间导向通常被认为是一种先天的、稳定的个人特质和潜意识过程，但也会部分受到后天环境的影响。

由于短视主义这一内在的、稳定的、对时间认知的特质难以度量，以往学者对管理者短视主义的度量主要停留在调查问卷评级的方法，然而基于调查问卷构建的指标存在问卷回复率低、回复带有主观认知偏见等问题。部分学者将短期投资占比等财务指标作为短视的代理变量，但这类变量捕获的仅是可观察的事后行为而不是管理者的真实认知，其众多的影响因素导致变量噪音较大。

社会心理学认为语言能够反映人的认知、偏好和个性，研究者可以通过分析实验对象语言中所使用的词语类型和词频来理解人的特质。如一个人的语言中越强调“过去”“曾经”等词汇，反映其越关注过去；一个人的语言中越强调“将来”“可能”“要去”等词汇，反映其越关注未来。基于此研究范式，本节结合英文“短期视域”词集、MD&A 中文语料特点以及 Word2Vec 机器学习制定出能够反映管理者“短期视域”的中文词集，随后通过词典法构建出管理者的短视主义指标。

2. 指标构建过程

1）管理者短视种子词集的选取

借鉴英文“短期视域”词集与已有文献构建文本指标的思路，我们阅读了大量 MD&A 语料以获取中文文本信息的特点，制定出中文 MD&A 中有关“短期视域”的种子词集，包括直接和间接两大类。直接大类包括：“天内”“数月”“年内”“尽快”“立刻”“马上”；间接大类包括：“契机”“之际”“压力”“考验”。

2）Word2Vec 相似词扩充

第二步，针对同一概念或者事物，表达者往往使用多个语义相似的词汇进行描述。因此需要对种子词集进行相似词扩充。Mikolov 等(2013)提出的 Word2Vec 机器学习技术，是近年来该领域的里程碑式成果。Word2Vec 本质是基于神经网络 Word Embedding 方法，依据上下文语义信息将财务报告的词汇表示成多维向量，并通过计算向量之间的相似度得到词汇之间的语义相似性。具体地，我们采用 Word2Vec 中的 CBOW 模型对中文财报语料样本进行训练。CBOW 模型：

$$\max \sum_{w \in C} \log p(w \mid \text{Context}(w)) \tag{5-1}$$

式中，C 表示语料；w 表示中心词；Content(w)表示中心词的上下文。CBOW 模型的基本思想是根据上下文来预测当前词语的概率，通过最大化上述目标函数，最终可得到中心词对应的 Word2Vec 词向量。随后通过计算向量相似度可获得词汇的相似词。模型基于海量财经文本训练而成，所推荐的相似词更加适合财经文本语境，可有效避免人为定义词表的主观性和通用同近义词工具的弱相关性。表 5-1 为“尽快”词汇的 Word2Vec 相似词结果示例(根据相似度排序，列出前 10 个相似词)。

表 5-1　Word2Vec 相似词结果示例

原始词	相似词	相似度(基于年报语境)
尽快	尽早	0.8614
尽快	早日	0.7713
尽快	抓紧	0.5315
尽快	及早	0.5166
尽快	力争	0.4689
尽快	全力	0.4666
尽快	尽力	0.4565
尽快	立即	0.4514
尽快	争取	0.4384
尽快	加紧	0.438

3）指标计算

第三步，邀请三名业界和学术界专家，并结合 MD&A 文本样例，对指标词集进行核验，最终确定了包含 43 个“短期视域”词汇的词集，具体词集见表 5-2。随后基于词典法计算“短期视域”词汇总词频占 MD&A 总词频的比例，乘以 100 后得到管理者短视主义指标。该指标值越大，表明管理者越短视。

表 5-2　管理者短视词集

词汇类型	词集
种子词	天内、数月、年内、尽快、立刻、马上（直接表示）；契机、之际、压力、考验（间接表示）
扩充词	日内、数天、随即、即刻、在即、最晚、最迟、关头、恰逢、来临之际、前夕、适逢、遇上、正逢、之时、难度、困境、严峻考验、双重压力、通胀压力等

4）代码实现

本节基于 2006—2015 年随机抽取的 200 家制造业公司的 1000 个样本①为读者展示构建管理者短视文本指标的 Python 代码。第一步，词典加载：从本地文件加载管理者短视关键词。第二步，文本数据读取：导入要分析的文本文件。第三步，管理者短视指标计算。第四步，结果输出：将计算得到的管理者短视指标保存为 CSV 文件输出。具体代码如下：

```
# 获取管理者短视的词集
# 假设这是你存放管理者短视词集的路径
word_list_dir = r'Data\CH5\管理者短视\管理者短视种子词.txt'
# 读取词集
with open(word_list_dir,'r',encoding = 'utf - 8')as fi:
word_list_str = fi.read()

# 把字符串转为数据组
word_list = word_list_str.split('\n')
print(f'管理者短视词集的长度是:{len(word_list)}')

管理者短视的种子词是:['天内','数月','年内','尽快','立刻','马上','契机','之际','压力','考验']

# gensim 的版本为 4.1.0
from gensim.models import Word2Vec
import os # python 的标准库

# 获取相似词方法
def get_similarity_words():

    # 假设这是你存放 word2vec 的目录
    process_data_path = r'Data\\CH4\w2v_model'

    # 加载 word2vec 模型
```

① 值得说明的是，由于此部分构建实战使用的数据是随机抽取的制造业 1000 个样本，因此代码中显示的相似词和最终词集与本小节指标构建理论阐述部分展示的词集和结果会有所出入。

```
    word2vec_model = Word2Vec.load(os.path.join(process_data_path,"word2vec.
model"))

    # 获取种子词的相似词
    for word in word_list:
        print(word)
        if word in list(word2vec_model.wv.key_to_index.keys()):
            # 获取相似度最高的 30 个相似词
            sim_words = word2vec_model.wv.similar_by_word(word,topn = 30)
            print(f'{word} 的相似词有:{sim_words}')
        else:
            print(f'未能找到"{word}"的相似词')

# 运行方法
    get_similarity_words()
```

天内的相似词有:[('日内',0.7427108287811279),('周内',0.6532363891601562),('三天',0.6427524089813232),('一个月',0.6363216042518616)…

```
# 假设这是你挑选扩展词之后的词集的路径
word_list_dir = r'Data\CH5\管理者短视\管理者短视种子词和扩展词.txt'
# 读取词集
with open(word_list_dir,'r',encoding = 'utf - 8')as fi:
    word_list_str = fi.read()
# 把字符串转为数据组
word_list = word_list_str.split('\n')
    print(f'管理者短视的种子词和扩展词是:{word_list}')
```

管理者短视的种子词和扩展词是:['天内','数月','年内','尽快','立刻','马上','契机','之际','压力','考验','日内','数天','随即','前夕','之时']

```
from collections import Counter
import os

# 计算每个文件的短视指标
def calc_myopia_per_file(file_path):

    with open(file_path,'r',encoding = 'utf - 8')as fi:
            texts = fi.read()
    text_lines = texts.split('\n')
    # 把分词文本转为单词列表
    words = list()
```

```
    for line in text_lines:
        words.extend(line.strip().split('))

    # 把单词列表转为词组数量的字典
    word_freq = Counter(words)
    # 统计命中的短视词集
    total_word_cnt = 0
    for word in word_list:
        if word in word_freq.keys():
            total_word_cnt + = word_freq[word]

    # 计算总词频
    total_words = sum(word_freq.values())
    print(f'文本的总词数是:{total_words}')

    if total_word_cnt ! = 0:
        myopia = '{:.6f}'.format(100 * total_word_cnt/len(word_freq))
    else:
        myopia = 0
    return myopia

import pandas as pd
import os

def calc_myopia():
    # 假设这是你分词且去除停用词的文本所在的路径
    seg_text_path = r'Data\CH3\clean_dir'
    # 假设这是你存放结果文件的路径
    res_dir = r'Data\CH5\管理者短视指标.csv'

    # 定义变量列表 data_list,存储文本信息
    data_list = []

    # 遍历读取文本
    for file in os.listdir(seg_text_path):
        security_code,report_year = file.split(' - ')[0],file.split(' - ')[1]
        file_path = os.path.join(seg_text_path,file)
        myopia = calc_myopia_per_file(file_path)
        data_list.append([security_code,report_year,myopia])

    print(f'data_list 的长度是:{len(data_list)}')
    # 把结果转为 dataframe
```

```
    df = pd.DataFrame(data_list, columns = ['security_code', 'report_year',
'myopia'])
    print(f'dataframe 的大小是:{df.shape}')

    # 把结果存入本地 csv 文件
    df.to_csv(path_or_buf = res_dir,mode = 'w',encoding = 'utf-8-sig',index = False)

    # 执行代码
    calc_myopia()
```

```
data_list 的长度是:1000
dataframe 的大小是:(1000,3),部分结果如下:

  security_code report_ year     myopia
0        000418        2008   0.004856
1        000418        2009   0.005763
2        000418        2011          0
3        000418        2012   0.008547
4        000418        2013   0.021293
```

3. 小结

在人才强国和创新驱动发展的国家战略下,高级管理人才秉持长远发展理念是在微观企业层面上推动创新、实施国家战略,助力中国经济高质量发展的关键。然而,作为企业掌舵人的管理者并非都具有长远的目光。本节基于社会心理学中的时间导向理论,以中国A股上市公司年报的MD&A为对象,通过文本分析和Word2Vec机器学习技术确定中文"短期视域"词集,并采用词典法构建出管理者短视主义指标。该指标为企业高层次管理人才的聘任提供了参考依据。

5.1.3 人口老龄化

1. 理论基础

人口老龄化文本指标旨在衡量企业对人口老龄化影响的感知程度。心理语言学的相关理论指出,语言是连接人们心理世界和现实世界的桥梁,反映了人们对现实的感知和理解。心理语言学家借助计算机和语言分析技术对语言中词汇出现的频率和语境进行分析时发现,当人们语言中出现某种特定词汇的频率越高时,代表人们对该词汇反映出的相关事件更加关注,感知程度越强。因此,在心理语言学理论的指导下,本节基于企业在年度财务报告中披露的人口老龄化相关词汇,通过计算词频的方式得到人口老龄化文本指标。这种基于词典法的文本分析方法易于理解、可操作性强,其可靠性已被丰富的经验研究成果证实,近年来也被广泛用于构建气候变化、政治风险、突发公共卫生事件等宏观因素对企业层面影响的文本指标。

2. 指标构建过程

1)人口老龄化种子词集的选取

本节基于以下来源挑选人口老龄化种子词:①已有人口老龄化相关文献。②权威研究报告,包括联合国发布的《世界人口展望》、中国国务院新闻办公室发布的《中国老龄事业的发展》白皮书、社科院发布的《中国人口与劳动问题报告》绿皮书、《中国老龄事业发展报告》蓝皮书等。由于人均寿命延长和人口生育率降低是导致人口老龄化的两大成因,本节种子词也分别从这两方面进行初步挑选。随后,本节将初筛的词汇在年报中阅读校验,删除上下文语义明显与人口老龄化无关的词汇。例如,"寿命"一词在年报中往往指代机器设备等资产的使用寿命;"计划生育"一词则是特指计划生育委员会或计划生育手术器械。经筛检和校验,本节最终确定的种子词涵盖:①与人口寿命延长相关的 4 个核心词汇,包括"老龄化""老年人""退休""养老金"。②与生育率相关的 2 个核心词汇,包括"生育率"和"二胎"。

2)Word2Vec 相似词扩充

同一事物或概念通常有多个语义相近的表达方式,因此需要对人口老龄化种子词集进行相似词扩充。目前文献中常用的词集扩充方法包括人工扩充和根据通用同近义词词典扩充,但这些方法都存在一定缺陷。其中,人工筛选扩充词集依赖于研究者的主观判断,可靠性和可复制性较弱;通用同近义词词典对年报等专业财经语料的针对性和适用性较差。本节采用 Word2Vec 神经网络语言模型中的 CBOW 模型来扩充词集。表 5-3 是种子词"老龄化"的 Word2Vec 相似度排名前 10 的相似词结果示例。

表 5-3　Word2Vec 相似词结果示例

种子词	相似词	相似度
老龄化	人口老龄化	0.8474
老龄化	人口数量	0.5644
老龄化	人口	0.5531
老龄化	居民收入	0.5495
老龄化	全球气候变暖	0.5274
老龄化	医疗保障	0.5184
老龄化	人口红利	0.5083
老龄化	城镇化进程	0.5022
老龄化	城市化	0.5013
老龄化	国民收入	0.4980

3）指标计算

本节对每个人口老龄化种子词相似度最高的前 30 个词再次筛选，删除重复词汇，并邀请相关领域专家复核，最终词集包含 83 个人口老龄化词汇。表 5－4 展示了词集中的部分词汇。在确定词集后，本节计算人口老龄化词汇总数占年报总词数的比例，乘以 1000 后得到人口老龄化文本指标，代表公司年报平均每 1000 个词出现人口老龄化相关词汇的总次数。

表 5－4 人口老龄化文本指标词集

词汇类型	词集
种子词	老龄化、老年人、退休、养老金、生育率、二胎
扩充词	人口老龄化、人口数量、人口、居民收入、医疗保障、人口红利、城镇化进程、城市化、国民收入、老年型、发病率、居民消费、就诊率、生活节奏、消费水平、人口迁移、城市化进程、患病、自我保健、城镇人口、消费支出、经济一体化、城市人口、经济全球化、中老年人、中老年、老人、老年、离退休、退养、退休年龄、退休职工、返聘…

4）代码实现

本节基于 2006—2015 年随机抽取的 200 家制造业公司的 1000 个样本[①]为读者展示构建人口老龄化文本指标的 Python 代码。第一步，读取人口老龄化种子词。第二步，使用 Word2Vec 模型获取与种子词相似度排名前 30 的扩展词。第三步，人工筛选符合上下文语境的相似词，得到最终词集。第四步，人口老龄化指标计算。第五步，结果输出：将计算得到的人口老龄化文本指标保存为 CSV 文件输出。具体代码如下：

```
# 计算老龄化指标
import os
# pandas 的版本为 2.2.2
import pandas as pd
# 读取老龄化指标的种子词词集
with open("Data\\CH5\\老龄化\\老龄化种子词.txt","r",encoding = "utf - 8")as f:
    aging_words = f.readlines()
aging_words = set([i.strip()for i in aging_words if i.strip()! = ""])
print(f'老龄化的种子词词集是:{aging_words}')
```

```
人口老龄化的种子词词集是:{'生育率','养老金','退休','老龄化','二胎','老年人'}
```

① 值得说明的是，由于此部分构建实战使用的数据是随机抽取的制造业 1000 个样本，因此代码中显示的相似词和最终词集与本小节指标构建理论阐述部分展示的词集和结果会有所出入。

```
# gensim 的版本为 4.1.0
from gensim.models import Word2Vec
import os
# 获取相似词方法
def get_similarity_words():

    # 假设这是你存放 Word2Vec 的目录
    process_data_path = 'Data\\CH4\w2v_model'

    # 加载 Word2Vec 模型
    word2vec_model = Word2Vec.load(os.path.join(process_data_path,"word2vec.
model"))

    # 获取种子词的相似词
    for word in aging_words:
        if word in list(word2vec_model.wv.key_to_index.keys()):
            sim_words = word2vec_model.wv.similar_by_word(word,topn = 30)
            print(f'{word} 的相似词有:{sim_words}')
        else:
            print(f'未能找到"{word}"的相似词')
# 运行方法
get_similarity_words()
```

生育率[①]的相似词有:[('出生率',0.839381992816925),('贫困率',0.728663980960846),('离婚率',0.7194893956184387),('人口比例',0.7158871293067932),('识字率',0.7107791304588318),('死亡率',0.7033981084823608),('患病率',0.7024092078208923),('文盲率',0.6903560757637024),('生活水准',0.6888085007667542),('肥胖率',0.6822167634963989),('发病率',0.6816383004188538),('就业率',0.6755533814430237),('吸烟率',0.6716862320899963),('男女比例',0.6681687235832214),('储蓄率',0.6596845388412476),('发生率',0.6517954468727112),('病死率',0.6505290865898132),('通货膨胀率',0.6489088535308838),('人口老龄化',0.6472602486610413),('人口数',0.6365681886672974),('收入水平',0.6359517574310303),('感染率',0.6264733672142029),('结婚年龄',0.6261482834815979),('基尼系数',0.6239951252937317),('人口总数',0.6239835023880005),('增长幅度',0.6231213808059692),('实际工资',0.6224683523178101),('实际收入',0.6201784610748291),('增加率',0.619317889213562),('人口素质',0.6191275119781494)]

```
# 假设这是你挑选扩展词之后的词集的路径
word_list_dir = "Data\\CH5\\老龄化\\老龄化种子词和扩展词.txt"
```

① 由于篇幅限制,此部分仅为读者展示"生育率"这一种字词的相似词结果。

```
# 读取词集
with open(word_list_dir,'r',encoding='utf-8')as fi:
    aging_words=fi.readlines()
aging_words=set([i.strip()for i in aging_words if i.strip()!=""])
print(f'老龄化的种子词词集是:{aging_words}')
```

老龄化的种子词词集是:{'负增长','二胎','人口过剩','人口总数','医疗保障','人口减少','年龄层','患病率','低收入','医疗保险','人口素质','身心健康','城市化','老年','通货膨胀率','实际收入','福利金','退休年龄','补贴','人口比例','高龄','成年人','青年人','参保','退休','年长者','个人账户','收入水平','年轻人','储蓄率','抚恤金','薪酬','贫困人口','救济金','工资','保费','津贴','死亡率','慢性病','学龄儿童','婴幼儿','福利待遇','城镇化','人口老龄化','独生子女','学龄前','就业率','晚年生活','体弱者','离休','病死率','养老保险','失能者','保险费','基尼系数','人口数','中老年','人口老化','生活水准','发达国家','实际工资','都市化','社会保险','少子','未成年人','感染率','增长速度','出生率','失业者','贫富差距','人口压力','特殊人群','保障制度','退休金','结婚年龄','双独','低收入者','生育','医保','老龄化','零增长','患者','中年人','中老年人','贫困','提前退休','生育率','弱势群体','发病率','老年人','养老金','保障金','社会保障','贫富悬殊','贫困率'}

```
# 计算老龄化指标
def get_aging_index(txt_path):
    # 读取文件
    with open(txt_path,"r",encoding="utf-8")as f:
        txt_text=f.read()

    # 将分词文件通过空格切成词
    txt_text_words=txt_text.strip().replace("\n","").split("")
    # 计算老龄化指标
    aging_index=len([i for i in txt_text_words if i in aging_words])/len(txt_text
_words)
    # 保留10位有效数字
    aging_index=round(aging_index,10)

    return aging_index
# 遍历存放分词结果的目录,统计老龄化指标
fileProcess=[]
for root,dirs,files in os.walk("Data\\CH3\\jieba_seg"):
    fileProcess.extend([os.path.join(root,file)for file in files])
security_code_list=[]
rep_year_list=[]
aging_index_list=[]
for txt_path in fileProcess:
```

```
    file_name = txt_path.split("\\")[-1].split(".")[0]
    security_code = file_name.split("-")[0]
    rep_year = file_name.split("-")[1]
    aging_index = get_aging_index(txt_path)          # 计算得到老龄化指标
    security_code_list.append(security_code)
    rep_year_list.append(rep_year)
    aging_index_list.append(aging_index)
csv_path = "Data\\CH5\\老龄化\\老龄化指标.csv"          # 写入 csv 保存
out_list = pd.DataFrame({'security_code':pd.Series(security_code_list),
                         'rep_year':pd.Series(rep_year_list),
                         'aging_index':pd.Series(aging_index_list)})
print(out_list.head())
out_list.to_csv(csv_path,mode = 'w',encoding = "utf-8-sig",index = False)
```

结果示例如下：

```
security_code rep_year     aging_index
0        000418     2008      0.000500
1        000418     2009      0.000575
2        000418     2011      0.000570
3        000418     2012      0.000680
4        000418     2013      0.000726
```

3. 小结

人口老龄化是 21 世纪最为突出的特征之一，对经济社会发展产生了广泛而深远的影响。作为微观经济主体的企业面对人口老龄化是如何感知的？本节以心理语言学为理论指导，以 Word2Vec 机器学习算法为技术手段，基于我国 A 股上市公司年度财务报告文本构建出微观企业层面的、随时间变化的人口老龄化感知指标，并基于 2006—2015 年随机抽取的 200 家制造业公司的 1000 个样本为读者展示了指标构建的具体代码实现过程。这为未来研究人口老龄化在微观层面的经济效应提供了重要指标参考依据。

5.1.4　管理会计实践

1. 理论基础

相较于单维度指标（如管理者短视主义和人口老龄化）聚焦于单一主题或领域，多维度指标则综合考量多个相互关联的变量或因素。多维度指标旨在全面反映复杂系统或过程，从而提供更为丰富和立体的视角。因此，多维度指标适用于需要综合考虑多种因素的情境，以确保对研究对象有全面、细致的理解。考虑到管理会计实践的复杂性，本节采用多维度综合测量框架对管理会计实践进行衡量。

管理会计实践是指企业在运营过程中对管理会计工具的应用程度。参照美国管理会计师协会、全球性管理会计师组织(如英国特许管理会计师公会)以及中国财政部发布的公告，本节将管理会计工具的范围归纳为7个维度:战略管理、预算管理、运营管理、成本管理、投融资管理、绩效管理和风险管理。

从理论上讲，信号传递理论解释了企业向利益相关者传达正面信息的动机，即以此减少信息不对称的问题。考虑到管理会计具有价值创造功能，企业在公开披露的信息中包含管理会计内容是合理的。这不仅反映了企业的实践情况，也为外界提供了一个观察企业内部管理实践的窗口。

为了科学地衡量管理会计实践，本章节以语言学理论作为基础。根据这一理论，选择年报和其他官方文件中提及特定管理会计概念或工具的频率作为这些工具在企业日常实践中应用程度的一个指标是合理的。换句话说，如果某个管理会计实践相关词汇出现得越频繁，则暗示该企业在实践中更广泛地采用了相应的管理会计工具和技术。

2. 指标构建过程

本节采用“种子词集＋Word2Vec相似词扩充”的方法对企业的管理会计实践活动进行文本量化。构建过程包括以下四个步骤:第一步，对中国上市企业年报进行爬取和文本预处理。第二步，基于中国财政部发布的《基本指引》和《应用指引》对企业管理会计实践范围进行确定并根据其对管理会计的相关描述确定管理会计种子词。第三步，利用自然语言处理词嵌入模型Word2Vec扩充词集。第四步，对各维度管理会计词集年报词频进行加和以获取最终管理会计实践文本指标。

1)管理会计种子词选择

种子词的选择是构建管理会计词集的基础。基于财政部所发布的《基本指引》和《应用指引》，本节所确定的管理会计实践维度包括战略管理、预算管理、成本管理、运营管理、投融资管理、绩效管理和风险管理7个维度。然后依据以上指引对管理会计实践所涉及概念进行界定，并据此确定各维度种子词。具体的种子词示例可见表5-5管理会计实践关键词词集。

2)管理会计相似词扩充

本节采用基于Word2Vec的神经网络词嵌入模型对管理会计实践种子词进行相似词扩充。为保证管理会计文本度量的有效性，本节对相似词结果进行了二次筛选。在筛选过程中，以严格控制管理会计概念边界为原则，同时尽量控制不同维度之间的独立性。例如，在对战略管理维度的“战略管理”词汇进行相似词进行扩充时，相似度最高的前10名词汇包括“战略规划”“绩效管理”“资本运营”“运营管控”“全面预算管理”“全面风险管理”“战略发展”“战略决策”“财务管理”和“品牌管理”。其中“绩效管理”“资本运营”“运营管控”“全面预算管理""全面风险管理"和"财务管理"等词词义与其他维度词义范围更为接近，因此本节将其在战略管理部分删除。此外，本节通过定位阅读词汇在年报中的具体描述对词汇进行进一步筛选。最终，基于 Word2Vec 扩充的管理会计词集包含了 264 个词汇。

表 5-5　管理会计实践关键词词集示例

管理会计实践维度	种子词	相似词
战略管理	资源配置、协同管理、战略管理、战略地图、价值链	全价值链、客户价值、商业模式、质量目标、营运计划、战略发展、战略决策、品牌管理、文化建设、组织变革……
预算管理	经营预算、专门决策预算、财务预算、预算、全面预算、预算管理、滚动预算、零基预算、弹性预算、作业预算	动态预算、增量预算、全面预算管理、预算考核、计划预算、现金流量预算、全成本预算、预算管控……
成本管理	变动成本、作业成本管理、生命周期、成本预测、成本计划、成本控制、成本核算、成本分析、成本考核、成本管理、成本法、目标成本、标准成本法、变动成本法、作业成本法	成本管控、精细化管理、降本增效、精益管理、成本预算、增收节支、开源节流、标准成本、成本目标、费用控制……
运营管理	价值增值、运营管理、本量利分析、敏感性分析、边际分析、标杆管理	敏感性分析、对边管理、全面质量管理、阿米巴、六西格玛、精益思想、产销两旺、运营管控、业务管理……
投融资管理	投资管理、融资管理、投融资管理、贴现现金流法、项目管理、情景分析、约束资源优化	筹资、筹融资、资金管理、决策管理、流动现金管理、融投资……
绩效管理	绩效评价、激励管理、绩效管理、关键绩效、责任中心、经济增加值、平衡计分卡、股权激励	绩效考核、绩效考评、员工绩效、薪酬管理、薪酬激励、绩效激励、股权激励计划、责任单位……
风险管理	风险管理、风险控制、风险识别	风险内控、风险监控、风险防范、风险防控、风险管理制度……

3）管理会计实践文本指标计算

在管理会计词集的基础上，本节采用 TF-IDF 模型计算管理会计实践词频。为消除年报长度对词频的影响，计算过程中将词频除以年报总词数，并乘以 1000，以表征每个维度的频率，即平均每1000字中出现管理会计活动相关词汇的次数。各维度管理会计词频（TF）指标公式如下：

$$TFx,y = 1000 \times (\frac{Word\_count_x}{Total\_words_y}) \tag{5-2}$$

式中，TFx，y表示管理会计实践词集x在年报y中的词频，$Word_count_x$为管理会计实践词集x在年报y中出现的总次数，Total_words为年报y的总词数。

权重IDF的计算公式如下：

$$IDF(x) = \log(\frac{N}{1+包含词\times的文档数}) \tag{5-3}$$

式中，N表示文档总数，包含词x的文档数指的是含有词x的文档数量。IDF越高，说明该词在文档中出现的频率越低，关键词词频权重的赋值越高。

基于以上步骤，本节最终将各维度所有词集的词频进行加总，获得各维度的管理会计实践指标。值得注意的是，本节对管理会计实践各维度词频进行了归一化处理以消除量纲并实现不同管理会计实践开展情况的横向和纵向对比。

4）代码实现

本部分展示了构建管理会计实践指标的Python代码。第一步，加载词集：从本地文件加载管理会计实践的多维度词集。第二步，文本数据读取：导入要分析的文本文件。第三步，计算管理会计各维度词集总词频。第四步，计算各维度词集的TF-IDF。第五步，结果输出：将计算的各维度管理会计实践保存为CSV文件输出。具体代码如下：

```
import os  # python 的标准库
from collections import Counter  # python 的标准库
from copy import deepcopy  # python 的标准库
import pandas as pd  # pandas 的版本是 2.2.2
import math  # python 的标准库
from functools import reduce  # python 的标准库

# 加载词集
with open(r'Data\CH5\管理会计\战略管理种子词.txt','r',encoding='utf-8')as fi:
    words_strategy=[line.strip()for line in fi.readlines()if line]
print(f'战略管理的种子词词集是:{words_strategy}')
战略管理的种子词词集是:['资源配置','协同管理','战略管理','战略地图','价值链']

with open(r'Data\CH5\管理会计\预算管理种子词.txt','r',encoding='utf-8')as fi:
    words_budget=[line.strip()for line in fi.readlines()if line]
print(f'预算管理的种子词词集是:{words_budget}')
预算管理的种子词词集是:['经营预算','专门决策预算','财务预算','预算','全面预
```

```
算','预算管理','滚动预算','零基预算','弹性预算','作业预算']

with open(r'Data\CH5\管理会计\成本管理种子词.txt','r',encoding='utf-8')as fi:
    words_cost = [line.strip()for line in fi.readlines()if line]
print(f'成本管理的种子词词集是:{words_cost}')
成本管理的种子词词集是:['变动成本','作业成本管理','生命周期','成本预测','成本计划','成本控制','成本核算','成本分析','成本考核','成本管理','成本法','目标成本','标准成本法','变动成本法','作业成本法']

with open(r'Data\CH5\管理会计\营运管理种子词.txt','r',encoding='utf-8')as fi:
    words_operations = [line.strip()for line in fi.readlines()if line]
print(f'营运管理的种子词词集是:{words_operations}')
营运管理的种子词词集是:['价值增值','运营管理','本量利分析','敏感性分析','边际分析','标杆管理']

with open(r'Data\CH5\管理会计\投融资管理种子词.txt','r',encoding='utf-8')as fi:
    words_investment = [line.strip()for line in fi.readlines()if line]
print(f'投融资管理的种子词词集是:{words_investment}')
投融资管理的种子词词集是:['投资管理','融资管理','投融资管理','贴现现金流法','项目管理','情景分析','约束资源优化']

with open(r'Data\CH5\管理会计\绩效管理种子词.txt','r',encoding='utf-8')as fi:
    words_performance = [line.strip()for line in fi.readlines()if line]
print(f'绩效管理的种子词词集是:{words_performance}')
绩效管理的种子词词集是:['绩效评价','激励管理','绩效管理','关键绩效','责任中心','经济增加值','平衡计分卡','股权激励']

with open(r'Data\CH5\管理会计\风险管理种子词.txt','r',encoding='utf-8')as fi:
    words_risk = [line.strip()for line in fi.readlines()if line]
print(f'风险管理的种子词词集是:{words_risk}')
风险管理的种子词词集是:['风险管理','风险控制','风险识别']

from gensim.models import Word2Vec  # gensim 的版本为 4.1.0
import os
# 获取相似词方法
def get_similarity_words(key_words):

    # 假设这是你存放 word2vec 的目录
    process_data_path = r'Data\\CH4\w2v_model'

    # 加载 Word2Vec 模型
    word2vec_model = Word2Vec.load(os.path.join(process_data_path,"word2vec.
```

```
model"))

    # 获取种子词的相似词
    for word in key_words:
        if word in list(word2vec_model.wv.key_to_index.keys()):
            sim_words = word2vec_model.wv.similar_by_word(word,topn = 30)
            print(f'{word} 的相似词有:{sim_words}')
        else:
            print(f'未能找到"{word}"的相似词')

def calc_similarity_words():
    # 遍历计算每一个词集的相似词
print('\n************开始计算战略管理的相似词************
**\n')
    get_similarity_words(words_strategy)

    print('\n**********开始计算预算管理的相似词**********
**\n')
    get_similarity_words(words_budget)

    print('\n**********开始计算成本管理的相似词**********
**\n')
    get_similarity_words(words_cost)

    print('\n**********开始计算营运管理的相似词**********
**\n')
    get_similarity_words(words_operations)

    print('\n**********开始计算投融资管理的相似词*********
***\n')
    get_similarity_words(words_investment)

    print('\n**********开始计算绩效管理的相似词**********
**\n')
    get_similarity_words(words_performance)

    print('\n**********开始计算风险管理的相似词**********
**\n')
    get_similarity_words(words_risk)

# 运行方法 calc_similarity_words()
**************开始计算战略管理的相似词**************
```

资源配置①的相似词有:[('宏观调控',0.670570969581604),('市场机制',0.6661683320999146),('经济体制',0.6594595909118652),('供求',0.6521852016448975),('简政放权',0.6498045921325684),('供需',0.6243280172348022),('市场化',0.6183111667633057),('产业政策',0.6132383346557617),('人力资本',0.6083757877349854),('结构调整',0.6080328226089478),('资源分配',0.606053352355957),('提高效率',0.5977878570556641),('总供给',0.596673309803009),('产业结构',0.591006338596344),('市场运作',0.5909133553504944),('非市场',0.5865614414215088),('市场经济',0.5855205059051514),('管理体制',0.5850347876548767),('价值规律',0.5836712718009949),('经济运行',0.5796933174133301),('服务质量',0.5772119760513306),('增效',0.5766616463661194),('总需求',0.5749108195304871),('市场调节',0.5731979012489319),('规模化',0.5695207118988037),('财政政策',0.5679465532302856),('国企改革',0.5636408925056458),('政策措施',0.5629135370254517),('宏观经济',0.5620712637901306),('市场导向',0.5618513822555542)]

```
人工根据相似词筛选合适的扩展词
# 重新加载词集
with open(r'Data\CH5\管理会计\预算管理种子词和扩展词.txt','r',encoding='utf-8')as fi:
    words_strategy=[line.strip()for line in fi.readlines()if line]
print(f'战略管理的种子词和扩展词词集是:{words_strategy}')
战略管理的种子词和扩展词词集是:['经营预算','专门决策预算','财务预算','预算','全面预算','预算管理','滚动预算','零基预算','弹性预算','作业预算','财务管理','财务收支','年度预算','总预算','预算赤字','工程预算','预算编制']

with open(r'Data\CH5\管理会计\成本管理种子词和扩展词.txt','r',encoding='utf-8')as fi:
    words_cost=[line.strip()for line in fi.readlines()if line]
print(f'成本管理的种子词和扩展词词集是:{words_cost}')
成本管理的种子词和扩展词词集是:['变动成本','作业成本管理','生命周期','成本预测','成本计划','成本控制','成本核算','成本分析','成本考核','成本管理','成本法','目标成本','标准成本法','变动成本法','作业成本法','产品开发','价值链','总成本','成本','开支','总费用','费用']

with open(r'Data\CH5\管理会计\营运管理种子词和扩展词.txt','r',encoding='utf-8')as fi:
    words_operations=[line.strip()for line in fi.readlines()if line]
print(f'营运管理的种子词和扩展词词集是:{words_operations}')
营运管理的种子词和扩展词词集是:['价值增值','运营管理','本量利分析','敏感性分析','边际分析','标杆管理']

with open(r'Data\CH5\管理会计\投融资管理种子词和扩展词.txt','r',encoding='utf-8')
as fi:
```

① 由于篇幅限制,此部分仅为读者展示"资源配置"这一种子词的相似词结果。

```
    words_investment = [line.strip()for line in fi.readlines()if line]
print(f‘投融资管理的种子词和扩展词词集是:{words_investment}’)
投融资管理的种子词和扩展词词集是:[‘投资管理’,‘融资管理’,‘投融资管理’,‘贴现现金流法’,‘项目管理’,‘情景分析’,‘约束资源优化’,‘财务管理’]

with open(r‘Data\CH5\管理会计\绩效管理种子词和扩展词.txt’,‘r’,encoding = ‘utf - 8’)as fi:
    words_performance = [line.strip()for line in fi.readlines()if line]
print(f‘绩效管理的种子词和扩展词词集是:{words_performance}’)
绩效管理的种子词和扩展词词集是:[‘绩效评价’,‘激励管理’,‘绩效管理’,‘关键绩效’,‘责任中心’,‘经济增加值’,‘平衡计分卡’,‘股权激励’]

with open(r‘Data\CH5\管理会计\风险管理种子词和扩展词.txt’,‘r’,encoding = ‘utf - 8’)as fi:
    words_risk = [line.strip()for line in fi.readlines()if line]
print(f‘风险管理的种子词和扩展词词集是:{words_risk}’)
风险管理的种子词和扩展词词集是:[‘风险管理’,‘风险控制’,‘风险识别’,‘金融风险’,‘信用风险’,‘道德风险’]

# 假设这是你分词且去除停用词的文本所在的路径 seg_text_path = r‘Data\CH3\clean_dir’
# 定义全局的【文件名,总词数】,避免每次都循环计算
global total_word_cnt_df

# 计算文本的总词频
def calc_total_words_count():
    global total_word_cnt_df
    total_word_list = list()

    for file in os.listdir(seg_text_path):
        file_path = os.path.join(seg_text_path,file)
        with open(file_path,‘r’,encoding = ‘utf - 8’)as fi:
            texts = fi.read()
        text_lines = texts.split(‘\n’)
        # 把分词文本转为单词列表
        words = list()
        for line in text_lines:
            words.extend(line.strip().split(’))
        word_freq = Counter(words)
        # 计算文本的总词频
        total_words = sum(word_freq.values())
```

```
        total_word_list.append([file.split('.')[0],total_words])

    total_word_cnt_df = pd.DataFrame(total_word_list,columns = ['file_name',
'total_words_cnt'])

    # 按照文件名排序
    total_word_cnt_df.sort_values(['file_name'],inplace = True)

    print(f'total_word_cnt_df 的大小是:{total_word_cnt_df.shape}')

calc_total_words_count()
total_word_cnt_df 的大小是:(1000,2)
# 统计每个词集的词频
def calc_tf_per_word_set(word_set):

    word_cnt_list = list()
    # 遍历读取文本
    for file in os.listdir(seg_text_path):
        temp_list = list()
        temp_list.append(file.split('.')[0])

        file_path = os.path.join(seg_text_path,file)
        with open(file_path,'r',encoding = 'utf - 8')as fi:
            texts = fi.read()
        text_lines = texts.split('\n')
        # 把分词文本转为单词列表
        words = list()
        fvor line in text_lines:
            words.extend(line.strip().split('))
        word_freq = Counter(words)

        for word in word_set:
            if word in word_freq.keys():
                hit_words_cnt = word_freq[word]
            else:
                hit_words_cnt = 0
            temp_list.append(hit_words_cnt)

        word_cnt_list.append(temp_list)

    df = pd.DataFrame(word_cnt_list,columns = ['file_name'] + word_set)
    # 按照文件名排序
```

```
    df.sort_values(['file_name'],inplace = True)

    return df

# 计算每个词集的 tf - idf
def calc_tf_idf(word_set,word_set_name):
    global total_word_cnt_df

    total_word_cnt_df_mirror = deepcopy(total_word_cnt_df)
    # 第一列转为索引
    total_word_cnt_df_mirror.set_index(total_word_cnt_df_mirror.columns[0],
inplace = True)

    df = calc_tf_per_word_set(word_set)
    # 定义文档个数为 N
    N = len(df)

    # 第一列转为索引
    df.set_index(df.columns[0],inplace = True)

    # 先统计包含词集的文档,按照行取
    df.loc['idf'] = df.apply(lambda col:(col > 0).sum())

    # math.log 表示取自然对数
    idf = df.loc['idf'].apply(lambda x:math.log(N/(x + 1)))

    tf = df.iloc[: - 1,:].div(total_word_cnt_df_mirror['total_words_cnt'],axis =
0)
    # 乘以 1000 的倍数
    tf = tf * 1000
    print(f'\n{word_set_name}的 tf 大小是:{tf.shape}')

    tf_idf = tf.dot(pd.DataFrame(idf))
    print(f'{word_set_name}的 tf - idf 大小是:{tf_idf.shape}')

    tf_idf = tf_idf.reset_index()
    # 保留 6 位小数
    tf_idf['idf'] = tf_idf['idf'].apply(lambda x: '{:.6f}'.format(x))
    tf_idf.rename(columns = {'idf':'tf_idf_' + word_set_name},inplace = True)
    print(f'{word_set_name}的 tf - idf 结果示例如下:')
    print(tf_idf.head())

    return tf_idf
```

```
def calc_MA_index():
    # 假设这是你结果文件的位置
    dst = 'Data\CH5\管理会计\管理会计指标.csv'

    tf_idf_strategy = calc_tf_idf(words_strategy,"strategy")
    tf_idf_budget = calc_tf_idf(words_budget,"budget")
    tf_idf_cost = calc_tf_idf(words_cost,"cost")
    tf_idf_operations = calc_tf_idf(words_operations,"operations")
    tf_idf_investment = calc_tf_idf(words_investment,"investment")
    tf_idf_performance = calc_tf_idf(words_performance,"performance")
    tf_idf_risk = calc_tf_idf(words_risk,"risk")

    # 合并数据
    dataframs_list = [tf_idf_strategy,tf_idf_budget,tf_idf_cost,tf_idf_operations,
                      tf_idf_investment,tf_idf_performance,tf_idf_risk]
    df = reduce(lambda left,right:pd.merge(left,right,how = 'inner',on = ['file_name']),dataframs_list)

    df.to_csv(dst,index = False)


# 计算
calc_MA_index()
strategy 的 tf 大小是:(1000,17)
strategy 的 tf-idf 大小是:(1000,1)
strategy 的 tf-idf 结果示例如下:
        file_name tf_idf_strategy
0   000418-2008-Q4          0.020729
1   000418-2009-Q4          0.072441
2   000418-2011-Q4          0.259723
3   000418-2012-Q4          0.193585
4   000418-2013-Q4          0.207861

budget 的 tf 大小是:(1000,10)
budget 的 tf-idf 大小是:(1000,1)
budget 的 tf-idf 结果示例如下:
        file name tf_idf_budget
0   000418-2008-Q4        0.003681
1   000418-2009-Q4        0.004368
2   000418-2011-Q4        0.003746
```

```
3  000418-2012-Q4        0.009718
4  000418-2013-Q4        0.009684

cost 的 tf 大小是:(1000,22)
cost 的 tf-idf 大小是:(1000,1)
cost 的 tf-idf 结果示例如下:
        file_name tf_idf_cost
0  000418-2008-Q4     0.435067
1  000418-2009-Q4     0.300042
2  000418-2011-Q4     0.584426
3  000418-2012-Q4     0.353535
4  000418-2013-Q4     0.012836

operations 的 tf 大小是:(1000,6)
operations 的 tf-idf 大小是:(1000,1)
operations 的 tf-idf 结果示例如下:
        file_name tf_idf_operations
0  000418-2008-Q4           0.000000
1  000418-2009-Q4           0.000000
2  000418-2011-Q4           0.000000
3  000418-2012-Q4           0.000000
4  000418-2013-Q4           0.000000

investment 的 tf 大小是:(1000,8)
investment 的 tf-idf 大小是:(1000,1)
investment 的 tf-idf 结果示例如下:
        file_name tf_idf_investment
0  000418-2008-Q4           0.017048
1  000418-2009-Q4           0.020233
2  000418-2011-Q4           0.052047
3  000418-2012-Q4           0.007502
4  000418-2013-Q4           0.022427

performance 的 tf 大小是:(1000,8)
performance 的 tf-idf 大小是:(1000,1)
performance 的 tf-idf 结果示例如下:
        file_name tf_idf_performance
0  000418-2008-Q4           0.000000
1  000418-2009-Q4           0.000000
2  000418-2011-Q4           0.000000
3  000418-2012-Q4           0.000000
```

```
4  000418 - 2013 - Q4          0.000000

risk 的 tf 大小是:(1000,6)
risk 的 tf - idf 大小是:(1000,1)
risk 的 tf - idf 结果示例如下:
        file_name tf_idf_risk
0  000418 - 2008 - Q4     0.021546
1  000418 - 2009 - Q4     0.044751
2  000418 - 2011 - Q4     0.045017
3  000418 - 2012 - Q4     0.043673
4  000418 - 2013 - Q4     0.043521
```

3. 小结

在当前全球经济下行压力加剧和环境不确定性上升的背景下，提高企业管理会计应用水平是推动企业高质量发展、推进国家治理体系和治理能力现代化的重要举措。管理会计作为企业管理的核心内容之一，已经成为企业决策制定的重要依据。然而，囿于目前管理会计数据的难获取性，当前的管理会计研究仍以定性分析和调查问卷数据为主，其研究结论远不足以满足提升当前产业界和学术界对管理会计认知的需要。基于文本分析的管理会计实践的衡量方法弥补了传统方法存在的主观性、样本量不足和外部有效性低等问题，具有更高的普适性和可信度。

5.2　内容无关指标的构建

5.2.1　内容无关指标的构建介绍

内容无关指标不依赖文本的语义或主题内容，而是通过分析文本形式、结构及表达方式等外在语言特征来揭示相关信息。在经济管理研究中，这类指标主要关注财经文本的可读性、语调、文本相似性等方面，提供与语义无关的补充视角。其中，可读性可以反映读者获取信息的难易程度，通常与公司信息披露质量、市场透明度以及资本市场定价效率密切相关。情感语调分析可以揭示文本背后的情感倾向，从而为投资决策、风险评估和市场预测提供深层次的洞察。文本相似性可以用于构建多种多样的指标，例如竞争对手分析、企业样板化披露和一致性评估等。这些与内容无关的指标可以带来文本实际语义之外的增量信息。接下来，本书将介绍可读性、语调和文本相似性的测度方法及其在经管领域的应用。

5.2.2　文本可读性

1. 理论基础

文本可读性指的是读者理解文本信息的难易程度。可读性研究最早集中在新闻传播和教育领域。随着技术的发展，文本可读性分析在经管领域也得到了广泛关注。监管机构对上市公司的文本可读性非常重视，中国证监会在《公开发行证券的公司信息披露内容与格式准则第 2 号——年度报告的内容与格式》(2012 年修订)中，要求公司披露的文本信息应简明扼要、易于理解。2021 年 3 月，中国证监会在修订的《上市公司信息披露管理办法》中新增了"简明清晰、通俗易懂"的原则，这使"简明易懂"的披露要求从倡议变为信息披露义务的一部分。

1）文本可读性概念

Loughran 和 McDonald(2014)将可读性定义为"特定群体对某些阅读材料的理解程度"。在经管领域，可读性通常指个人投资者和分析师从财务披露中提取公司信息的难易程度。

2）文本可读性不同测度方法

文本的可读性可以通过多种方法进行测量，这些方法适用于不同的应用场景和数据特征。在英文文本中，常见的可读性指标包括 FOG 指数(或称 Gunning FOG 指数)、Flesch-Kincaid 等级水平(flesch-kincaid grade level)、ARI(automated readability index)和 SMOG(simple measure of gobbledygook)等。这些指标主要基于句子长度和单词复杂度(如音节数)来评估文本的可读性。然而，使用音节数来衡量单词难度可能存在一定局限性，因此，有学者提出以文件大小作为替代可读性指标。文件大小指文本的字节数或文档长度，具有简单、客观和易于重复使用的特点。此外，BOG 指数，又称简明英语指数，基于美国证券交易委员会发布的《简明英语手册》，从多个维度评估信息披露文档的可读性。这些维度包括语态选择、动词使用、俚语和专业术语的出现频率，以及抽象词汇和冗余表达等。这一指标弥补了仅依赖句子或单词难度的传统方法的不足，能够更全面地反映文本的表达特征。

针对中文文本，可读性测量方法也有所发展。例如，会计术语密度和次常用字密度可以用于衡量文本中专业术语和不常见词汇的使用程度，笔画数也可作为汉字难度的量化标准。文件大小也是常用的可读性指标。此外，从文本逻辑结构出发，逻辑关联词汇的比例可以作为可读性的重要评估方式。接下来，本书将详细介绍这些不同的可读性测量方法。

(1)英文可读性的衡量指标。

在英文文本研究中，学者们提出了多种可读性指标用于衡量文本的复杂程度。尽管各指标在效度、精度以及计算难度上有所差异，但大多数公式均考虑了句子长度和词汇难度等关键因素。常见的可读性指标包括 ARI、FOG、Flesch-Kincaid 等级水平、SMOG、文件大小、BOG 等。

ARI 指标是一种用来评估文本可读性的自动化指数，其初衷是提高官方文件的可读性，以便公众更容易理解政策和法规。该指标通过平均单词长度和平均句子长度来量化文本难度，得分越高表示文本越难理解。计算公式为：

ARI＝4.71×(字符总数÷单词总数)＋0.5×(单词总数÷句子总数)－21.43　(5－4)

ARI 指数可以用来评估文本适合的阅读人群以及相应的教育水平匹配。例如，较低的 ARI 指数表明文本适合低年级读者，较高的指数则表示文本更适合受过较高教育的读者。表 5－6 显示了 ARI 指数对应的年龄和教育水平等级标准。

表 5－6　ARI 的年龄和教育水平等级标准

ARI	年龄标准	教育标准
1	5～6 岁	幼儿园
2	6～7 岁	一年级
3	7～8 岁	二年级
4	8～9 岁	三年级
5	9～10 岁	四年级
6	10～11 岁	五年级
7	11～12 岁	六年级
8	12～13 岁	七年级
9	13～14 岁	八年级
10	14～15 岁	九年级
11	15～16 岁	十年级
12	16～17 岁	十一年级
13	17～18 岁	十二年级
14	18～22 岁	大学

FOG 指数由 Robert Gunning 于 1952 年提出，是一种用于衡量文本可读性的语言学指标。该指数综合考量了句子长度(每句话的平均词汇数量)和词汇复杂度(复杂词汇比例)，其计算公式如下：

FOG－0.4×(单词总数÷句子总数＋100×复杂词总数/单词总数)　(5－5)

其中，复杂词被定义为音节数不少于三个的词汇。FOG 指数的数值反映了读者在阅读文本时需要具备的教育年限。较低的 FOG 指数表示文本更容易理解，较高的指数则表明文本较为晦涩。Li(2008)首先将 FOG 指数用于经管领域以衡量财务文档的可读性。由于 FOG 指数的提出时间较早,并且适合大规模文本分析,该指标在财务文档可读性研究中得到了广泛应用。然而,其效度和适用性也受到了质疑。有研究指出,FOG 指数可能存在一定的局限性。例如,"每句话的平均词汇数"这一指标可能低估长句的可读性,因为某些使用长句的文本在结构和逻辑上清晰易懂。此外,对于"复杂词"的定义,在财务文本中可能不够精确。例如,诸如"corporate"(公司)、"management"(管理)和"operation"(运营)等词汇虽然被划为复杂词,但对于财务报告的主要使用者(如分析师和投资者)来说,这些词汇通常易于理解。尽管 FOG 指数存在一定的争议,其简洁性和易用性仍使其成为文本可读性研究中的重要工具,尤其是在需要对大规模文本进行快速评估的场景中。

Flesch-Kincaid 等级水平由 Kincaid 等学者于 1975 年提出,是一种用于评估文本可读性的指标。该指标通过采用单词的音节数和句子长度进行计算,因其方法简单、计算便捷而受到广泛使用。Flesch-Kincaid 等级水平指数的数值越高,表示文本的可读性越低。尽管该公式因其简便性受到欢迎,但也存在一定的局限性。例如,其主要基于音节数和句子长度进行衡量,难以全面反映文本的其他特征(如逻辑结构、语义关联性等)对读者阅读体验的影响。具体计算公式如下:

$$\text{Flesch-Kincaid Gradelevel} = 0.39 \times (\text{单词总数} \div \text{句子总数}) + 11.8 \times (\text{音节总数} \div \text{单词总数}) - 15.59 \tag{5-6}$$

SMOG 指数由 McLaughlin 于 1969 年提出,用于评估读者理解一篇文章所需的教育程度。SMOG 指数的计算基于复杂词的数量,其中复杂词被定义为包含三个或更多音节的词汇。较高的 SMOG 指数表示文本的阅读难度较大。其具体公式如下:

$$\text{SMOG} = 1.043 \times \sqrt{(\text{复杂词总数} \div \text{句子总数}) \times 30} + 3.1291 \tag{5-7}$$

此外,Loughran 和 McDonald(2014)提出使用文件大小来衡量公司披露的可读性。文件大小指的是一篇财务披露文档所占字节数,或文档的长度。这一指标具备计算简单、客观性强的特点,并能避免因文本解析算法产生的误差。作为一种代表可读性多维特征的综合指标,文件大小在衡量公司信息披露的可读性方面具有一定优势。然而,该指标也可能受到文本内容以外因素的影响,例如 HTML、XML 和 PDF 格式嵌入的技术性元素可能会导致文件大小的变化,但这并不代表实际可读性的变化。

BOG 指数由 Bonsall 等学者于 2017 年提出,基于美国证券交易委员会的《简明英语手册》,从多个维度对信息披露文档的清晰度进行评估。这些维度包括语态、动词使用、俚语、专业术语、抽象词汇、冗余表达以及过度细节等。具体公式如下:

$$\text{BOG}=(\text{单词总数}\div\text{句子总数})^2\div 35+\left(\begin{array}{l}\text{与 SEC 简明英语手册要求有关的}\\ \text{单词数}+\text{难度单词总数}\end{array}\right)\times 250\div\text{单词总数}-\text{使文章有趣的单词数}\times 25\div\text{增加句式变化的单词总数} \quad (5-8)$$

BOG 指数越高，表示文本的可读性越低。BOG 指数的计算公式较为复杂，且在词汇难易程度的判断上存在一定主观性，因此其应用范围相对有限。对于英文文档，可通过 StyleWriter—The Plain English Editor 软件计算 BOG 指数，该软件基于《简明英语手册》中提及的多个可读性维度进行分析。

(2)中文可读性的衡量指标。

由于英文与中文在语言特征上有显著差异，英文的可读性度量方法不能直接适用于中文文本。中文文本可读性的研究仍处于发展阶段，尚未形成统一且广泛认可的计算公式。现有研究主要从词句难度、专业性及文本逻辑等角度对中文文本的可读性进行分析。

与基于词句难度的英文可读性指标（如 FOG 指数）类似，中文文本可通过汉字的笔画数衡量语言复杂性。例如，财务报告中汉字的平均笔画数越高，文本的可读性越低。此外，生僻字的出现会显著降低文本的可读性，因此可以参考《现代汉语次常用字表》，通过计算次常用字的密度（即文本中不常见汉字的比例）来衡量年报文本的信息复杂性。次常用字密度越大，文本的可读性越低。同样地，专业术语的高频出现可能增加阅读难度。依据灵格斯词霸(2008)中的会计术语表，可计算年报中会计专业术语的密度，密度越高，文本的可读性越低。反之，依据《通用规范汉字表》(2013 年版)，常用汉字和词语的占比越高，表明文本的可读性越高。

然而，基于词句难度的可读性指标主要关注词语复杂性，忽略了文本逻辑复杂性这一关键因素。文本的逻辑关系对读者理解难易程度的影响不可忽视，特别是在中文年报中，汉语的表达习惯更倾向于委婉含蓄。因此，可利用逆接关系词（如“然而”“但是”“即使”等）的密度构建逆接成分密度指标。逆接关系词的占比越高，文本中的事件描述可能越不协调或越具有矛盾性，这种逻辑不协调性增加了阅读的复杂性，从而降低了文本的可读性。

此外，还可从整体视角量化中文年报文本的可读性。例如，通过 TXT 文档的文件大小、字符长度以及 PDF 文档的页数等指标，综合衡量文本的复杂性。这种方法简单直观，为可读性分析提供了一种易于操作的工具。

3）文本可读性在经管领域的应用

文本可读性在经管领域受到了广泛关注，因为它不仅能够反映财务报告的质量，还直接影响信息使用者的解读效率。可读性低的报告难以阅读和理解，导致使用者在获取关键信息时需要付出更多时间与精力。

管理层可能刻意降低财务报告的可读性，以掩盖公司不佳的经营状况，这一现象被称为

“管理层混淆假说”。例如,Li(2008)利用 FOG 指数测量了年报的可读性,发现盈利状况较差的公司年报可读性往往更低。这表明管理层可能有意模糊财务报告,以减轻市场对公司不良表现的负面反应。然而,可读性低并不总是源于管理层的主观行为,也可能反映了公司的商业复杂性的影响。例如,公司业务结构较为复杂时,年报的可读性可能相应地下降。在这种情况下,企业高管可以通过增加自愿性信息披露来提高信息透明度。

文本可读性与公司信息披露质量密切相关。例如,可读性低的年报会导致信息透明度下降、市场交易量减少、以及分析师预测分歧的增加。Loughran 和 McDonald(2014)的研究发现,年报文件越大,可读性越低,且公司特质波动率更高,分析师对盈余预测的分歧也更大。相反,高可读性的财务报告能够提高信息透明度,降低信息不对称程度。

此外,文本可读性还会影响投资者的行为和决策效率。根据半强式有效市场假说,股价会快速反映所有公开信息。文本可读性较高能够提升投资者处理信息的效率,从而影响其投资决策。而当年报可读性较差时,投资者可能会增加实地调研的频率以获取额外信息。已有研究表明,年报可读性较差时,跟踪该公司的分析师人数会增加,但预测分歧程度更大,预测准确性更低。

总的来说,文本可读性在经管领域具有重要意义,它不仅直接关系到信息披露的质量,还影响公司信息环境、投资者决策以及分析师预测。财务报告可读性已成为评价公司治理与信息披露质量的重要指标,值得企业管理层和研究者的持续关注。

2. 构建实战

本节通过实际案例展示文本可读性指标的构建过程。研究样本选取了苹果公司年报中的 20 段文本作为分析对象。针对这 20 段文本,分别应用多种可读性测量方法计算可读性指标值,包括 FOG、ARI、Flesch-Kincaid 等级水平以及 SMOG 指数等。

以下为计算其中两段文本的可读性指标的 Python 代码示例(完整代码请参见附件文件 5-5-2 文本可读性.html):

```
import re  # python 的标准库
import math  # python 的标准库
import pandas as pd  # pandas 的版本为 2.2.2
import numpy as np  # numpy 的版本为 1.26.4
from scipy.stats import pearsonr # scipy 的版本为 1.10.1

# 函数:计算单词的音节数量
def count_syllables(word):
    word = word.lower()
    vowels = "aeiouy"
    syllables = 0
```

```
    prev_char_was_vowel = False
    for char in word:
        if char in vowels:
            if not prev_char_was_vowel:
                syllables += 1
            prev_char_was_vowel = True
        else:
            prev_char_was_vowel = False
    # 修正以'e'结尾的单词,如"like"
    if word.endswith('e'):
        syllables = max(1,syllables - 1)
    return syllables
# 函数:计算可读性指标
def calculate_readability_metrics(text):
    # 使用正则表达式进行单词拆分
    words = re.findall(r'\b\w+\b',text)
    num_words = len(words)

    # 使用正则表达式进行句子拆分
    sentences = re.split(r'[\da-z][.!?]\s',text + "")
    sentences = [i for i in sentences if i.strip()! = ""]
    num_sentences = len(sentences)

    # 计算字符数(不包括空格)
    num_chars = sum(len(word)for word in words)

    # 计算音节总数和多音节单词数量
    num_syllables = sum(count_syllables(word)for word in words)
    polysyllables = sum(1 for word in words if count_syllables(word)>= 3)

    # 计算 ARI 指数
    ari = 4.71 * (num_chars/num_words) + 0.5 * (num_words/num_sentences) - 21.43

    # 计算 FOG Index
    fog_index = 0.4 * ((num_words/num_sentences) + 100 * (polysyllables/num_
words))

    # 计算 Flesch-Kincaid Grade Level
    fk_grade = 0.39 * (num_words/num_sentences) + 11.8 * (num_syllables/num_words)
 - 15.59

    # 计算 SMOG Index
```

```
    smog_index = 1.0430 * math.sqrt(polysyllables * (30/num_sentences)) + 3.1291

    # 文件大小指数(字符总数)
    file_size_index = num_words

    return {
        "ARI":ari,
        "FOG Index":fog_index,
        "Flesch - Kincaid Grade Level":fk_grade,
        "SMOG Index":smog_index,
        "File Size Index(Total words)":file_size_index
    }

# 示例段落列表(此处仅展示两段文本,可替换为其他文本以计算可读性)
paragraphs = [
    "The Company's profit margins vary across its products, services, geographic segments and distribution channels.",
    "For example, the gross margins on the Company's products and services vary significantly and can change over time.",
]

# 对每段文本计算可读性指标
results = []
for paragraph in paragraphs:
    metrics = calculate_readability_metrics(paragraph)
    results.append(metrics)

# 打印结果
for i,result in enumerate(results):
    print(f"Paragraph {i + 1}:")
    for key,value in result.items():
        print(f"  {key}:{value}")
    print()
```

部分结果如下:

```
Paragraph 1:
  ARI:15.585999999999999
  FOG Index:16.666666666666668
  Flesch - Kincaid Grade Level:13.860000000000003
  SMOG Index:14.554592549557764
  File Size Index(Total words):15

Paragraph 2:
```

```
ARI:11.372105263157898
FOG Index:13.915789473684212
Flesch - Kincaid Grade Level:11.07263157894737
SMOG Index:13.023866798666859
File Size Index(Total words):19
```

在计算得出苹果公司年报中的这 20 段文本的可读性指标数值后，我们通过计算相关性系数和 P-value 来检验这些指标之间的相关性水平及其显著性（*，** 和 *** 分别表示 10%、5%和 1%的显著性水平）。相关性分析结果呈现如下。结果表明，这些可读性指标之间高度相关，不同的指标在衡量文本可读性方面具有较高的一致性。通过此类分析，研究者可以更清晰地了解如何在经管领域量化文本的可读性，并为后续的实证研究提供了坚实的数据分析基础。

表 5－7　可读性指标相关性分析

	ARI	FOG	Flesch-Kincaid Grade Level	SMOG	File Size
ARI		0.99***	1.00***	0.96***	0.78***
FOG	0.99***		0.99***	0.99***	0.78***
Flesch-Kincaid Grade Level	1.00***	0.99***		0.97***	0.79***
SMOG	0.96***	0.99***	0.97***		0.75***
File Size	0.78***	0.78***	0.79***	0.75***	

3. 小结

自 FOG 指数首次应用于经管领域的实证研究以来，它已成为衡量财经文本可读性的常用工具。其他基于词句复杂度的指标，如 Flesch-Kincaid 等级水平和 SMOG，也得到了广泛应用。这些指标通过词汇和句子的长度来反映文本的可读性，计算简便且易于复制。然而，这些指标仍然存在一些不足。首先，在商业文本中，长句和复杂词汇并不总是意味着低可读性，某些情况下它们可能有助于清晰地表达信息。其次，计算这些指标通常需要对文本进行预处理，这一过程可能引入误差，影响研究的可复制性。

文件大小指标则较为简单，能够整体反映文本的复杂性，但也存在局限性。文件大小可能受到如 HTML 等无关因素的影响，而这些因素并不代表文本的可读性。此外，文件大小无法细致地分析文本中的具体可读性问题。简明英语指标 BOG 通过捕捉多维度的语言特征，能够更细致地分析可读性，但其忽略了文本的上下文逻辑（如语境和前后关系）。此外，在实际应用中，这些指标通常需要进行复杂的文本处理（如词性标注、句法解析等），这可能导致误差并影响研究的可复制性。

对于中文文本的可读性评估，常见方法包括通过平均笔画数和次常用字密度等指标进行衡量。这些方法简便易懂，但同样忽视了语言的其他维度，例如句子的复杂性和上下文逻辑。另一种方法是基于文本逻辑结构来评估可读性，比如计算逆接关系词的比例。虽然这种方法简单易行，并考虑了文本逻辑，但它仍然面临着维度单一、刻画不够精确的问题。

本节介绍了多种衡量文本可读性的指标，涵盖了英文和中文文本的词句复杂度、文件大小以及文本逻辑等多个方面。通过分析这些指标的优缺点，可以更清楚地了解它们各自的适用场景和局限性。总的来说，应根据具体的研究需求，综合考虑文本特征和研究目标来选择合适的可读性指标。

表 5-8　可读性指标对比

可读性指标	说明	优点	缺点
英文词句复杂度可读性指标	ARI、FOG 指数、Flesch-Kincaid 等级水平、SMOG	①易于理解 ②计算简洁 ③具有一定的可复制性	①文档清洗和处理复杂，存在测量误差 ②忽略了语言特征其他维度 ③基于长度或音节数的复杂词句的识别方法可能不适用于经管领域
文件大小指标	文档所占字节数、文档长度	简单、直接、易操作	①过于宽泛、不精确 ②可能受到除文本以外其他因素影响
BOG 指数	简明英语指标	①有坚实的语言学基础 ②捕捉多维度的语言特征	①忽略上下文和逻辑 ②文本处理复杂，指标可复制性低
中文词句复杂度可读性指标	平均笔画数、会计专业术语密度	①易于理解 ②计算简洁	①文档清洗和处理复杂，存在测量误差，研究可复制性低 ②忽略了语言特征其他维度
文本逻辑可读性指标	逆接关系词密度	①考虑到了文本逻辑特征 ②计算简单、设计思路直接	①维度单一 ②刻画不精确

5.2.3　情感分析

1. 理论基础

1）文本情感概念

情感分析（sentiment analysis）是自然语言处理中的一个重要领域，旨在通过对文本数据的分析，识别、提取和量化文本表达的情感倾向，也称为语调（tone）。文本情感通常可以分为以下几类：

(1)积极情感。

积极情感的文本表达了赞赏、满意或愉悦等正面态度。这类文本通常使用积极的词汇和表达方式,传递出对某事物的认可与肯定。例如,沙河股份(股票代码:000014)2022 年年报中提道:“公司已在长沙市深耕十多年,已成功打造多业态产品,沙河城项目得到社会广泛好评,沙河城的品质和公司品牌已深入人心。”

这段文字中的“成功打造”“广泛好评”和“深入人心”等词汇,清晰地传达了对公司在长沙市的长期投入和努力所取得的成就的赞赏,展现了对公司稳健发展的认可与对未来前景的乐观态度。

(2)消极情感。

消极情感的文本表达了不满、抱怨或沮丧等负面态度。这类文本通常使用消极的词汇和表达方式,传递出对某事物的批评或忧虑。例如,金达威(股票代码:002626)2023 年年报中提道:“维生素竞争激烈,维生素 A 价格创历史新低。”

这段文字中的“竞争激烈”和“价格创历史新低”,直观地反映了公司在维生素市场面临的严峻挑战,传达了对于市场恶化的担忧和经营风险的警示。

此外,中性情感的文本通常以客观、中立的语气陈述事实,不带明显的积极或消极态度。这类文本多见于描述性内容,侧重于传递信息而非表达情感。例如万科 A(股票代码:000002)2023 年年报中提道:“本集团主营业务包括‘房地产开发及相关资产经营’和‘物业服务’。”

这段文字中,“房地产开发及相关资产经营”和“物业服务”等词汇简单明了地列出了公司的主要业务领域,未涉及对业务表现、市场地位或未来发展的评价。

2)情感分析中的关键问题

(1)领域适用性。

词语在不同领域中的含义和情感倾向可能存在显著差异。例如,“费用”“负债”“折旧”等词汇在日常文本中通常传递负面情绪,但在财务披露中,这些词汇更多地具有描述性功能。Loughran 和 McDonald(2011)的研究指出,Harvard IV-4 通用情感词典中约四分之三的负面词汇在金融语境中并不具有负面含义。此外,姜富伟等(2021)通过对比发现,通用词典中仅约 40%的词汇适用于金融领域情感分析。由于金融领域的文本包含大量专业术语和特定表达方式,分析文本情感时需要针对这一领域的特点进行优化,以提升分析的准确性和适用性。

(2)语境依赖性。

语言本质上具有连续性,词语的搭配、句法结构以及深层的语义和语用信息均有助于情感判断。例如,在“公司产品很难有竞争力”这一句中,否定词“很难”导致情绪反转,而“费用增长”与“利润增长”由于主语的差异导致传递的情绪恰好相反。此外，中文语言中连续的汉字使用方式与英文通过空格分隔单词的特点不同，因此断句和分词的方式也对情感分析的语义理解具有重要影响。

3）文本情感的测度方法

文本情感的测度方法可以大致分为两大类：词典法和机器学习法。每种方法都有其独特的优劣势，适用于不同的应用场景和数据条件。

(1)词典法。

词典法依赖于预先编译的情感词典，词典中包含已标注情感极性的词汇，如积极词和消极词。通过识别文本中的情感词汇，并基于其极性进行加权计算，最终可以得出文本的整体情感分数。具体步骤如下：

①文本预处理。文本预处理是情感分析的首要步骤，其目的是确保待分析的文本能够与情感词典中的词汇进行有效匹配。预处理过程通常包括文本清洗、分词、去除停用词等操作。关于文本预处理的具体方法，已在本书第3章中详细介绍，读者可参见该章节。

②情感词典选择。选择合适的情感词典是基于词典法进行情感分析的关键步骤，直接影响到情感分析的准确性和有效性。

首先，词典的领域适用性是确保分析结果准确的核心因素。领域适配的情感词典能够更全面地覆盖专业词汇，并准确标记词汇的情感倾向，从而避免误判或遗漏。在英文情感分析中，SentiWordNet、Harvard IV-4、Diction等都是常用的通用情感词典。这些词典涵盖了广泛的通用词汇，被应用于多种文本类型。另外，考虑到金融领域的特殊性，研究人员开发了更具针对性的专用词典，如Henry词典和Loughran & McDonald词典，这些词典专门针对金融文本进行了调整和扩展，因此在处理相关文本时能够提供更加准确的情感评估。相对而言，中文情感分析的起步较晚，情感词典的构建和应用仍在不断发展。目前，已有一些常用的通用情感词典，如台湾大学情感词典、知网情感词典、清华大学李军中文褒贬义词典等。然而，在中文金融领域，针对性的情感词典仍然相对匮乏。因此，研究人员通常需要根据具体的分析任务，自行扩展或调整现有词典。例如，可以通过添加领域特定的词汇、调整词汇的情感极性标注，或结合已有的金融文本库进行词典的再训练和优化。

此外，情感词典需要不断更新和优化，以适应相关领域的快速变化。随着新兴产业的崛起、新商业模式的出现以及全球经济环境的变化，新的术语和表达方式不断涌现。因此，情感词典的设计应具备灵活性和扩展性，以便及时纳入新词汇，并对现有词汇的情感标记进行更新。

③验证与调整。对于研究人员自行构建或从其他领域借用的词典，需要对词典的有效性进行严格检验。这一过程旨在确保所选词典准确适用于待分析文本，并能够有效测度文

本的情感倾向。未经验证的词典质量和适用性不明，因此直接影响情感测度的准确性，进而影响后续研究的可靠性和结论的稳健性。验证词典有效性的方法多样，常见的包括手动检查部分文本的情感分类结果、通过情感分析结果预测经济变量、分析情感分布和变化趋势等。这些方法能够帮助研究人员评估词典的适用性，并根据验证结果对词典进行必要的调整和优化，以提高情感分析的精度。

④情感得分计算。在完成文本预处理并选择适当的情感词典后，接下来就是情感得分的计算。此步骤的目标是通过分析文本中的情感词汇，量化文本的整体情感倾向。

首先，将预处理后的文本与情感词典进行匹配，识别文本中的所有情感词汇。根据词典中标注的情感极性（如积极、消极或中性），对这些词汇进行分类。接着，根据匹配到的情感词汇，计算文本的整体情感极性。在管理学领域，通常采用简单比例加权的方法来量化单篇文本的情感，常用的计算公式如下：

$$\mathrm{Sentiment}_1 = (\mathrm{Pos} - \mathrm{Neg})/N \tag{5-9}$$

$$\mathrm{Sentiment}_2 = (\mathrm{Pos} - \mathrm{Neg})/(\mathrm{Pos} + \mathrm{Neg}) \tag{5-10}$$

式中，Pos 表示文本中的积极词数量，Neg 表示消极词数量，N 为文本总词数。$\mathrm{Sentiment}_1$ 或 $\mathrm{Sentiment}_2$ 则反映文本的整体情感倾向，其取值范围介于－1 至 1 之间，数值越大表明文本情绪越积极。

需要注意的是，否定词可能会改变词汇的情感倾向。例如，濮耐股份（股票代码：002225）在 2020 年财务报告中提道："目前国内疫情已得到有效控制，但海外疫情控制情况并不乐观，部分国家疫情出现反复，如海外疫情持续不能得到有效控制，海外客户无法复产、生产无法连续，或者人员、货物的流动性受阻，都会影响到公司海外销售的拓展，以及部分合同的履行进度。"因此，在实际操作中，一些研究者会特别考虑否定词的影响，以提高情感分析的准确性。

（2）机器学习法。

情感分析的目标在于识别和确定文本数据中的情感倾向，因此可以将其视作一个典型的文本分类问题，借助机器学习加以解决。此类测度方法主要依赖于监督学习，因此需要构建一个训练数据集 $D=\{X_1, X_2, \cdots, X_n\}$，其中每条文本记录 X_i 均被标注为某个情感类别。通过这些标注数据，模型可以学习输入文本特征与输出类别标签之间的关系，并将这种模式应用于待分析文本。

标注数据的质量是监督学习模型性能的关键，直接影响其分类的准确性。因此，应优先从与研究主题密切相关的来源收集文本数据，并通过人工标注或现有的标注数据集来确保数据的质量。根据研究任务的具体需求，研究者可以选择不同的机器学习模型进行情感分析。常用模型包括传统的机器学习算法，如朴素贝叶斯和支持向量机；以及近年来表现卓越的深度学习模型，如卷积神经网络、长短期记忆网络和 Transformer 模型等。Bochkay 等(2023)总结了情感分析中常用的机器学习方法及其相关文献,具体如表 5-9 所示。

表 5-9 机器学习方法在情感分析中的应用概述

机器学习方法	相关文献
朴素贝叶斯	Li(2010b);Huang 等(2014)
支持向量机	Howard 和 Ruder(2018)
随机森林	Frankel 等(2021)
卷积神经网络	Zhang 等(2015)
长短期记忆网络	Wang 等(2016)
Transformer 模型	Huang 等(2021)

4)情感分析在管理领域的应用

情感分析的应用场景主要分为企业披露、新闻报道和社交媒体三大类。这三类场景覆盖了最常见的文本数据来源,能够满足多样化的分析需求。以下是对这三类应用场景的详细介绍:

(1)企业披露。

公司披露是企业向外界传达其财务状况、经营成果和未来发展规划的核心途径,通常以财务报告、临时报告、社会责任报告和业绩说明会(盈余电话会议)等形式呈现。这些文件不仅包含大量的定量数据,还蕴含着丰富的定性信息。情感分析在财务披露中的应用旨在解析这些定性信息,揭示文本中隐含的情感倾向,从而为投资决策、风险评估和市场预测等提供更深入的洞察。

通常情况下,当管理者对公司前景持乐观态度时,他们倾向于在披露文本中使用更多的积极词汇(如“增长”“机会”);反之,消极词汇(如“挑战”“风险”)的使用则表明他们对未来的谨慎态度。因此,财务报告的情感也被称为管理层语调,常用于预测公司未来的业绩以及股票市场反应。例如,研究发现管理层讨论与分析章节中较高水平的消极情感与较低的未来资产回报率相关。有学者也发现了年报语调能够有效预测上市公司股票的收益率。然而,与严格遵循会计准则的财务数据不同,管理层在叙述性文字的使用上拥有更大的自由裁量权。当操纵语调有利可图时,管理层可能通过策略性披露误导利益相关者。研究发现,某些情境下,如刚好达到或超过盈利门槛、财务重述、新股发行等都可能促使管理者操纵语调。这种异常语调误导了投资者,导致更积极的即时市场反应及随后的收益逆转。

(2)新闻报道。

新闻报道是反映企业行为、市场动态以及宏观经济趋势的重要信息来源，通常包含对公司业绩、市场事件、行业发展和经济政策的解读与分析。这类文本的情感倾向不仅能够影响公众的观点和态度，还可以对金融市场的走势产生直接影响。

研究表明，新闻报道的情感倾向与市场反应之间存在显著关联。例如，针对《金融时报》中关于标准普尔 500 指数公司的一系列新闻报道的研究表明，市场对公司正面和负面新闻的反应存在不对称性。通常而言，市场对好消息反应过度，而对坏消息反应不足。值得注意的是，新闻情感的影响不仅局限于个股表现，还能够预测更为宏观的整体经济走势。研究表明，新闻报道中的情感倾向可以反映消费者信心、经济增长、通胀率等重要宏观经济指标的变化，从而在更广泛的经济环境中发挥预测作用。我国学者基于 32 家中国知名报刊的新闻文本，构建了经济类、证券类、泛经济类和综合类四类报纸的新闻情绪指数，证明各类报纸的新闻情绪均能够刺激消费和产出，并导致实际利率的上升。其中，经济类和证券类报纸还显著正向影响通货膨胀率。进一步检验表明，新闻文本主要通过影响消费者信心，进而对宏观经济产生影响。

(3)社交媒体。

社交媒体已成为获取和分析公众情感及市场舆论的重要来源。与传统媒体相比，社交媒体具有信息传播速度快、覆盖面广和互动性强的特点，因而成为研究消费者行为、品牌形象和投资者情绪的重要平台。这些平台上的用户讨论直观地反映了公众对公司、市场或宏观经济的态度和情感倾向。对用户生成内容进行情感分析，有助于捕捉投资者的即时反应和情感波动，为市场预测提供有价值的参考。

例如，研究人员开创性的针对 Yahoo! Finance 和 Raging Bull 两家互联网股票留言板展开研究，分析了道琼斯工业平均指数和互联网指数涉及的 45 家公司。他们发现，通过对发帖内容进行买入、卖出或持有的分类，并聚合生成的股票看涨情绪指标，对于股票收益率具有显著的预测作用。国内研究也对社交媒体平台的数据进行了类似的探索，进一步验证了情感分析在本土平台上的应用潜力。例如，学者们收集东方财富网股吧中沪深 300 成分股的所有股评，采用朴素贝叶斯模型对其情感倾向进行分类，从而获取单只股票的投资者情绪指标。研究结果显示，投资者情绪变化对股票的同期收益率和同期交易量具有显著正向影响。

然而，尽管社交媒体情感分析具有显著的应用价值，其准确性和可靠性仍面临挑战。首先，社交媒体数据噪音较多，情感表达不规范，且文本长度较短，这些特点增加了情感分析的难度。其次，用户在社交媒体上的发言可能受情绪波动、外部事件或虚假信息的影响，从而导致分析结果出现偏差。因此，在使用社交媒体情感分析时，研究者应综合考虑多种因素，并结合其他数据来源以提高分析的准确性和可解释性。

2. 构建实战

本小节基于沪深A股1000家制造业公司的财报文本语料样本，选用台湾大学NTUSD简体中文情感词典、清华大学褒贬义词典、知网Hownet词典三份通用词典，计算语料的情感倾向，并展示三种指标的相关性结果。示例代码如下：

```
# 计算情感分析指标，这里使用三组词集进行计算对比
import os   # python 的标准库
import pandas as pd   # pandas 的版本为 2.2.2
# 读取情感分析关键词词集
# 读取台湾大学 NTUSD 简体中文情感词典积极词集
with open("Data\\CH5\\sentiment\\NTUSD_positive_simplified.txt","r",encoding =
"utf - 8")as f:
    NTUSD_positive_words = f.readlines()
NTUSD_positive_words = set([i.strip()for i in NTUSD_positive_words if i.strip()!
= ""])
# 读取台湾大学 NTUSD 简体中文情感词典消极词集
with open("Data\\CH5\\sentiment\\NTUSD_negative_simplified.txt","r",encoding =
"utf - 8")as f:
    NTUSD_negative_words = f.readlines()
NTUSD_negative_words = set([i.strip()for i in NTUSD_negative_words if i.strip()!
= ""])
# 读取清华大学褒贬义词典积极词集

with open("Data\\CH5\\sentiment\\tsinghua_positive_gb.txt","r",encoding = "utf - 8")as f:
    tsinghua_positive_words = f.readlines()
ts_positive_words = set([i.strip()for i in tsinghua_positive_words if i.strip()!
= ""])
# 读取清华大学褒贬义词典消极词集
with open("Data\\CH5\\sentiment\\tsinghua_negative_gb.txt","r",encoding = "utf - 8")as f:
    tsinghua_negative_words = f.readlines()
ts_negative_words = set([i.strip()for i in tsinghua_negative_words if i.strip()!
= ""])
# 读取知网 Hownet 词典积极词集
with open("Data\\CH5\\sentiment\\正面情感词语(中文).txt","r",encoding = "utf - 8")as f:
    Hownet_positive_words = f.readlines()
Hownet_positive_words = set([i.strip()for i in Hownet_positive_words if i.strip()!
= ""])
# 读取知网 Hownet 词典消极词集
with open("Data\\CH5\\sentiment\\负面情感词语(中文).txt","r",encoding = "utf - 8")as f:
```

```
    Hownet_negative_words = f.readlines()
Hownet_negative_words = set([i.strip()for i in Hownet_negative_words if i.strip()!
= “”])
def read_file(txt_path):
    with open(txt_path,“r”,encoding = “utf - 8”)as f:                       # 读取
文件
        txt_text = f.read()
    txt_text_words = txt_text.strip().replace(“\n”,“”).split(“”)          # 将分
词文件通过空格切成词
    return txt_text_words
def get_sentiment_(txt_text_words,positive_words,negative_words):
    # 根据积极词汇与消极词汇计算情感分析指标
    positive_word_freq = len([i for i in txt_text_words if i in positive_words])
    # 积极词汇词频
    negative_word_freq = len([i for i in txt_text_words if i in negative_words])
    # 消极词汇词频
    sentiment_1 = (positive_word_freq - negative_word_freq)/len(txt_text_words)
    sentiment_1 = round(sentiment_1,10)                      # 保留 10 位有效数字
    if positive_word_freq + negative_word_freq = = 0:       # 若分母为 0 则将值置
为 NAN
        sentiment_2 = ‘NAN’
else:
        sentiment_2 = (positive_word_freq - negative_word_freq)/(positive_word_
freq + negative_word_freq)
        sentiment_2 = round(sentiment_2,10)                  # 保留 10 位有效数字
    return sentiment_1,sentiment_2
# 遍历存放分词结果的目录,统计情感分析指标
def get_sentiment_csv():
    fileProcess = []
    for root,dirs,files in os.walk(“Data\\CH3\\jieba_seg”):
        fileProcess.extend([os.path.join(root,file)for file in files])
    csv_data = []
    for txt_path in fileProcess:
        file_name = txt_path.split(“\\”)[ - 1].split(“.”)[0]
        security_code = file_name.split(“ - ”)[0]
        rep_year = file_name.split(“ - ”)[1]
        txt_text_words = read_file(txt_path)        # 读取文件

        # 计算台湾大学情感分析指标
        NTUSD_1,NTUSD_2 = get_sentiment_(txt_text_words,NTUSD_positive_words,
```

```
NTUSD_negative_words)
        # 计算清华大学情感分析指标
        tsinghua_1,tsinghua_2 = get_sentiment_(txt_text_words,ts_positive_words,
ts_negative_words)
        # 计算知网 Hownet 情感分析指标
        Hownet_1,Hownet_2 = get_sentiment_(txt_text_words,Hownet_positive_words,
Hownet_negative_words)

        csv_data.append([security_code,rep_year,NTUSD_1,NTUSD_2,tsinghua_1,
tsinghua_2,Hownet_1,Hownet_2])
    return csv_data
sentiment_csv = get_sentiment_csv()
data = pd.DataFrame(sentiment_csv,columns = ['security_code','rep_year',
                                'NTUSD_sentiment_1','NTUSD_sentiment_2',
                                'tsinghua_sentiment_1','tsinghua_sentiment_2',
                                'Hownet_sentiment_1','Hownet_sentiment_2'])
print(data.head())
filename = "Data\\CH5\\sentiment\\sentiment.csv"
data.to_csv(filename,index = False)  # 写入 csv
```

结果示例如下：

```
  security_code rep_year  NTUSD_sentiment_1  NTUSD_sentiment_2  \
0        000418     2008           0.016245           0.493567
1        000418     2009           0.014983           0.459525
2        000418     2011           0.017909           0.505788
3        000418     2012           0.018194           0.468502
4        000418     2013           0.016982           0.466962

   tsinghua_sentiment_1  tsinghua_sentiment_2  Hownet_sentiment_1  \
0              0.011395              0.498316            0.002233
1              0.010438              0.405239            0.002381
2              0.012100              0.390904            0.003867
3              0.014792              0.424059            0.003273
4              0.014805              0.422652            0.002742

   Hownet_sentiment_2
0            0.773333
1            0.722892
2            0.900415
3            0.827869
4            0.720339
```

根据三本词典计算的情感指标相关性如表 5-10 和 5-11 所示。基于三本词典的指标均显著相关，表明它们在文本情感识别上存在一定的一致性。此外，台湾大学 NTUSD 简体中文情感词典与清华大学褒贬义词典的相关性较强，而知网 Hownet 词典与剩余两本词典的相关性较弱。这表明前两本词典可能具有相似的情感理解和词汇分类标准，而 Hownet 词典可能采用了不同的词汇标准，从而导致对文本情感的识别存在差异。

表 5-10　情感指标相关性分析 1

	ntusd_sentiment_1	tsinghua_sentiment_1	hownet_sentiment_1
ntusd_sentiment_1		0.774***	0.566***
tsinghua_sentiment_1	0.772***		0.511***
hownet_sentiment_1	0.566***	0.482***	

表 5-11　情感指标相关性分析 2

	ntusd_sentiment_2	tsinghua_sentiment_2	hownet_sentiment_2
ntusd_sentiment_2		0.574***	0.139***
tsinghua_sentiment_2	0.571***		0.138***
hownet_sentiment_2	0.141***	0.097***	

3. 小结

本节介绍了情感分析的概念、关键问题、两类常用的测度方法以及应用场景。在构建情感指标时，选择合适的测度方法至关重要，不同的方法在处理文本时有着各自的优势和局限（如表 5-12 所示）。

表 5-12　情感测度对比

	优势	局限性
词典法	①实现简单且快速。 ②易于理解和解释。 ③无需大量标注数据。	①难以捕捉词汇强度差异。 ②领域适用性差。 ③忽略上下文语境。
传统机器学习	①灵活性较高。 ②准确度相对提升。	①训练成本较高。 ②对特定数据集的依赖。 ③忽略上下文语境。
深度学习	①强大的语义理解能力。 ②可通过预训练模型减少数据需求。	①对人规模计算资源的依赖。 ②结果可解释性差。

词典法因其操作简便、易于理解而受到广泛应用，尤其适合处理语言相对简单、情感特征明显的文本，或在资源有限时快速获取情感倾向。然而，在处理复杂的语言结构和特定领域的文本时，词典法的适应性不足，难以准确捕捉深层次的情感含义。

传统机器学习方法通过数据驱动自动学习情感模式，具备一定的灵活性和较高的准确性，适用于具有适量标注数据且需要在性能与成本之间平衡的应用场景。尽管相对于词典法具有更高的适应能力，但其对标注数据的依赖以及模型训练的时间成本，仍然限制了其广泛应用，尤其是在标注数据稀缺的经管领域。相比之下，深度学习模型凭借其强大的语义理解能力，能够有效应对复杂的自然语言结构，特别适合处理情感表达复杂、语境依赖性强的文本，在追求高精度分析的场景中表现优异。然而，这类模型对大规模数据和高性能计算资源的需求，以及在结果可解释性方面的不足，可能成为实际应用的制约因素。在实际情感分析中，研究者需根据研究需求、数据可用性和计算资源，综合考虑这些方法的优缺点，选择最适合的分析工具以达到最佳效果。

5.2.4 文本相似性

1. 理论基础

1）文本相似性的概念

文本相似性是衡量两段文本在内容上相似程度的指标。在管理学领域，根据不同的文本数据源和应用场景，文本相似性可以用于构建多种多样的指标。例如竞争对手分析、企业样板化披露和一致性评估等。

2）文本相似性的测度方式

文本相似性是通过计算两个文本向量之间的相似度得分来实现的。文本向量的表示方法有多种，如 One-Hot 向量、基于词袋模型的向量、Word2Vec 词向量、LDA 文档-主题概率分布向量等。关于不同文本向量的衡量方式，请参见第四章节的详细论述。对于文本向量之间的距离或相似度计算方法，存在多种选择。以下将介绍两种常用的计算方法：余弦相似度（cosine similarity）和欧几里得距离（euclidean distance）。

在管理学领域，大多数研究使用余弦相似度来衡量文本相似性。余弦相似度通过计算向量间夹角的余弦值来度量相似程度，它关注的是向量的方向而非大小。其计算公式如下：

$$\text{Cosine Similarity}(\boldsymbol{A},\boldsymbol{B})=\frac{\boldsymbol{A}\cdot\boldsymbol{B}}{\|\boldsymbol{A}\|\times\|\boldsymbol{B}\|}=\frac{\sum_{i=1}^{n}(\boldsymbol{A}_i\times\boldsymbol{B}_i)}{\sqrt{\sum_{i=1}^{n}(\boldsymbol{A}_i^2)}\times\sqrt{\sum_{i=1}^{n}(\boldsymbol{B}_i^2)}} \tag{5-11}$$

式中，$\boldsymbol{A}$、$\boldsymbol{B}$ 分别代表向量 $\boldsymbol{A}$ 和 $\boldsymbol{B}$；$\|\boldsymbol{A}\|$、$\|\boldsymbol{B}\|$ 分别代表向量 $\boldsymbol{A}$ 和 $\boldsymbol{B}$ 的模（即向量长度）。$\boldsymbol{A}_i$，$\boldsymbol{B}_i$ 分别代表向量 $\boldsymbol{A}$ 和 $\boldsymbol{B}$ 的第 i 个元素。余弦相似度的值接近 1 表示两个向量之间的相似度很高，而值接近 0 表示相似度很低。

欧几里得距离（也称欧式距离）表示多维空间中两点之间的直线距离，常用于衡量物理距离。利用欧式距离计算文本相似度的公式如下：

$$\text{Euclidean Distance}=d(\boldsymbol{A},\boldsymbol{B})=\sqrt{\sum_{i=1}^{n}(\boldsymbol{A}_i-\boldsymbol{B}_i)^2} \tag{5-12}$$

式中，$\boldsymbol{A}_i$，$\boldsymbol{B}_i$ 分别代表向量 $\boldsymbol{A}$ 和 $\boldsymbol{B}$ 的第 i 个元素。欧氏距离的值越小，表示两个文本在向量空间中越接近，内容越相似。反之，距离越大，文本内容差异越大。然而，欧式距离对向量的尺度和分布较为敏感，因此在计算文本相似性时，通常需要对向量进行标准化或归一化处理，以消除尺度影响。

3）应用

基于不同的文本数据源，文本相似性研究在多个维度上展现出丰富的层次与应用，主要可分为以下几类：

一是利用文本披露的相似性来衡量和比较报告中的信息含量。这一研究方向包括纵向和横向比较。纵向比较关注企业披露文本的相似性，以衡量其模板化程度。例如，研究人员追踪公司 10-K 报告中的 MD&A 部分，利用其与前一年 MD&A 的相似度作为新信息量的代理指标。具体方法通常结合词袋模型和 TF-IDF 生成文档向量，并通过余弦相似度计算文本相似度。这一方法已被拓展至多种文本来源，如风险因素披露和社会责任报告，丰富了信息披露质量的评估体系。横向比较则侧重于不同报告之间的信息含量差异。例如，有研究利用文本分析比较分析师报告与公司披露内容，以研究分析师在信息传递中的中介角色。具体而言，研究者基于 LDA 模型生成文档-主题概率分布向量，对比盈余电话会议后的分析师报告与电话会议内容，发现分析师不仅讨论了电话会议中的信息，还提供了额外解读，进一步丰富了市场信息流动。

二是侧重于通过文本相似性评估企业在不同维度上的一致性，包括会计政策和审计师选择等方面。例如，研究发现公司年复一年的会计政策附注相似度可作为衡量会计一致性的指标。此外，客户与审计师之间财务披露的兼容程度，即文本相似性，可揭示审计客户在同一家审计公司内的聚类现象，并为审计师更换的潜在动因提供依据。

三是基于文本相似性进行行业分类与市场竞争分析。该方向通过分析企业披露的产品描述文本，重塑行业分类体系并研究市场竞争格局。Hoberg 和 Phillips（2016）在这一领域做出了开创性贡献，他们基于产品描述文本的相似性构建了一套动态行业分类体系，使企业能够在更精准的分类标准下识别竞争对手群体。这一方法不仅解释了企业对竞争环境的特定讨论和管理者的同行认知，还揭示了行业遭受外部冲击时竞争对手关系的变化。他们采用 One-Hot 向量表示文档，并利用余弦相似度计算文本相似性。后续研究在此基础上，基于企业披露的经营业务描述（包括产品描述、专利描述等多种文本），构建了企业竞争关系网络，进一步拓展了文本相似性在行业分类及竞争分析中的应用。

最后，基于个体之间风格词汇使用频率的相似度，文本相似性还可以用于衡量语言风格匹配（language style matching，LSM）程度以及个体之间的互动关系。人们日常生活中使用的词汇可以被分为两大类：内容词汇和风格词汇。内容词汇包括名词、动词、形容词等，表达了人们说话的内容。而风格词汇是指那些本身没有含义但将内容词汇组织在一起的“小词”，包括代词、介词、连词、冠词、情态动词、否定词等，表达了人们说话的方式。例如，在句子“He puts the blue bottle on that table”中，内容词汇有“puts”，“blue”，“bottle”和“table”，风格词汇有“he”，“the”，“on”和“that”。在日常英语交流过程中，风格词汇大概只有 500 个左右，但是使用频率占总体词汇的 55%左右。认知语言学理论指出风格词汇反映了个体内在的认知方式，如果两个人在风格词汇的使用上匹配，说明他们拥有相似的认知方式。在管理学领域，这一观点得到了进一步的验证和应用。Shi 等（2019）使用盈余电话会议中的 CEO 和 CFO 之间的语言风格匹配程度来衡量 CFO 对于 CEO 的迎合程度，研究发现 CFO 迎合 CEO 的程度与其职业收益（如更高报酬、更大晋升机会）显著正相关。Rennekamp 等（2022）研究发现，盈余电话会议中高管与分析师之间的语言风格匹配程度可作为对话参与度的代理变量，并影响市场信息传递效率。

2. 构建实战

本部分将展示构建文本相似性指标的具体案例。数据样本为从制造业企业中随机抽取的 1000 个数据样本，并使用第三章中经过分词后的年度报告文本作为输入，生成相应的文档向量。接着，基于这些文档向量计算每个词汇的 TF-IDF 值，并得到经过 TF-IDF 加权后的文档向量。Python 代码如下：

```
import os   # python 的标准库
import json # python 的标准库
# sklearn 的版本为 0.24
from sklearn.feature_extraction.text import TfidfVectorizer
import pickle   # python 的标准库
import joblib   # joblib 的版本为 1.4.2
import numpy as np   # numpy 的版本为 1.26.4

def load_data():
```

```
    # 假设这是你分词且去除停用词的文本所在的路径
    seg_text_path = r'Data\CH3\clean_dir'
    # 定义两个变量,分别存文件名和文件内容
    titles,seg_text = [],[]
    # 遍历读取文本
    for file in os.listdir(seg_text_path):
        with open(os.path.join(seg_text_path,file),'r',encoding = 'utf-8')as fi:
            texts = fi.read()
            titles.append(f"{file.split('-')[0]}-{file.split('-')[1]}")  # 不要
文件名的后缀
            seg_text.append(texts)
    # 删除换行符
    seg_text_clean = [item.strip().replace('\n','')for item in seg_text]
    # 输出前三个元素
    print(titles[:3])
    print(seg_text_clean[:3])

    return titles,seg_text_clean

def train_tf_idf_model():
    # 假设这是你存放模型和文本向量的目录
    process_data_path = r'Data\CH5'
    # 从 load_data 中获取输入文本列表
    titles,seg_text_clean = load_data()
    # 训练 tf-idf 模型
    tfidf_model = TfidfVectorizer(max_df = 0.85,min_df = 0.05).fit(seg_text_
clean)
    # 将输入样本转为 TF-IDF 特征向量矩阵
    sparse_result = tfidf_model.transform(seg_text_clean)
    print(f'文本特征向量{sparse_result.toarray()}')
    doc_vecs = sparse_result.todense()
    dictionary = tfidf_model.vocabulary_
    print(f'字典中的10个元素为:{list(dictionary.items())[0:10]}')
    # 保存 tfidf 模型
    joblib.dump(tfidf_model,os.path.join(process_data_path,'tfidf.m'))
    # 保存词典
    with open(os.path.join(process_data_path,'tfidf_dictionary.pkl'),'wb')as fi:
        pickle.dump(dictionary,fi)
    # 保存文本向量
    np.savetxt(os.path.join(process_data_path,'tfidf_doc-vecs.txt'),doc_vecs)
```

```
    # 保存文件 id
    json.dump(titles,open(os.path.join(process_data_path,'titles.json'),'w'))
train_tf_idf_model()
```

得到经过 TF－IDF 加权后的文档向量后，利用余弦相似度计算得到以下指标：1）报告文本当期与上一期报告之间的相似性大小，similarity_tf_idf_1。2）报告文本当期与同一行业其他所有公司报告当期的相似性的中位数大小，similarity_tf_idf_2。3）报告文本当期与同一行业其他所有公司报告当期的相似性的均值大小，similarity_tf_idf_3。计算 similarity_tf_idf_1 指标的代码如下：

```
import pandas as pd  # pandas 的版本为 2.2.2
import numpy as np
import json  # python 的标准库

def load_tfidf_data():
    # 假设这是你存放文本向量的目录
    process_data_path = r'Data\CH5'
    # 读取 tfidf 文本向量
    doc_vecs = np.loadtxt(os.path.join(process_data_path,'tfidf_doc-vecs.txt'))
    # 读取文件 id 列表
    titles = json.load(open(os.path.join(process_data_path,'titles.json'),'r'))
    df_vec = pd.DataFrame(doc_vecs)
    df_vec.index = titles
    print(df_vec.shape)
    return titles,df_vec
# 读取 tf-idf 文本向量
titles,df_vec = load_tfidf_data()

def get_stkcd_by_year():
    # 把公司按照年分组
    stkcd_by_year = {}
    for id in titles:
        stkcd,year = id.split('-')
        if year not in stkcd_by_year.keys():
            stkcd_by_year[year] = []
        stkcd_by_year[year].append(id)
    return stkcd_by_year

stkcd_by_year = get_stkcd_by_year()
print(f'stkcd_by_year 的长度是{len(stkcd_by_year)}')
```

```
# 分别计算每个文件的相似性
def calc_tfidf_sim1(file_id):
    stkcd,year = file_id.split('-')
    i = df_vec.loc[file_id]

    # 判断这家公司是否有前一年的数据,有则计算
    last_year_file_name = f"{stkcd}-{int(year)-1}"
    if last_year_file_name in titles:
        j = df_vec.loc[last_year_file_name]
        prior_similarity = '{:.6f}'.format(np.dot(i,j))
    else:
        prior_similarity = ''
    return prior_similarity
```

计算 similarity_tf_idf_2 和 similarity_tf_idf_3 指标的代码如下：

```
# 分别计算每个文件的相似性
def calc_tfidf_sim2_3(file_id):
    stkcd,year = file_id.split('-')
    i = df_vec.loc[file_id]

    # 计算公司和同一行业内其他公司的披露文本的相似性,然后取中值,均值
    sim_list = []
    for other_file_id in stkcd_by_year[year]:
        if other_file_id == file_id:
            continue
        k = df_vec.loc[other_file_id]
        sim_list.append(np.dot(i,k))
    if len(sim_list) == 0:
        median_similarity = ''
        mean_similarity = ''
    else:
        median_similarity = '{:.6f}'.format(np.median(sim_list))
        mean_similarity = '{:.6f}'.format(np.mean(sim_list))
    return median_similarity,mean_similarity
```

之后，保存计算得到文本相似性数据，Python 代码如下：

```
import pandas as pd

def calc_tfidf_sim():
    # 假设这是你存放结果的目录
    result_path = r'Data\CH5'
    res_list = []
```

```
    for file_id in titles:
        print(f'开始计算 doc:{file_id}的相似性')
        stkcd,year = file_id.split('-')

        # 获取每个文件的计算结果
        prior_similarity = calc_tfidf_sim1(file_id)
        median_similarity,mean_similarity = calc_tfidf_sim2_3(file_id)
        res_list.append([file_id,year,prior_similarity,median_similarity,mean_
similarity])
        # 把结果的 list 转为 dataframe
        df_res = pd.DataFrame(res_list,
                              columns = ['file_id','year',
                                         'similarity_tf_idf_1',
                                         'similarity_tf_idf_2',
                                         'similarity_tf_idf_3'])
    print(df_res.shape)
    # 把结果存到本地
    df_res.to_csv(os.path.join(result_path,'tfidf_similarity.csv'),index =
False)
calc_tfidf_sim()
```

最终,可以得到基于年度报告的文本相似性指标的计算结果,表 5-13 展示了一部分样本数据结构。

表 5-13 文本相似性指标的结果样本

股票代码	年份	similarity_tf_idf_1	similarity_tf_idf_2	similarity_tf_idf_3
300072	2010		0.044570	0.053823
300072	2011	0.917715	0.056131	0.066245
300072	2012	0.882513	0.193739	0.200432
300072	2013	0.853776	0.235627	0.241339
300072	2014	0.894552	0.231793	0.234604
300072	2015	0.718873	0.281872	0.285442
300080	2010		0.058443	0.073984
300080	2011	0.924292	0.071025	0.092221
300080	2012	0.765061	0.269693	0.286991
300080	2013	0.731857	0.270347	0.277095
300080	2014	0.781578	0.308525	0.319953
300080	2015	0.679909	0.253788	0.265217
…	…	…	…	…

图 5－1 展示了三个文本相似性指标的年均值随时间变化的趋势。从图中可以看到，similarity_tf_idf_1 的均值显著高于 similarity_tf_idf_2 和 similarity_tf_idf_3，这表明企业的年报披露具有一定的模板化特征。而企业与同行其他企业的披露文本相似性较低，说明即使在同一行业内，企业之间的文本披露差异仍然较为显著。

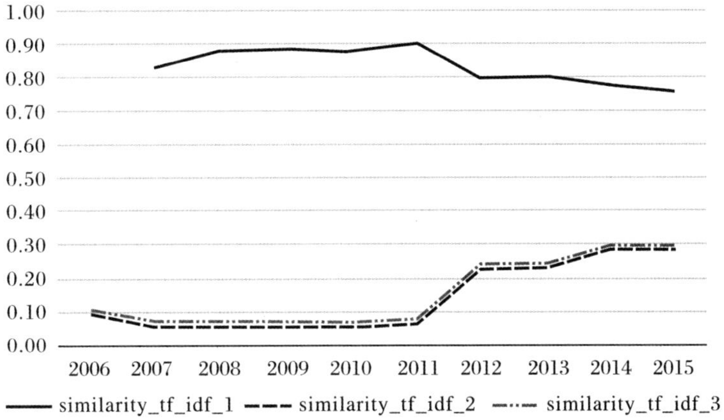

图 5－1　文本相似性指标随时间趋势变化图

3. 小结

文本相似性作为重要的研究工具，在管理学领域展现出广泛的应用价值。通过不同的文本向量表示方法和相似度计算方式，研究者能够从多维度分析企业信息披露、竞争对手分析和一致性评估等问题。从基于词袋模型的传统方法到 LDA、Word2Vec 等自然语言处理技术，文本相似性的测度方法不断演进，为复杂文本数据的分析提供了有力支持。

在实证研究中，文本相似性指标被广泛用于衡量企业披露内容的模板化程度、分析师报告的独特性、语言风格的匹配程度及会计政策的一致性等多个维度。此外，通过对企业披露的产品描述进行文本相似性分析，学者们还能够重新定义行业分类并构建更加精准的竞争对手网络。这些研究为理解企业的竞争环境和行为提供了新的视角，推动了管理学领域的深入发展。

总体而言，文本相似性研究为传统定量分析提供了重要补充，也为探究企业行为、行业竞争以及信息披露等问题开辟了新路径。未来，随着文本处理技术的持续演进，文本相似性在管理学领域的应用将进一步深化，拓展更多研究可能性。

5.3 复合型指标的构建

5.3.1 复合型指标介绍

1. 从简单频次到进阶语义

传统的词频分析方法主要用于量化文本中特定词汇或主题的出现频率。通过构建与内容相关的文本指标，可以评估企业受特定事件或冲击的影响程度和范围（即敞口，exposure）。然而，企业面临的敞口往往是由多种因素交织作用的结果，这些因素可能带来不同维度的影响。为了更加全面地理解这些影响，可以将敞口细分为以下两类：

(1)预期损益。预期收益是指企业在面对事件或冲击时，可能获得的潜在收益。例如，某些企业可能因为市场变动占据有利地位，提升市场份额，或因竞争对手的退出而获得更多机会。相对地，预期成本则是指企业可能因事件或冲击而遭受的潜在损失。这即包括直接的财务损失（如收入减少或成本增加），又包括间接的负面影响（如市场份额下降或企业声誉受损）。通过识别这些损益，可以更精准地评估事件对企业的经济影响。

(2)预期风险。预期风险指企业未来表现中的不确定性，即因事件或冲击导致的经营成果波动的可能性增加。

以英国脱欧对全球企业的影响为例，这一冲击不仅影响了企业的预期盈利能力，还增加了企业未来经营的不确定性。某些出口商可能因关税上升而导致对英国市场的预期收益下降。同时，关税政策的不确定性（如政策的突然改变或推迟执行）会加剧出口商盈利的波动。如果仅关注平均损益而忽略不确定性，可能会低估脱欧的整体影响。例如，某些企业的预期平均利润虽然没有显著下滑，但未来盈利的不确定性增加，这可能对其战略决策产生重大影响。

因此，通过“特定主题＋损益/风险”的组合，不仅能够衡量企业在特定事件或冲击下的影响程度，还能够深入揭示影响的不同维度。具体来说，通过分析损益，能够进一步了解企业因该主题所带来的潜在收益或损失，从而揭示企业在该事件中的经济效应；风险则揭示了影响的不确定性，即该主题导致的未来波动或经营成果的变化幅度。

2. 复合型指标构建

1)特定主题

特定词汇在文本中出现的频率越高，通常意味着人们对该词汇所代表的相关主题给予了更多关注。在管理实践中，管理者通常会将更多的注意力集中在那些与企业未来表现紧密相关的议题。因此，分析特定主题词汇在文本中的占比，能够有效揭示企业对特定事件或冲击的关注程度。具体公式如下：

$$\text{Exposure} = \frac{1}{B}\sum_{b=1}^{B}(1[b \in K]) \tag{5-13}$$

式中，$b=1,\cdots,B$ 表示文档中的所有词汇，B 为文档的词汇总数。K 为预定义的与特定主题相关的主题词集合，指示函数 $1[\cdot]$表示当 b 属于主题词集合 K 时，返回值为 1，否则为 0。该比率反映了企业对特定事件的关注程度，从而有助于评估企业可能面临的冲击程度。

2）特定主题＋损益/风险

我们通过特定主题词汇占比衡量企业对特定主题的关注程度，而构建复合型指标则需要进一步考察企业讨论这些主题的方式，其核心在于词汇之间的邻近性。管理者通过情感词汇来表达事件对企业盈余的正面或负面影响，或通过风险词汇来描述事件带来的不确定性。因此，通过计算特定主题与情感词汇或风险词汇的共现频次，可以捕捉与事件相关的情绪或风险。具体公式如下：

$$\text{Event\_Sentiment}_1 = \frac{1}{B}\sum_{b=1}^{B}\{1[b \in K]\times(\sum_{c=b-9}^{b+9}T(c))\} \tag{5-14}$$

式中，$b=1,\cdots,B$ 表示文档中的所有词汇，B 为文档的词汇总数。K 为预定义的与特定主题相关的主题词集合。c 是相对于词汇 b 的距离小于阈值 10 的词汇。当 c 属于积极词集时，$T(c)$取值为 1；当 c 属于消极词汇时，$T(c)$取值为－1；否则为 0。

$$\text{Event\_Risk}_1 = \frac{1}{B}\sum_{b=1}^{B}\{1[b \in K]\times 1[|b-r|<10]\} \tag{5-15}$$

式中，r 是与风险或不确定性相关的词汇，通常从预定义的风险词集中选择。指示函数 $1[|b-r|<10]$表示当文档中的词汇 b 与风险词汇 r 之间的距离小于阈值 10 时，返回值 1，否则为 0。

需要注意的是，以上计算方法均以词频为基础。然而在文本分析中，句子往往被视为表达观点的最小完整单元（Ivers，1991），尤其是涉及复杂概念时，句子层面的分析可能更为适合。因此，也可以通过以下公式来度量事件相关的情绪或者风险：

$$\text{Event\_Sentiment}_2 = \frac{1}{B}\sum_{b=1}^{B}\{1[b \in K]\times \sum_{b}^{b\in S}T(b)]\} \tag{5-16}$$

式中，S 表示文档词汇 b 所在的句子。$T(b)$为句子 S 中的每个词分配情感值，当 b 属于积极词汇时，$T(b)$取值为 1；当 b 属于消极词汇时，$T(b)$取值为－1；否则为 0。

$$\text{Event\_Risk}_2 = \frac{1}{B}\sum_{b=1}^{B}\{1[b \in K]\times 1[b,r \in S]\} \tag{5-17}$$

式中，指示函数 $1[b,r\in S]$表示当词汇 b 与风险词汇 r 同属于句子 S 时，返回值为 1，否则为 0。

3. 复合型指标在管理领域的应用

近年来，许多文献对传统的词频分析进行了“升级”，在识别特定文本主题的基础上，进一步引入了情绪、风险等特征的分析。例如，Hassan 等(2019)分析了企业季度盈余电话会议中的对话，通过该分析量化了企业感知到的政治风险。通过方差分解发现，这种政治风险的波动主要集中在公司层面，而非行业或宏观经济层面，表明所构建的指标能够有效捕捉特定企业在特定时间所面临的政治风险。此外，该风险与股票收益的波动显著相关。为了应对政治风险，公司通常会减少投资和招聘，同时积极参与政治过程。类似地，有学者构建了全球企业在英国脱欧事件下的敞口指标，发现这一冲击主要通过增加不确定性来降低资本投资率。

这种分析框架还可以扩展到其他重大事件的研究。例如，通过构建基于 COVID-19 的全球大流行病敞口指标，可研究疫情对全球企业的影响。结果显示，疫情敞口与企业股票回报之间存在显著的负相关关系。进一步分析表明，疫情引发的负面情绪以及风险共同导致了股价下跌。此外，通过分析全球范围内上市公司的盈余电话会议，可衡量公司对气候变化的敞口。研究发现，气候变化敞口越大的企业，在响应净零排放目标时表现得更加积极，尤其是在绿色专利申请和相关职位招聘方面。

5.3.2 复合型指标构建实战

本节将演示如何通过识别文本中的“老龄化”及“风险”词汇的邻近关系，构建人口老龄化风险这一复合型指标。该指标有助于评估企业在面对人口老龄化问题时所承受的潜在风险。

1. 样本数据与词典准备

本节通过沪深 A 股 1000 家制造业公司的财报文本，计算基于词频和句频层面的人口老龄化风险指标，并展示两类指标的相关性。其中，词典选用 5.1.3 章节的人口老龄化词典以及自定义的风险词典。

为构建风险词典，本节首先基于相关文献确定“风险”“波动”“不确定性”以及“可能性”四个种子词，然后采用 4.3.3 章节训练的 Word2Vec 词嵌入模型扩充种子词，风险词集的最终构成情况如表 5 - 14 所示。

表 5 - 14　风险词集

Panel A 种子词(4)	
词集	风险、波动、不确定性、可能性
来源	相关文献
Panel B 扩充词(11)	
词集	高风险、风险性、潜在、隐患、波动性、震荡、变化、不稳定性、模糊性、概率、复杂性
来源	Word2Vec 相似词扩充,并删除上下文语义明显与风险无关的词汇(例如,波动的相似词中,光波、波幅等词汇。

2. 代码实现

本节实战的核心是基于老龄化关键词和风险关键词,通过 Python 脚本分别衡量两类词汇的相对位置和在句子中的共现关系,对应计算两个复合型指标。示例代码如下:

```
# 计算复合型指标,这里使用老龄化关键词与风险关键词进行计算
import re   # python 的标准库
import os   # python 的标准库
import pandas as pd   # pandas 的版本为 2.2.2
# 读取风险种子词词集
with open("Data\\CH5\\复合型指标\\风险种子词.txt","r",encoding = "utf - 8")as f:
    risk_words = f.readlines()
risk_words = set([i.strip()for i in risk_words if i.strip()! = ""])

print(f'风险种子词词集是:{risk_words}')

风险种子词词集是:{'不确定性','波动','风险','可能性'}

# 运行方法
get_similarity_words()
# gensim 的版本为 4.1.0
from gensim.models import Word2Vec
import os

# 获取相似词方法
def get_similarity_words():
    # 假设这是你存放 word2vec 的目录
    process_data_path = r'Data\\CH4\w2v_model'
    # 加载 word2vec 模型
    word2vec_model = Word2Vec. load(os. path. join(process_data_path,"word2vec.
model"))
```

```
    # 获取种子词的相似词
    for word in risk_words:
        if word in list(word2vec_model.wv.key_to_index.keys()):
            sim_words = word2vec_model.wv.similar_by_word(word,topn = 30)
            print(f'{word} 的相似词有:{sim_words}')
        else:
            print(f'未能找到"{word}"的相似词')

# 运行方法
get_similarity_words()
```

不确定性[①]的相似词有:[('确定性',0.6606632471084595),('可预测性',0.6470462083816528),('复杂性',0.6445934176445007),('模糊性',0.6344444155693054),('波动性',0.630921483039856),('可能性',0.6185618042945862),('交易成本',0.6160908937454224),('偶然性',0.5956763029098511),('随机性',0.5941718816757202),('期望值',0.5742175579071045),('相关性',0.5736144185066223),('归因',0.5704002380371094),('关键问题',0.5702266693115234),('不稳定性',0.5688844919204712),('普遍性',0.5683266520500183),('因果关系',0.5676435828208923),('可变性',0.5660570859909058),('测量误差',0.564468502998352),('假设',0.564365565776825),('脆弱性',0.5617826581001282),('局限性',0.5602779984474182),('有效性',0.5584808588027954),('大程度',0.5576107501983643),('适用性',0.555083692073822),('令人困惑',0.553114116191864),('负面效应',0.5508639812469482),('涨落',0.5505375266075134),('潜在',0.5504695177078247),('敏感性',0.5488108396530151),('令人担忧',0.5487879514694214)]

```
# 采用 5.1.3 章节的老龄化词集
with open(r'Data\CH5\复合型指标\老龄化种子词和扩展词.txt','r',encoding = 'utf - 8') as fi:
    aging_words = [line.strip()for line in fi.readlines()if line]

print(f'老龄化的种子词和扩展词词集是:{aging_words}')
```

老龄化的种子词和扩展词词集是:['老龄化','人口老龄化','人口老化','贫困人口','生育率','城市化','少子','都市化','贫富差距','零增长','出生率','增长速度','人口压力','人口减少','老年人','贫富悬殊','城镇化','高龄','人口过剩','人口素质','负增长','发达国家','慢性病','贫困率','老年人','中老年人','成年人','年长者','低收入','老年','未成年人','婴幼儿','中老年','中年人','特殊人群','青年人','学龄儿童','慢性病','患者','身心健康','年龄层','体弱者','学龄前','年轻人','贫困','参保','弱势群体','失能者','退休','提前退休','退休金','晚年生活','离休','退休年龄','养老金','退休金','社会保险','抚恤金','社会保障','救济金','医疗保险','津贴','工资','养老保险','福利待遇','失业者','保费',

① 由于篇幅限制,此部分仅为读者展示"不确定性"这一种子词的相似词结果。

'医疗保障','个人账户','补贴','医保','保障金','保险费','保障制度','薪酬','低收入者','福利金','生育率','出生率','人口比例','死亡率','患病率','生活水准','发病率','就业率','储蓄率','病死率','通货膨胀率','人口数','收入水平','感染率','结婚年龄','基尼系数','人口总数','实际工资','实际收入','人口素质','二胎','双独','独生子女','生育']

```
# 重新加载风险的词集
with open(r'Data\CH5\复合型指标\风险种子词和扩展词.txt','r',encoding='utf-8')
as fi:
    risk_words = [line.strip()for line in fi.readlines()if line]

print(f'风险的种子词和扩展词词集是:{risk_words}')
```

风险的种子词和扩展词词集是:['风险','高风险','可能性','风险性','潜在','隐患','波动','波动性','震荡','变化','不确定性','不稳定性','模糊性','可能性','概率','复杂性']

```
def get_Aging_risk1(txt_text_words):
    # 总词数
    words_total = len(txt_text_words)
    # 只保留包含中文的词
    Chinese_words = [i for i in txt_text_words if re.search("[\u4e00-\u9fa5]",i)]


    # 老龄化关键词在全文的索引列表
    aging_index_list = [i for i in range(len(Chinese_words))if Chinese_words[i] in
aging_words]
    # 风险关键词在全文的索引列表
    risk_index_list = set([i for i in range(len(Chinese_words))if Chinese_words[i]
in risk_words])
    aging_risk_num_1 = 0
    # 遍历老龄化关键词索引,判断前后距离小于 10 是否是风险关键词
    for aging_index in aging_index_list:
        # 老龄化关键词与风险关键词的距离小于 10 的次数
        for num in range(-9,10,1):
            if aging_index + num in risk_index_list:
                aging_risk_num_1 += 1
                break

    # 复合型指标 Aging_risk1
    Aging_risk1 = aging_risk_num_1/words_total
    # 保留 10 位有效数字
    Aging_risk1 = round(Aging_risk1,10)
```

```
    return Aging_risk1
def get_Aging_risk2(txt_text):
    lines = txt_text.strip().split("\n")        # 所有句子
    lines_total = len(lines)        # 总句频
    aging_risk_num_2 = 0
    for line in lines:        # 依次遍历每个句子
        aging_list = [i for i in line.split("")if i in aging_words]        # 在句子中的老龄化关键词
        risk_list = [i for i in line.split("")if i in risk_words]        # 在句子中的风险关键词
        if len(aging_list)> 0 and len(risk_list)> 0:        # 老龄化关键词与风险关键词同时出现的句子数
            aging_risk_num_2 + = 1
    Aging_risk2 = aging_risk_num_2/lines_total   # 复合型指标 Aging_risk2
    Aging_risk2 = round(Aging_risk2,10)        # 保留 10 位有效数字.
    return Aging_risk2
# 遍历存放分词结果的目录,统计复合型指标
fileProcess = []
for root,dirs,files in os.walk("Data\\CH3\\jieba_seg"):
    fileProcess.extend([os.path.join(root,file)for file in files])
csv_data = []
for txt_path in fileProcess:
    file_name = txt_path.split("\\")[-1].split(".")[0]
    security_code = file_name.split(" - ")[0]
    rep_year = file_name.split(" - ")[1]

    with open(txt_path,"r",encoding = "utf - 8")as f:        # 读取文件
        txt_text = f.read()
    txt_text_words = txt_text.strip().replace("\n","").split("")        # 将分词文件通过空格切成词

    Aging_risk1 = get_Aging_risk1(txt_text_words)
    Aging_risk2 = get_Aging_risk2(txt_text)
    csv_data.append([security_code,rep_year,Aging_risk1,Aging_risk2])

data = pd.DataFrame(csv_data,columns = ['security_code','rep_year','Aging_risk1','Aging_risk2'])
print(data.head())
filename = r"Data\CH5\复合型指标\复合型指标.csv"
data.to_csv(filename,index = False)
```

结果示例如下：

```
security_code rep_year  Aging_risk1  Aging_risk2
0       000418     2008          0.0     0.000000
1       000418     2009          0.0     0.000000
2       000418     2011          0.0     0.000000
3       000418     2012          0.0     0.000546
4       000418     2013          0.0     0.000528
```

3. 结果对比与分析

两个老龄化风险指标 Aging_risk1 与 Aging_risk2 的相关系数为 0.605，并且在 1% 的水平上显著相关，表明基于词频与句频层面计算的复合型指标在反映企业对人口老龄化风险的关注上具有一致性。

5.3.3　小结

1. 其他应用场景

前文主要介绍了结合特定主题与情感或风险的复合型指标，但这类指标的应用范围远不止于此。

例如，基于机器学习方法可以识别疫情对企业供需影响的相关文本。这种分析结合了疫情这一主题与供需相关的关键词，专注评估疫情对企业供需两端的冲击。类似地，我国学者对中国 A 股上市公司的管理层讨论与分析章节进行分析，识别了中美贸易战对于企业产生实际影响的语句。具体而言，该研究要求中美贸易战的关键词与“影响”“削弱”“降低”“增加”等表述实际影响的关键词出现在同一句话中。基于这一分析思路，复合型指标的应用可进一步扩展。例如，在衡量企业绿色创新时，可以通过识别“创新”与“绿色”相关关键词的共现，来评估企业在绿色环保方面的创新程度。总体而言，复合型指标具有广泛的应用潜力，不仅局限于情绪或风险的测量，还可以灵活应用于各种企业分析领域，等待进一步探索和发掘。

2. 注意事项

1）词典选择与指标准确性

复合型指标通常涉及两个或更多词典的结合使用，而词典的选择对指标的准确性至关重要。在针对特定事件或冲击的研究中，往往需要构建自定义词典。研究人员必须确保所构建的词典与分析文本的语义高度契合，避免词汇与实际语境脱节。特别是在使用现有的情感词典时，由于不同领域的适用性可能存在差异，研究人员应考虑领域特异性，并根据需求调整词典内容，以提高分析的准确性。

2）共现分析的阈值选择

在计算关键词的共现频次时，选择合理的阈值（例如，词间距离为10个词以内或同一子句）至关重要。阈值过小可能会遗漏重要信息，而阈值过大则可能引入不相关的噪声。研究人员应根据文本特点和研究目标谨慎调整阈值，甚至可以通过实验比较不同阈值下的分析结果，以确保所选阈值能够准确捕捉关键词间的语义关联。

3）句子层面与词频层面的选择

复合型指标的计算既可以基于词频，也可以基于句频层面。虽然词频分析能够全面覆盖文本中词汇使用情况，但在处理复杂概念和长句时可能无法深入捕捉词汇的具体语义和上下文关系。因此，研究人员应根据研究问题的复杂性与文本特征，灵活选择分析层次，以确保结果的准确性和解释力。

5.4 概念效度检验

5.4.1 效度检验介绍

1. 效度检验概念

效度检验旨在衡量所构建指标是否能够准确测量其意图测量的概念（Short 等，2010）。在管理学研究中，由于很多构念难以直接观测，研究人员经常依赖于内容分析来进行测量。文本分析因其能够高速处理大量样本而受到青睐，但如何验证所构建指标的有效应对产业和科研人员来说仍是一个挑战。

2. 效度检验方法

效度检验方法在科学研究中呈现多样化。例如，Short 等（2010）将效度检验方法概括为内容效度，聚合效度，区分效度，持续性，可靠性和移动性检验等。其中，内容效度是衡量所构建指标是否涵盖了目标概念的关键维度。在文本分析中，内容效度要求所创建的词典要全面反映构念的各个维度。例如，Qiu 等（2023）对管理会计词集所在年报内容进行了人工阅读以判断相关管理会计词集是否准确反映了企业管理会计的真实实践情况。

作为对新构建指标有效性检验最有效的方法之一，聚合效度检验通过验证针对同一指标的多种测量方式（包括但不限于基于多种样本或使用不容数据源）之间的相似性来检验指标的有效性。聚合效度越高，新构建指标的有效性越高。例如，胡楠等（2021）将入选“中国上市公司口碑榜”的董事长信息与所构建管理层短视文本指标进行匹配且发现上榜最佳董事长的短视指标分布于中低组，进而验证了其构建短视文本指标的有效性。

区分效度主要用于多维度指标的有效性检验。该效度检验主要验证各维度之间是否相关但是可区分。参照 Short 等(2010)的作法，Qiu 等(2023)采用 Pearson 相关系数矩阵来探索不同管理会计维度之间的关系。结果显示大部分管理会计实践维度之间的相关系数在 1%的水平上显著正相关，且相关系数大小低于 0.2，进而验证了管理会计文本指标区分效度的有效性。

其次，基于所构建概念的基本属性，研究结果需要对所构建指标的持续性、可靠性和移动性进行进一步验证。Qiu 等(2023)依据管理会计的自身特性，采用时间序列上的自相关检验、ANOVA 估计量计算的双向组内相关系数(ICC)以及多个移动指数(Bartholomew 和 Determinant 指数)对管理会计实践文本指标进行持续性、可靠性和移动性检验。

最后，预测效度是指所构建指标是否能够有效预测假设。文章可通过对现有经典文献的复制来对预测效度进行检验。文献复制结果与历史文献保持一致，证明了利用文本分析方法所构建指标的预测效度是稳健的(胡楠等，2020)。胡楠等(2021)通过对管理者短视与盈余管理之间的关系进行实证分析进而对所构建管理层短视文本指标的预测性进行检验。该研究结果与前人发现保持形似，因此验证了其指标的预测有效性。

除此以外，现有文献还采用多样化效度检验方法以验证其文本指标的有效性。例如，可视化分析(时间趋势和行业分布等)、方差分析法、案例分析以及影响因素分析等。

5.4.2　效度检验实战：人口老龄化

本章以人口老龄化指标为示例对文本构建指标的效度检验过程进行展示。具体而言，本章节以 2006—2015 年随机抽取的 200 家制造业公司为样本，对人口老龄化指标进行有效性检验。有效性检验内容包括内容效度、聚合效度和方差分解检验。

1. 内容效度

在内容效度检验中，本节分析了人口老龄化关键词在年报中的语境。如表 5-15 所示，人口老龄化关键词在年报中呈现的位置主要集中在经营情况讨论与分析章节中关于公司未来发展面临的风险、机遇、重要事项和财务报告章节中有关职工薪酬的部分。这表明：当企业感知到人口老龄化的必然趋势或给其经营业务、劳动力成本等方面带来潜在机遇和挑战时，越倾向在年报中谈及与人口老龄化相关的信息，这印证了人口老龄化文本指标在内容效度上的有效性。

表 5-15 人口老龄化关键词在公司年报中的示例

公司信息	年报示例
002022 科华生物	随着全球经济的增长、人口数量的增加，社会老龄化程度的提高，以及人们对健康意识的不断增强等多方因素，推动了全球卫生总费用支出的快速提高，医疗卫生体系建设已成为世界各个国家政府首要解决的问题。
002735 王子新材	近年来，劳动力供求的结构性矛盾及老龄化加速导致劳动力成本进入上升通道，“民工荒”背景下，各地尤其是沿海地区上调工资标准的频率及幅度逐渐增大，我国制造业的劳动力成本优势正逐渐消失。
002026 山东威达	在我国产业结构优化调整、技术升级换代步伐加快、人口老龄化日趋严重、劳动力红利逐渐消失、国家政策积极支持高端化、智能化制造业发展的背景下，智能制造装备产业作为我国高端装备制造业的重点发展方向，发展空间广阔。
002107 沃华医药	如果新增人口颓势无法及时遏制，未来中国老龄化速度会以极高斜率上升，“十四五”期间中国或进入中度老龄化社会，2030 年之后 65 岁及以上人口占总人口的比重或超过 20%，届时中国将进入重度老龄化社会。妥善应对人口结构迅速老龄化对各项事业的冲击，关系到国家安危、社会发展。

2. 聚合效度

已有文献指出，人口老龄化会导致企业雇员的年龄结构趋于老化（Poterba，2014；Eggertsson et al.，2019）。为了检验人口老龄化文本指标是否也能反映出企业层面老龄化的员工年龄结构，本节考查了人口老龄化文本指标与企业 50 岁及以上员工占比之间的关系。首先，本节比较了样本企业 50 岁及以上员工占比在人口老龄化感知高组和低组的均值差异。企业 50 岁及以上员工占比数据来自国泰安数据库的“员工结构组成表”①。在表 5-16 Panel A 中，本节按照人口老龄化文本指标 Aging 的全样本均值将样本分为高组和低组，然后计算企业 50 岁及以上员工占比 Above50 在高、低两组的均值。结果显示，人口老龄化文本指标高组的 50 岁及以上员工占比 Above50 为 0.067，高于低组的 0.053，且两个均值存在显著差异。其次，本节检验了人口老龄化文本指标 Aging 与 50 岁及以上员工占比 Above50 的相关系数。结果如表 5-16 Panel B 所示，两者显著正相关。以上结果表明，对人口老龄化影响的感知程度较高的企业，其 50 岁及以上员工占比也较高。这说明本节构建的人口老龄化文本指标能够一定程度上折射出企业层面趋于老龄化的雇员年龄结构。

① 此数据的来源是企业披露的独立社会责任报告或企业随年报披露的社会责任报告。由于企业在披露员工年龄时使用了不同的表述方式，本节通过手动筛选“＞50”“＞50 岁员工人数”“＞＝50 岁数”“50 岁或以上”“50 岁至 60 岁”等关键词得到 50 岁及以上员工总人数，然后用 50 岁及以上员工总人数除以企业员工总数得到 50 岁及以上员工占比。随后，将 50 岁及以上员工占比数据和人口老龄化文本指标数据合并，最终得到 164 个观测值。

表 5 - 15　50 岁及以上员工占比均值检验

Panel A 50 岁及以上员工占比均值检验					
变量名	Aging 低组样本量	Aging 低组均值	Aging 高组样本量	Aging 高组均值	均值差异
Above50	89	0.053	75	0.067	−0.014 *
Panel B Aging 与 50 岁及以上员工占比 Above50 的相关系数					
	Above50		Aging		
Above50	1.000				
Aging	0.210***		1.000		

3. 方差分解检验

为了进一步证明人口老龄化文本指标捕捉到了企业层面对人口老龄化影响感知的异质性，本节借鉴 Sautner 等(2023)的方差分解(variance decomposition)方法，将人口老龄化文本指标作为被解释变量，比较不同控制变量和固定效应情形下回归模型的解释力度。结果如表 5 - 17 所示，Panel A 和 Panel B 分别列示了 R^2 和调整 R^2 的结果。以 Panel A 为例，第(1)(2)(3)列分别是单项固定效应、老年抚养比(ODR：old dependency ratio)＋单项固定效应、老年抚养比＋其他影响因素＋单项固定效应的 R^2。首先，未加入任何固定效应时，老年抚养比对人口老龄化文本指标的解释力度仅为 1.8%，即使控制了其他影响因素之后，模型的解释力度也仅提高至 11.7%。其次，在各单项固定效应中，公司固定效应的解释力度为 44.4%，远高于行业的单项固定效应。在逐步加入老年抚养比和其他影响因素后，公司固定效应的解释力度提高至 57.1%，这一方面表明人口老龄化文本指标很大程度上捕捉到了不同公司对人口老龄化影响感知的异质性，另一方面仍有 42.9%的残差未被模型解释，这代表同一家公司随着时间变化对人口老龄化影响的感知程度不同。Panel B 使用调整 R^2 也显示了相同的结论。这再次证实了人口老龄化文本指标能够捕捉到微观企业对人口老龄化影响感知的异质性。

表 5 - 17　方差分解检验

Panel A	R^2			
	(1)	(2)	(3)	(4)
Controls	None	ODR	ODR＋Firm Attributes	Improvement in R^2
No FE	0	0.018	0.117	
Industry FE	0.104	0.120	0.203	0.086
Firm FE	0.444	0.461	0.571	0.454

续表

Panel B	Adjusted. R^2			
	(1)	(2)	(3)	(4)
No FE	0	0.017	0.103	
Industry FE	0.072	0.088	0.163	0.060
Firm FE	0.331	0.351	0.475	0.372

5.4.3 小结

总结而言,效度检验是确保所构建的指标能够准确反映理论构念的过程,其应用在管理学研究中尤为重要。效度检验的方法呈现多样化,包括并不局限于内容效度、聚合效度、区分效度、持续性、可靠性和移动性、预测效度以及可视化分析、方差分析、案例分析等。在有效性检验中,研究人员需要根据所构建指标的内涵概念以及概念特性选择合适的效度检验方法。

5.5 本章总结

本章通过多个实际案例,深入解析了如何利用 NLP 技术在经济管理中的不同场景下构建测度指标。首先,探讨了与内容相关的单维度与多维度指标,如管理层短视和人口老龄化,并使用实际数据进行演练。其次,本章介绍了与内容无关指标的构建,如文本可读性和情感分析,并展示了不同方法的优劣。复合型指标则结合了多种分析方法,展示了其在复杂问题中的应用价值。最后,概念效度检验的实战部分为研究人员提供了如何评估 NLP 测度结果准确性的方法。通过这些内容,读者不仅能够掌握 NLP 技术在经管中的应用,也能够结合不同场景灵活使用这些技术,增强研究的科学性和实用性。

关键术语

管理层短视　时间导向　Word2Vec　CBOW 模型　老年抚养比　方差分解
效度检验　内容效度　聚合效度　区分效度　管理会计实践　ARI　SMOG
情感分析　语调　朴素贝叶斯　支持向量机　卷积神经网络　长短期记忆网络
Transformer 模型　敞口　文本相似性　余弦相似度　欧几里得距离

第 6 章　大语言模型原理与应用

本章导读

在过去的几十年中，自然语言处理(NLP)领域经历了多次技术变革。从传统的基于规则的方法，到后来的统计方法和机器学习方法，每一次技术的飞跃都带来了更加智能和准确的自然语言理解和生成能力。近年来，大语言模型(large language models，LLMs)的出现标志着这一领域进入了一个全新时代，而其中最具代表性的模型之一便是生成式预训练转换器(generative pretrained transformer，GPT)。本章将首先对大语言模型进行介绍，包括大语言模型的发展历史和大语言模型所具备的能力。接着，本章以 GPT 系列模型为例，详细剖析大语言模型的基本框架和训练原理。随后本章简单讨论了现存的不同大模型之间的异同以及其各自的特点。最后，本章介绍大语言模型在管理学领域中的学术应用，不仅包括探讨如何利用大语言模型提取传统管理指标、总结财务信息、解读政策、预测公司盈余等，还包括分析大语言模型在社会科学实验中的应用，探讨其对生产效率的提升和对社会公平的积极影响。本章节的主要学习目标点包括：

- 了解大语言模型的发展历史与演变过程以及大语言模型所具备的能力。
- 理解大语言模型的框架和训练原理。
- 了解不同大语言模型的异同及其各自特点。
- 掌握大语言模型在管理学领域中的提示语工程技术以及如何使用该技术将其应用于管理学研究。

6.1　大语言模型介绍

6.1.1　大语言模型的概念与特征

2022 年 11 月，OpenAI 发布了一款名为 ChatGPT 的聊天机器人。ChatGPT 不仅能够出色地完成用户所给予的各项任务，还展示了较强的类人能力(human-like capabilities)。此外，ChatGPT 的底层模型更是拥有 1750 亿的参数。ChatGPT 的性能之好，模型之大，使其很快吸引了人们的眼球。自那之后，大语言模型的概念一夜爆红，以燎原之势传播到各行各业之中。顾名思义，大语言模型即是指像 ChatGPT 这样的具有超大规模参数(通常在十亿级别以上)的预训练神经网络模型。

与传统的机器学习模型不同,大语言模型具备独特的少样本学习能力(few-shot learning),并拥有很强的泛化性。这种能力不仅使得大语言模型仅通过少量的示例便能学习和理解其所需要执行的任务,而且还允许大语言模型在不经过重新训练的情形下快速迁移到其他任务。

图 6-1 通过一个具体的情感识别任务展示了大语言模型的少样本学习能力。假如使用支持向量机模型执行同样的任务,则需要首先收集充足数量的已经被标定好是积极,中立,或是消极的句子。这些句子通常会被随机分为两份,一份用于模型训练,另一份用于模型测试。然后建立模型,用指定的训练数据训练模型,调整模型参数。最后使用另一份非训练数据(hold-out sample)评估模型效果。一切完成之后,便可以将那些需要判断的句子(同样也是一批新的,未经模型训练的句子)输入给模型,模型则会输出相应句子的语调(即积极,中立,或是消极)。而对于 ChatGPT 等大语言模型而言,用户仅需要给出 2 到 3 个甚至更少的示例,模型便能够学习其需要完成的任务并输出相应的结果。

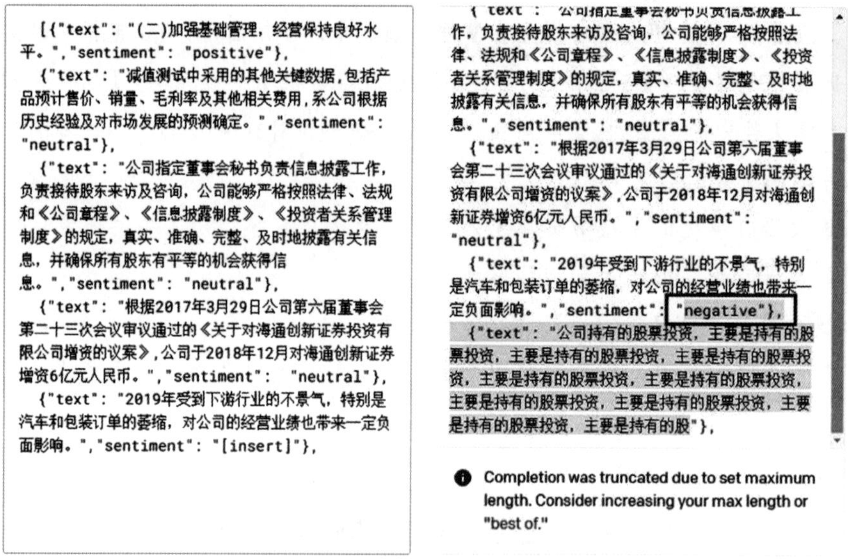

图 6-1 使用少样本学习进行语调识别

6.1.2 大语言模型的发展史

尽管大语言模型的出现展现出技术爆炸的趋势,但从本质上看,这一现象是自然语言处理领域发展的必然结果。传统的有监督模型,例如朴素贝叶斯、随机森林、或支持向量机等,在应用上面临两个巨大挑战:

(1)对每一个新任务,这些模型的训练都需要基于该任务的大量标定数据。

(2)这些模型通常针对单一任务进行训练，它们对新任务的泛化性较差。

这就意味着，当需要执行另一个新任务时，必须要使用基于该任务的大量标定数据重新训练该模型。在 NLP 研究中，这些过程不仅耗时费力，还在一定程度上限制了模型的泛化能力和跨任务迁移能力。鉴于上述挑战，研究者们开始思考能否预先训练一个具备强大通用文本表示能力的基础模型，以便在后续的多样化下游任务中快速适配和应用。

1. 预训练＋微调方法

在这一思路的驱动下，预训练模型(pre-trained language models，PLMs)应运而生。预训练是指先对模型在一个大数据集上训练，使模型能够在该过程中学习数据的一般特征，从而捕捉到对下游任务有益的丰富知识，如长期依赖关系、层次关系等。在应用时，对模型在一个较小的、特定任务的数据集上进行微调(fine-tuning)，使其可以很容易地适应不同的下游任务。早期的预训练模型，如发布于 2013 年的 Word2Vec 和发布于 2018 年的 ELMo，也是先在大量数据集上进行预训练，然后运用于下游任务。其中，ELMo 得益于其双 LSTM 的架构解决了 Word2Vec 未能解决的一词多义问题。但不管是 Word2Vec 还是 ELMo，这些模型都不属于本节所讨论的预训练＋微调范式的 PLMs 范畴，因为这些模型在预训练后的参数是固定的，模型的本质目的是为了得出更加准确的词向量，或者说是词的表示。在应用到下游任务时，这些词的表示通常将作为一个新的输入(例如，前一章节中所提到的用 Word2Vec 训练后的模型生成相似词，计算文本相似性等)，而模型本身的参数并不进一步改变。相比于此，预训练＋微调模式的不同在于，在预训练阶段，模型在通用语料上进行训练，学习一般的文本特征及关系。在微调阶段，模型连接下游特定任务，使用少量数据集再反过来对模型的顶层参数进行更新，使其能够更好地理解和应用于下游任务。

可以说是在 Transformer 架构于 2017 年发布后，NLP 领域的 PLMs 才火速兴起，其中最为经典的模型便是 BERT(bidirectional encoder representations from transformers，BERT)和 GPT。BERT 和 GPT-1(GPT-n 代表第 n 代 GPT 模型)是同在 2018 年发布的模型。二者的不同之处在于，BERT 模型是一种双向的 Transformer 编码器(encoder)，而 GPT 模型则仅仅使用了 Transformer 的解码端(decoder)。这种算法架构上的差异性，使得二者有着不同的预训练任务，进而导致二者在应用场景上有一定差异，例如，BERT 更加适用于文本理解任务，而 GPT 则更适用于文本生成任务。得益于 Transformer 的注意力机制(attention mechanism)，这两个模型展现出了卓越的词表示(word representation)能力，经过针对特定任务微调后的模型在广泛的 NLP 任务当中取得了一系列达到最高水准的结果(state-of-the-art，以下简称 SOTA)。在参数规模上，GPT-1 与 BERT-Base(BERT 的基本模型)相当。然而，BERT 在公开评测数据集上产生了比 GPT-1 更优的效果。因此，BERT 模型最先在学术界风靡起来，除了像 RoBERTa，XLNet 等改进模型外，学者们还基于

BERT 模型开发了一系列适用于不同垂直领域的变体。例如，更适用于中文语料的 MacBERT 和更适用于财经领域的 FinBERT。

尽管在这样的预训练+微调模式下，模型获得了更强的性能以及一定的泛化性。但一个不可否认的事实是，模型仍然存在上述传统机器学习在应用上的短板：

①微调阶段仍然需要一定量的标定数据对模型参数进行调整。

②模型仍然是任务特异的(task-specific)，即需要针对特定任务进行微调。

与此同时，OpenAI 的科学家们还注意到了以下两个现实问题：

①在预训练阶段，模型通常会被给予上亿的数据量，而在微调阶段，数据量则通常是成百上千的。在这种情况下，模型很可能过度依赖预训练阶段的大量数据，从而降低模型泛化到不同特定任务上的能力。

②这种仍然需要成百上千数据集进行微调的范式，与人类的学习能力完全不同。人类通常仅需要一些简单的指令(instruction)或者提示语(prompt)，通过一些示例(demonstration)，就可以学习和执行相应的任务。因此，彻底解决上述问题，就意味着需要语言模型仅通过一次预训练，后续不经过任何针对特定任务的参数微调，便足以学习和执行各种 NLP 任务。

2. 无微调多任务学习方法

对于上述问题，OpenAI 给出的答案是，增大模型参数规模(scaling up)。OpenAI 在 2019 年发布了 GPT 的第二代产品，GPT-2。GPT-2 拥有相当于 GPT-1 十多倍的参数规模，且采用了更大的数据集训练。基于 GPT-2 的实验结果表明，即使不针对任何特定下游任务进行参数微调，GPT-2 仍然能良好的执行一些 NLP 任务。因此，OpenAI 团队认为，当一个大型语言模型在一个足够大和多样化的数据集上接受训练时，它能够在许多领域和数据集上表现良好。尽管 GPT-2 并没有在多种任务上表现出 SOTA，但其表明了通过扩大模型规模来开发不需要经过微调的通用语言模型的可行性。

经 GPT-2 的启发，OpenAI 团队于 2020 年发布了其 GPT 的第三代产品，GPT-3。GPT-3 的参数达到了惊人的 1750 亿，足足在 GPT-2 的基础上进一步扩大了 100 多倍。GPT-3 首次提出了“上下文学习”的概念(in-context learning，ICL)。ICL 是一种模型能力，它允许模型通过在输入中提供几个示例(即上下文)来理解并执行特定任务。模型不需要显式训练，而是通过输入中的示例来推断如何完成任务。这也通常被称之为大语言模型的少样本学习能力，其中“零样本学习”和“单样本学习”则相应指输入示例的数量为 0 和 1。相比于 GPT-2，GPT-3 则在多个自然语言处理任务中表现出 SOTA，同时对于需要复杂推理或领域适配的任务也显示出良好的解决能力。研究指出，上下文学习对于大模型的性能增益尤为显著，而对于小模型则收益较小。

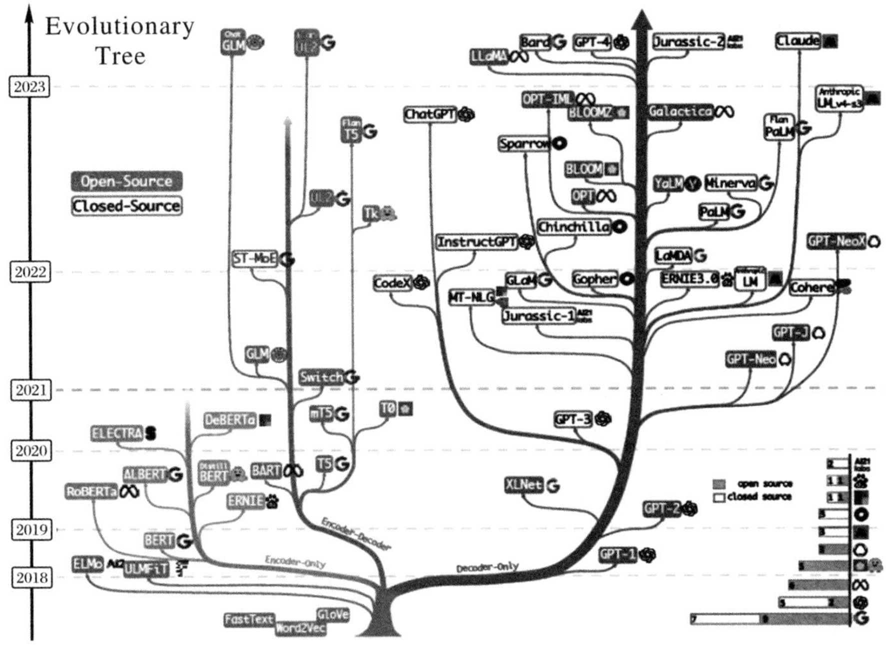

图6-2 大语言模型的演化树

注:该图示来源于论文Yang等(2023)。

GPT-3的问世标志着大语言模型时代的正式开启。在此基础上,OpenAI于2021年推出了Codex模型。Codex通过在GitHub的海量代码数据上进行微调,显著增强了模型在代码生成与理解方面的能力。这一改进大幅提升了模型解决复杂编程任务的能力,为自动化代码生成、调试和解释提供了技术支撑。

在此过程中,OpenAI还开发了一种基于对比学习的方法,用于训练文本和代码的嵌入表示。这种方法有效提高了模型在文本和代码任务中的性能表现。通过这些关键技术的推进,GPT-3.5应运而生。GPT-3.5不仅在代码处理能力方面表现出色,还在文本生成的连贯性、准确性和灵活性上实现了显著提升。这一阶段的研究表明,在代码数据上进行专门的训练,对提升大语言模型的综合性能,尤其是代码生成和处理的能力,具有至关重要的作用。

为了进一步优化大语言模型的指令遵循能力,减少不良内容的生成,OpenAI于2022年推出了InstructGPT。InstructGPT的核心创新在于采用了基于人类反馈的强化学习算法(reinforcement learning with human feedback,RLHF)。RLHF方法通过人类反馈对模型输出进行评估和优化,从而显著改善了模型的交互性和可控性。这一方法的引入,使得模型在应对用户指令和生成更为安全的内容方面表现得更加可靠、稳健。

在GPT-3.5的基础上,OpenAI进一步推出了GPT-4.0。与其前代版本相比,GPT-4.0在多个方面实现了显著提升。首先,GPT-4.0在多模态学习方面取得了重要进展,能够处理图像、文本等多种输入形式。这使得模型在图片理解、图文匹配、图像生成等任务中具备了更高的灵活性和适应性。其次,GPT-4.0 在语言理解和生成的广度和深度上有了大幅度提升,展现出更高的逻辑推理能力和更强的跨语言适配能力。凭借这一能力,GPT-4.0 能够生成更符合语境的响应,极大地改善了用户在多语言环境中的使用体验。此外,GPT-4.0 在安全性和可控性方面也进行了优化。通过对 RLHF 方法的进一步改进,GPT-4.0 能够更准确地识别和规避不良内容,减少了有害生成内容的概率。这一改进使得 GPT-4.0 在企业和教育等对内容安全性要求较高的领域中得到了更为广泛的应用。

与此同时,OpenAI 推出了 GPT-4o,作为 GPT-4.0 的扩展和补充。与 GPT-4.0 相比,GPT-4o 更加强调模型的高效性和可扩展性。GPT-4o 采用了模块化的架构设计,能够根据用户的特定需求动态调整模型的资源使用和计算成本。这种灵活的设计使 GPT-4o 在部署大规模企业级应用中展现出更高的经济性和可操作性。值得一提的是,GPT-4o 在边缘计算和低延迟应用场景中具有独特的优势。由于采用了轻量化的模型结构和高效的计算架构,GPT-4o 能够在有限的硬件资源上高效运行,为物联网(IoT)设备和边缘设备的智能化提供了解决方案。此外,GPT-4o 在隐私保护方面也做出了改进,使其能够在本地设备上进行更多的计算,从而减少了对云端数据传输的依赖,保障了用户数据的隐私性和安全性。

ChatGPT 的成功推动了生成式人工智能(generative AI)的发展,自 ChatGPT 出现的两年内,各式各样的大语言模型以及基于大语言模型的聊天机器人问世。图 6-2 展示了大语言模型的演化树。除了由 OpenAI 开发的 GPT 系列外,还有像由 Google 开发的 PaLM 系列;由 Meta 开发的 LLaMA 系列等。在这一领域,我国的发展同样走在世界前沿。表 6-1总结了我国近些年推出的一系列效果卓越的大语言模型,例如由百度开发的文心大模型(聊天机器人产品为文心一言),阿里巴巴开发的通义千问大模型(聊天机器人产品为通义千问),清华大学团队开发的 GLM 大模型(聊天机器人产品为智谱清言),以及由 Moonshot AI 开发的 Kimi 大模型(聊天机器人为 Kimi)。尽管各种大语言模型在训练方法和应用场景上存在细节性的差异,但它们都基于一种共同的基础,即庞大的规模和以 Transformer 的解码器为核心架构的模型。正是这些优势,使得大模型能够在自然语言生成和理解方面展现出强大的能力。下一小节将对大语言模型所具备的能力展开深入探讨。

表 6-1 中文大语言模型汇总

模型名称	开发者	特点
通义千问	阿里巴巴	在多个评测中表现优异,适用于工业、金融、医疗等垂直专业场景,开源策略广受关注。
文心大模型	百度	专注于中文自然语言处理,在阅读理解、数学推理等任务中表现卓越,应用于智能办公等领域。

续表

模型名称	开发者	特点
GLM 系列	智谱 AI	在代码生成和复杂问题解决等任务中表现良好，中文处理能力与国际顶尖模型相媲美。
Kimi	Moonshot AI	支持长文本处理，输入长度可达 20 万汉字，适用于论文解读、方案策划、代码调试等多种应用场景。

6.1.3　大语言模型的能力

研究发现，语言模型的性能在一定条件下遵循类似幂律而非线性的增长规律，这意味着只要增加模型的规模（如参数数量）和使用更多的训练数据，模型的性能在很多任务上会持续提升。这种规律被称为大语言模型的伸缩法则（scaling law）。具体来说，伸缩法则的三个主要维度是：

（1）模型参数规模。增加模型的参数数量会使其有更高的表达能力，能够更好地捕捉语言中的复杂模式。

（2）训练数据量。更大的数据集让模型能够学习到更多的语言知识和上下文关联，这对于理解复杂的语言现象非常关键。

（3）计算预算。更多的计算资源让模型能够有效地处理更大的数据集和更复杂的模型结构。

1. 通用知识理解能力

伸缩法则对大语言模型能力的提升最为显著的体现，便是其在通用知识理解能力方面的飞跃。随着模型规模的扩大，它可以通过大规模的训练数据，学习到跨领域的广泛知识。这种知识涵盖了语言、社会、文化、历史、科学等多个方面，不仅包括“第一次世界大战开始于1914 年 7 月 28 日”这类事实性知识，还包括“人有两只眼睛”“太阳从东方升起”“世界有五大洲”“一天有 24 小时”等日常常识。

这种通用知识理解能力的增强，使得大语言模型在处理知识密集型任务时表现得尤为出色。首先，模型不再局限于单一领域的任务，而是具备跨领域的知识迁移能力，能够在管理、财务、会计、金融等多学科中灵活应用。例如，模型在财经文本的情感识别中，既需要具备对财经文本的精确理解能力，也需要熟悉财经语言的表达风格。

其次，这种广泛的知识积累还为模型的“常识推理”能力奠定了基础。在许多实际任务中，用户提出的问题往往是开放性的、具有不确定性的，而大语言模型可以通过其已有的常识库对问题进行推理。例如，当被问及“如果我早上不吃早餐会怎样?”时，模型不仅会基于生理常识给出“可能会感到疲劳、注意力不集中”等回答，还可能结合营养学知识补充健康建议。这种跨领域的推理能力使得大语言模型在日常对话、教育辅导和决策支持等任务中表现得更加智能和灵活。

更为重要的是，这种知识理解能力还使得大语言模型能够高效地处理少样本学习任务。在实际应用中，用户可能会提出模型从未见过的任务或问题，但由于大语言模型已掌握了丰富的领域通识和常识，能够在没有示例的情况下，直接生成高质量的响应。例如，当用户请求解释某一冷门的历史事件，模型可以依靠已学习的广泛历史知识提供准确的解答，而不需要事先专门训练这一特定任务。

2. 上下文学习能力

在伸缩法则的前提下，当模型规模增大到一定程度时，大语言模型就会产生涌现能力(emergent abilities)，也叫作大语言模型的涌现现象(如图 6-3 所示)。大语言模型的涌现能力指的是当模型规模增大且增加到一定程度时，某些新的能力在大模型中自发地出现，而在小模型中并不存在。具体来说，这些能力无法通过简单推断小模型的性能来预测。在小规模模型的训练中，其在某些任务上的表现可能是随机的，而直到模型达到某个临界规模后，性能突然大幅提升。通俗来讲，大语言模型可以被想象成一种“学习机器”。当这种机器足够小的

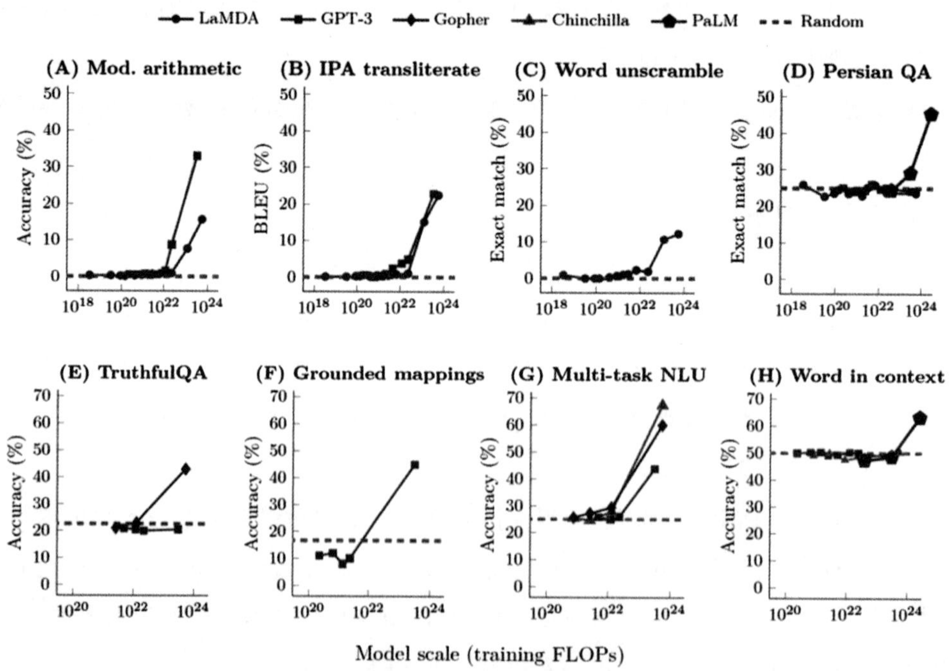

图 6-3 大语言模型的涌现能力

注：该图示来源于论文 Wei 等(2022)。

时候,它只能处理一些简单的任务,就像一个刚学会走路的小孩。然而,当给这个机器更多的"知识"(更多的数据和计算能力)时,它突然学会了很多以前不会做的事情,比如解决复杂的数学问题、理解不同语言的意思,甚至可以像人类一样进行推理。就像当给小孩更多的学习机会时,他突然就能做出一些令人惊讶的事情一样,语言模型在规模变大后也会突然展现出以前没有的能力。这些新能力并不是从一开始就能预测到的,而是模型自己"学会"的。

大语言模型最为经典的涌现能力之一便是前文已经提及的 ICL 或者说少样本学习能力。如图 6-4 所示,当模型的规模逐渐增加时,模型从上下文中学习的能力也逐渐增强。而当模型的参数量到达 1750 亿级别时,模型的上下文学习能力显著提升,甚至表现出了一定程度的 Zero-shot 和 One-shot 学习的能力(n-shot 是指给模型所提供的示例的数量,Zero-shot 即代表实例数量为 0,One-shot 即代表示例数量为 1)。

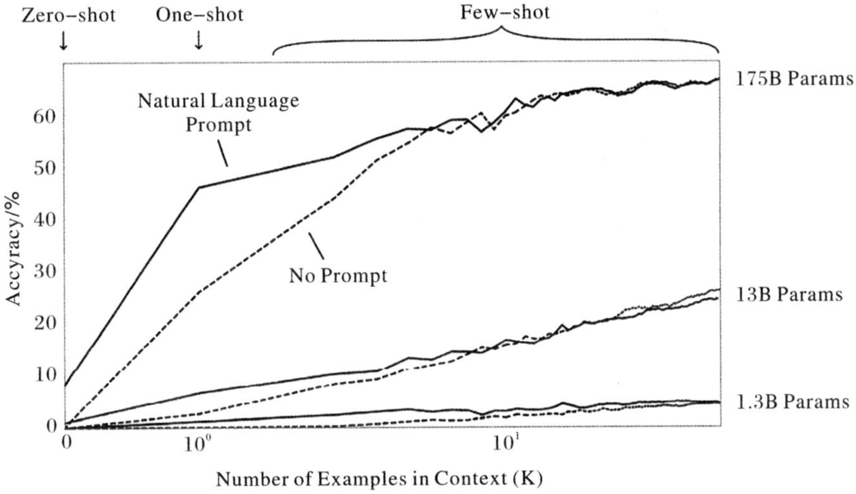

图 6-4　大语言模型规模和 ICL 的关系

注:该图示来源于论文 Brown 等(2020)。

当谈及 ICL 时,这意味着不需要像传统机器学习那样预先训练模型去应对某个特定任务。相反,用户可以直接在对话中通过提供一些上下文信息来"教"它如何完成一个任务。想象一下,当与模型对话时,通过一些提示告诉它想要的内容,它就能根据这些提示理解需要被解决的问题。举个简单的例子,假设你要让大语言模型生成一段关于气候变化的文章。你可以在对话中先给模型一段简单的开头,例如:"气候变化是全球面临的一个重大挑战。为了应对这个问题,世界各国都在采取不同的措施来减少温室气体排放。"通过这段提示,模型理解了你要讨论的主题是"气候变化",然后会基于你提供的上下文信息生成后续的文章,即 ICL 可以使模型从上下文中学习并直接生成与之相关的内容。

少样本学习是 ICL 的一个重要表现形式,它通过给模型提供少量示例,让模型能够在没有大量数据标注的情况下执行任务。相比于传统的机器学习方法，这是一种更为高效的学习方式。图 6-5 是 OpenAI 的科研人员对 ICL 的形象解释，模型可以通过所给出的示例学习其将要执行的任务，例如通过图中的 sequence 1，模型就会明白需要执行加法任务，当在后续给出模型一个新的算式“2+5=[]”时，模型就会输入“7”这个答案。再如在图 6-1 中所列举的与经管研究相关的例子，只需先给出模型示例内容，“句子 1→positive，句子 2→negative”，接着在后续给出一个新的需要判断的句子“句子 3→[]”时，模型就会输出该句子的语调。

值得注意的是，在此过程中，模型并非记住了具体示例，而是从训练数据中学习到如何根据上下文和示例进行推理。它能够灵活地处理新任务，即便它之前可能没有专门针对这些任务进行过训练。换句话说，模型在这个过程中并没有经过基于这些少量数据的进一步训练，也没有进行任何的参数更新。因此，ICL 大大减少了数据标注和训练的需求，尤其适用于更灵活的应用场景。

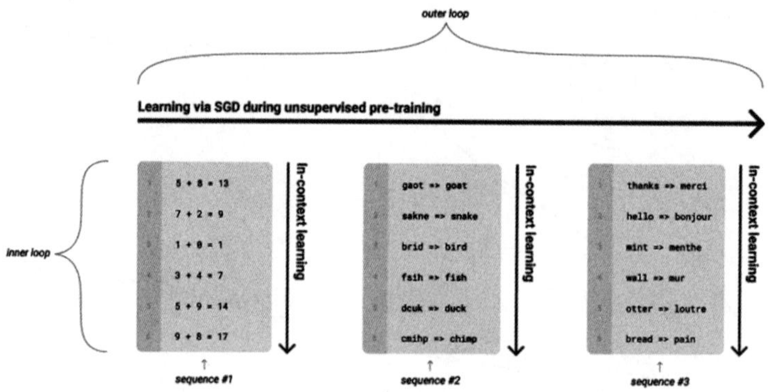

图 6-5　ICL 的工作流程

注：该图示来源于论文 Brown 等(2020)。

这种 ICL 能力为广大学科领域，特别是那些计算机科学之外的，如经管领域，提供了大量交叉研究机会。在大语言模型出现之前，如何标定高质量的数据，训练一个良好的模型往往是进行 NLP 交叉领域的主要挑战。当然，这些挑战本身也不属于经管研究人员应该深耕的范畴。而大语言模型，ICL 的出现，则将 NLP 交叉研究的重心转移到经管领域。学者们可以专注于如何构建有趣的研究问题，如何应用模型，而不是费尽心思地考虑如何构建模型本身。在 ChatGPT 出现的不到一年时间内，已经有不少经管学者使用 ChatGPT 开展了一系列有趣的研究，如股票价格预测(Lopez-Lira et al.，2023)，总结评价公司的财务报告(Kim et al.，2024)，甚至是扮演分析师对公司进行盈余预测(Li et al.，2023)。

3. 复杂推理能力

大语言模型的涌现能力之二便是其推理能力(reasoning)，这是小模型所不具备的。推理能力指当大语言模型在处理复杂任务时，它们能够推断出未明确给出的结论或关系的能力。推理能力包括归纳推理、演绎推理、类比推理等,可以帮助模型根据已知信息生成合理的推论,解决问题或回答问题。这种能力在大语言模型中至关重要,特别是当它们处理诸如问答、数学推导、逻辑推理、复杂任务的分步操作等场景时。通常,教会大模型如何进行推理,或者说使用大模型进行推理任务时,往往需要进行思维链提示(chain-of-thoughts, CoT)。CoT 提示的核心思想是将任务按照逻辑步骤进行拆分,并引导模型逐步执行每个步骤,使得模型在复杂任务中逐步解决问题。这种方式尤其适用于那些需要中间推导步骤才能得出正确结论的任务。在没有 CoT 的情况下,模型可能直接从问题生成最终答案,但对于需要推导的复杂问题,这种方式可能会导致结果不准确。CoT 提示通过在问题中增加分步引导,要求模型展示每一步推理过程,从而提升模型的推理表现。

图 6-6 给出了一个对大语言模型使用思维链提示的例子。可以看出,这是一个 One-shot learning,即只给大语言模型提供了一个示例。然而,当在示例中直接提供了问题的答案时,模型在处理后续新问题时却给出了错误答案。而当使用思维链提示时,即在示例的答案中添加了相应的推算步骤。在针对后续的新问题时,模型也相应地对该新问题进行分步推理,从而输出了正确答案。

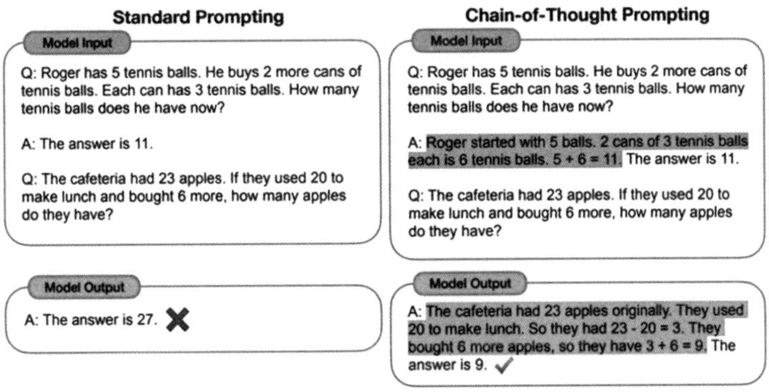

图 6-6　使用思维链提示进行基本算数

注:该图示来源于论文 Wei 等(2022b)。

总的来说,大语言模型的这些能力不仅使得经管学者以更加简单和低成本的方式执行传统的 NLP 任务,还为经管领域带来了大量的新研究机会。6.4 小节将通过一系列实例对大语言模型如何革新经管研究进行详细介绍。

6.1.4　小结

大语言模型的演化从早期的 Word2Vec、ELMo,到 BERT、GPT 系列,再到如今的 GPT-4.0 和 GPT-4o,展现了自然语言处理领域的技术飞跃。这一过程的背后,得益于模型的参数规模、训练数据量和计算资源的不断增长,这使得大语言模型的性能持续提升,并涌现出许多全新的能力。

首先，大语言模型借助庞大的参数规模和丰富的训练数据，具备了强大的通用知识理解能力。这一能力使得模型能够高效地处理跨领域的知识密集型任务，从法律文书生成、医学问诊到教育辅导和日常对话等场景，均表现出良好的适应性。其次，模型的上下文学习能力(ICL)和少样本学习能力使其在面对新任务时无须大规模标注数据和参数微调，仅凭少量的示例便能准确执行新任务。ICL的出现，使得研究人员能够更高效地探索新任务，减少了模型训练的成本和时间投入。大语言模型的另一关键能力是复杂推理能力。通过引入思维链提示方法，模型的逻辑推理能力得到了显著提升。这一方法允许模型将复杂问题分解为一系列的子任务，从而更高效地进行逻辑推理，显著提升了模型在数学计算、逻辑判断和多步骤任务中的表现。

此外，GPT-4.0 和 GPT-4o 的推出标志着大语言模型的多模态和高效部署能力的进一步发展。GPT-4.0 支持文本和图像的多模态输入，增强了模型的感知能力，而 GPT-4o 则专注于高效部署和计算资源的优化，适用于边缘计算和本地化部署，满足了企业和用户在隐私与安全方面的需求。

综上所述，大语言模型的演化不仅使得 NLP 领域的研究范式发生了变革，也推动了生成式人工智能的全面发展。大语言模型的 ICL、通用知识理解和推理能力，为经管领域的研究和实际应用提供了前所未有的可能性。随着大语言模型的持续迭代和优化，未来的生成式人工智能将在更多领域展现出变革性的潜力和应用价值。

任何事物都有其两面性。尽管大语言模型具有强大的能力，但它所产生的幻觉问题(hallucination)也不容忽视。由于训练数据的偏差或者缺少事实的支撑，大语言模型在生成内容时可能会输出不符合事实或完全虚构的信息。在这种情况下，如何正确看待大模型的幻觉问题并且正确使用大模型开展经管研究也成了一个重要问题。对于大语言模型，生成式 AI 的潜在伦理问题，第 7 章将展开详细论述。

6.2　GPT 模型详解

上一章节已详细介绍了大语言模型在 NLP 领域的发展历程及其强大能力。那么，这些能力是如何实现的？它们背后又依赖于哪些理论基础？本节将以 GPT 模型为例，分两部分详细解析其架构及训练方法。第一部分将介绍 GPT 的核心构件——Transformer 模型，解释为什么 Transformer 如此特别，以及为什么它会引领大规模预训练模型的演进；第二部分则会深入探讨 GPT 的训练原理，包括 GPT-1 的预训练和微调、多任务训练，以及人类反馈强化学习等关键概念。

6.2.1　GPT 模型架构介绍

与 BERT 一样，GPT 也是基于 Transformer 的预训练模型，但二者的区别在于，BERT 使用 Transformer 的 Encoder 端，而 GPT 则采用 Decoder 端。Transformer 是由 Vaswani 等人在 2017 年提出的全新神经网络架构，旨在解决序列转导任务中的效率问题（Vaswani et al.，2017）。与以往广泛使用的循环神经网络和卷积神经网络不同，Transformer 完全基于注意力机制，摒弃了序列计算中的递归（recurrence）和卷积（convolution），从而大幅提升了并行处理的能力。Transformer 框架的核心创新在于自注意力机制（self-attention mechanism），它使得模型在处理输入序列时，不再依赖于逐步处理，而是可以在每个输入元素之间同时建立全局依赖关系。自注意力机制通过计算序列中每个位置与其他位置之间的相似度，来判断它们的相关性。这种方式大大提升了模型在捕捉长程依赖关系时的表现。与此同时，Transformer 的出现向自然语言提供了一种自监督学习任务——掩码语言模型（masked language model）。通过该任务，语言模型能够进行自监督学习，无须大量标注数据。通过在海量未标注的文本上进行自回归训练，模型能够自动学习语言的结构和规律。Transformer 带来的以上种种优势，大大推动了大规模预训练模型的发展，也为后面大语言模型的出现打下基础，引领了 NLP 领域的革命。

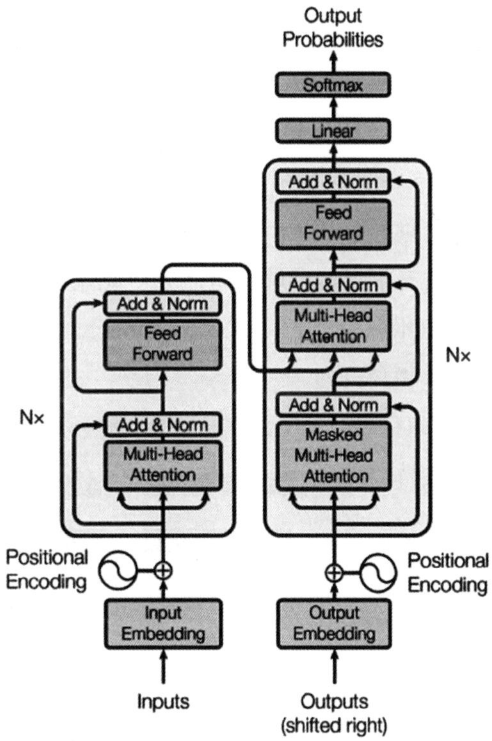

图 6－7　Transformer 原始架构

注：该图示来源于论文 Vaswani 等（2017）。

图 6－7 展示了 Transformer 的原始架构。Transformer 的左侧为编码端，右侧则为解码端。编码端的作用是将源序列中的每个词转换为向量表示，然后，这些向量通过叠加的多层注意力机制和前馈神经网络逐层处理，最终生成表示整个输入序列上下文信息的编码。所以，在编码端，输入就是将离散的词转化为向量表示（input embedding）。而解码端的任务是根据编码端生成的上下文表示逐步生成目标序列（如机器翻译中的翻译文本），因此其每一步的输入是自己本身所输出的前一个序列，所以也被

称之为 Output Embedding。Transformer 的大致结构图解如下。

1. Transformer 的输入

框架的最底部是 Transformer 的输入部分，在 Transformer 中，模型并不直接处理离散的词语或符号(如单词或字符)，而是将它们转换为连续的词嵌入。单词的 Embedding 有很多种方式可以获取，例如可以采用 Word2Vec、Glove 等算法预训练得到，也可以在 Transformer 中训练得到。此外，在 Input Embedding 和 Output Embedding 的上方均存在一个 Positional Encoding，这就是所谓的位置编码。众所周知，词语在一句话中的位置是非常重要的，例如“我喜欢吃苹果”和“苹果喜欢吃我”，就完全表达了不同的意思。同时，同一个词语在不同的位置也可能表达了不同的意思，即“一词多义”的问题。例如在英文语境下，“苹果”可以表达为一种水果，也可以表示为苹果手机。但由于 Transformer 没有循环结构或卷积操作，因此缺乏序列位置信息。为了解决这一问题，模型引入了位置编码，通过对输入 Embeddings 加入正弦和余弦函数来编码序列中各个位置的位置信息。位置编码通过使用不同频率的正弦、余弦函数生成，然后和对应的位置的词向量相加，位置向量维度必须和词向量的维度一致。具体公式为：

$$PE(pos, 2i) = \sin(pos/10000^{2i/d_{model}}) \tag{6-1}$$

$$PE(pos, 2i+1) = \cos(pos/10000^{2i/d_{model}}) \tag{6-2}$$

式中，pos 是指单词在句子中的绝对位置，例如在“我喜欢吃苹果”这句话中，词语“吃”在这句话的 pos=2(计算机下标从 0 开始)；d_{model}表示词向量的维度。$2i$ 和 $2i+1$ 代表奇偶性，i 则表示词向量的第几维(可以理解为d_{model}的对应下标)。这种编码方式允许模型在没有位置信息的情况下仍然能够学习序列中元素的相对位置。

因此，如图 6-8 所示，Transformer 中单词的输入表示最终由单词 Embedding 和位置 Embedding 相加得到。

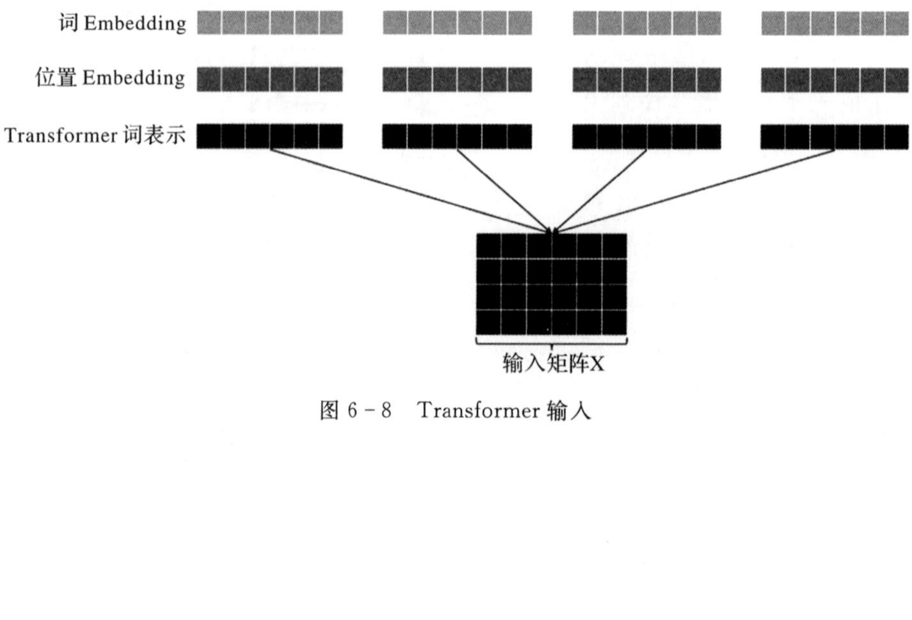

图 6-8 Transformer 输入

2. 自注意力机制(self-attention)

自注意力机制本质上就是先计算词与词(在计算机算法中,词语将会被表示为一个向量)之间的相似性(相关性),接着将该相关性信息添加到词向量中(可以通过向量点乘实现)。这种方式可以让模型捕捉输入序列中各个词与其他所有词之间的关系,无论它们在序列中的距离如何。图 6-9 展示了 Self-Attention 的结构。

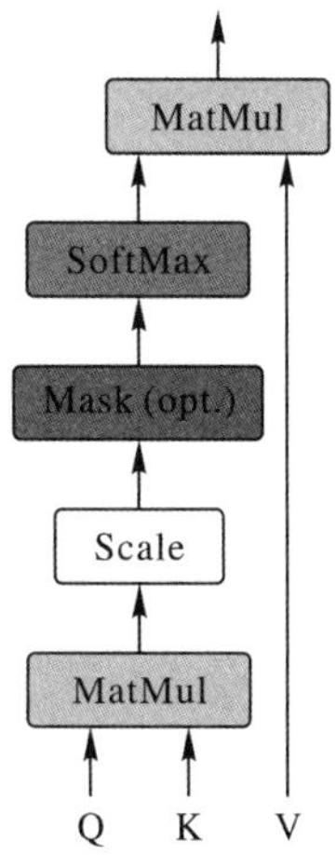

图 6-9　Self-Attention 结构

注:该图示来源于论文 Vaswani 等(2017)。

在计算时需要用到 Query(Q,查询),Key(K,键值),Value(V,值)三个矩阵。在实际中,Self-Attention 接收的是输入(单词的表示向量 ***x*** 组成的矩阵 ***X***)或者上一个 Encoder 的输出。而 Q,K,V 正是通过 Self-Attention 的输入进行线性变换得到的。

如图 6-10 所示,基于输入矩阵 ***X***,使用线性变换矩阵 ***WQ***,***WK***,***WV*** 计算得到 ***Q***,***K***,***V***,其中输入矩阵 ***X*** 和 ***Q***,***K***,***V*** 矩阵的每一行都表示一个单词。

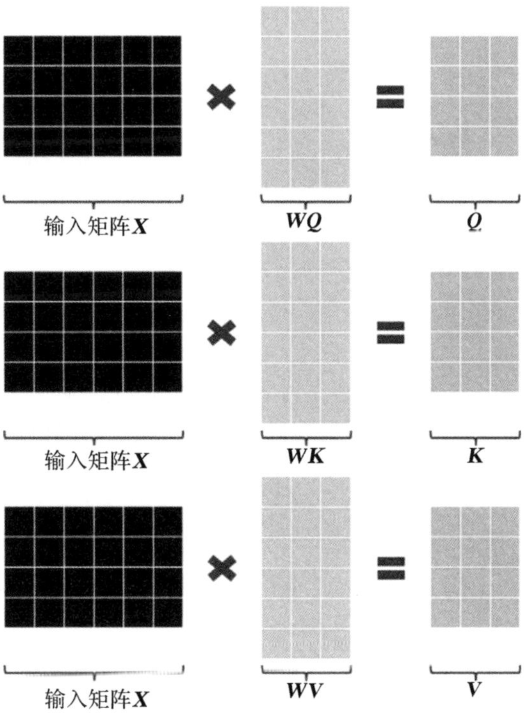

图 6-10　***Q***,***K***,***V*** 矩阵的计算

得到矩阵 $\boldsymbol{Q},\boldsymbol{K},\boldsymbol{V}$ 之后就可以计算出 Self-Attention 的输出了，计算的公式如下：

$$\text{Attention}(\boldsymbol{Q},\boldsymbol{K},\boldsymbol{V}) = \text{softmax}\left(\frac{\boldsymbol{QK}^{\mathrm{T}}}{\sqrt{d_k}}\right) \tag{6-3}$$

式中，$\boldsymbol{QK}^{\mathrm{T}}$代表计算矩阵 $\boldsymbol{Q}$ 和 $\boldsymbol{K}$ 每一行向量的内积，同时除以 $\sqrt{d_k}$，以防止内积规模过大。$\boldsymbol{Q}$ 乘以 $\boldsymbol{K}$ 的转置后，得到行列数都为句子单词数的矩阵，这个矩阵可以表示单词之间的 Attention 强度。图 6－11 展示了一个单词数为 4 的句子进行 Attention 运算的示例。

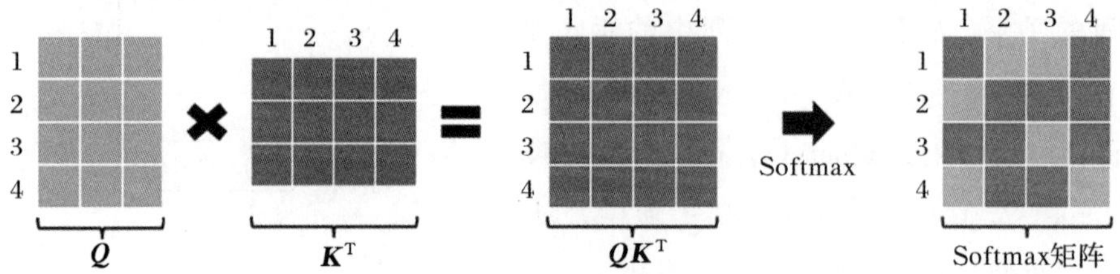

图 6－11　Attention 运算示例

得到 Attention 矩阵之后，使用 Softmax 计算每一个单词对于其他单词的 Attention Score，公式 6－3 中的 Softmax 是对矩阵的每一行进行 Softmax，即每一行的和都变为 1，从而可以代表单词之间两两的相关性强度。最后，如图 6－12，将 Softmax 矩阵与 $\boldsymbol{V}$ 相乘，得到最终的输出矩阵 $\boldsymbol{Z}$。

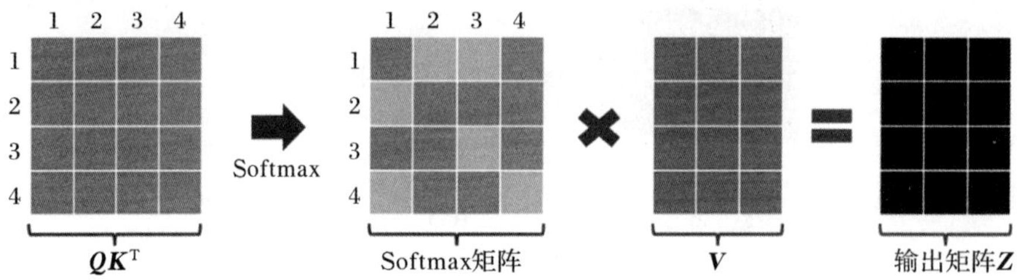

图 6－12　输出矩阵 $\boldsymbol{Z}$ 计算

如图 6－13 所示，Softmax 矩阵的第 1 行表示单词 1 与其他所有单词的 Attention Score，最终单词 1 的输出等于所有单词 i 的值向量 $\boldsymbol{Q}_i$ 根据 Attention Score 的比例加总得到。

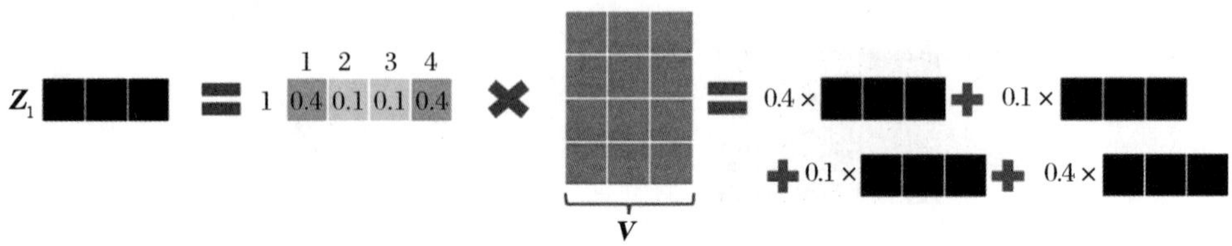

图 6－13　$\boldsymbol{Z}_i$ 的计算方法

3. 多头注意力机制(multi-head attention)

在 Transformer 架构的左右两端，可以看到都有一个 Multi-Head Attention，这就是多头注意力机制。多头注意力机制是多个自注意力机制的合并，图 6-14 展示了多头注意力机制的结构图。

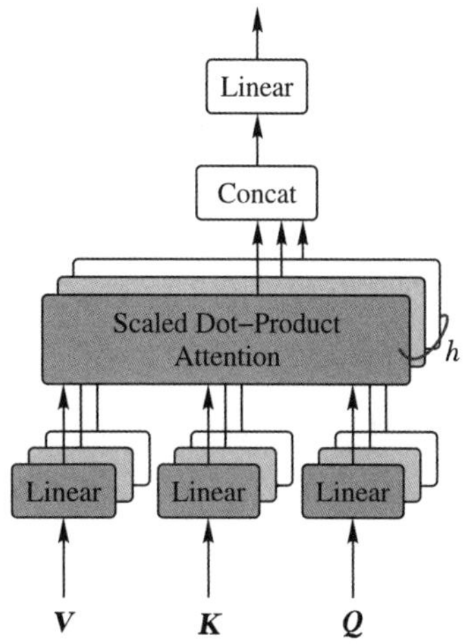

图 6-14 多头注意力机制结构

注：该图示来源于论文 Vaswani 等(2017)。

可以看到 Multi-Head Attention 包含多个 Self-Attention 层，首先将输入 $\boldsymbol{X}$ 分别传递到 h 个不同的 Self-Attention 中，计算得到 h 个输出矩阵 $\boldsymbol{Z}$。图 6-15 是 $h=10$ 时候的情况，此时会得到 10 个输出矩阵 $\boldsymbol{Z}$。

得到 10 个输出矩阵之后，Multi-Head Attention 将它们拼接在一起，然后传入一个线性变换层，得到 Multi-Head Attention 最终的输出 $\boldsymbol{Z}$。

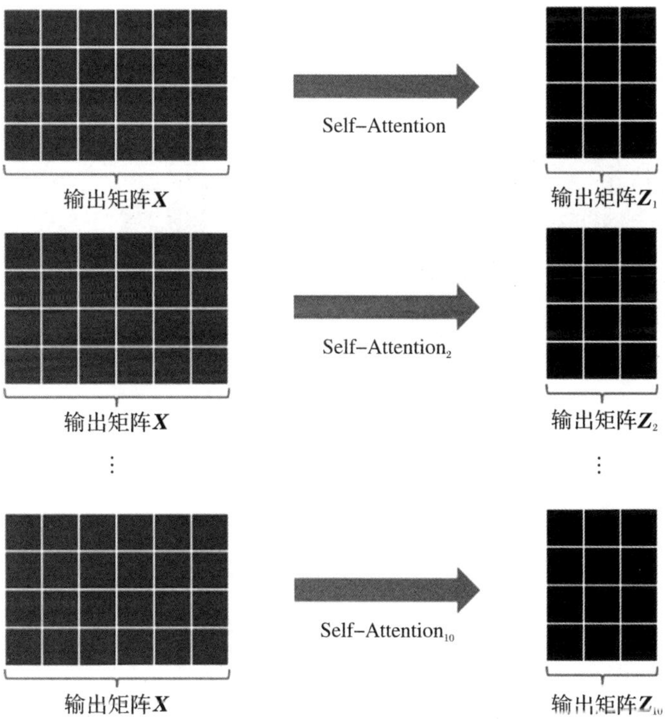

图 6-15 多个注意力机制

4. 掩码多头注意力机制(masked multi-head attention)

右侧解码端的第一个多头注意力机制采用了掩码操作,即掩码多头注意力机制。通俗来讲,这种机制与多头注意力机制的原理和目的一样,只是多加了一个掩码,掩码用 Mask 表示。增加这种掩码是为了避免解码层看见未来的信息,即要求解码端在输出时只能依赖前文的信息,而不能提前看到答案,从而更有利于文本生成任务。此外,解码端 Decoder 可以在训练的过程中使用 Teacher Forcing 并且并行化训练。Teacher Forcing 是指在序列生成任务中,训练模型时使用正确的前一个词作为输入,而不是用模型自己生成的前一个词作为输入来预测下一个词,这样可以加速训练并减少错误累积。Decoder 的输入还增加了开始标签(起始符、BOS 标记),这为生成模型提供了生成序列的起点,同时简化了模型对输入结构的理解。

例如,在一个文本翻译任务中,需要将“我喜欢吃苹果”翻译为“I like eating apple”。此时将正确的单词序列(<begin> I like eating apple)和对应输出(I like eating apple <end>)传递到 Decoder,在预测第 i 个输出时,就要将第 $i+1$ 之后的单词掩盖住。如图 6-16 所示,输入矩阵中的 0~4 行分别代表单词序列(<begin> I like eating apple)中的每个单词。Mask 矩阵是一个 $n \times n$ 的矩阵,其中 n 为输入矩阵的行数,即单词的数量。其中灰色的区域代表掩蔽掉的信息,通常将这些值设置为 $-\infty$ 来实现。在 Mask 矩阵可以发现单词 0 只能使用单词 0 的信息,而单词 1 可以使用单词 0 和 1 的信息,即只能使用之前的信息。

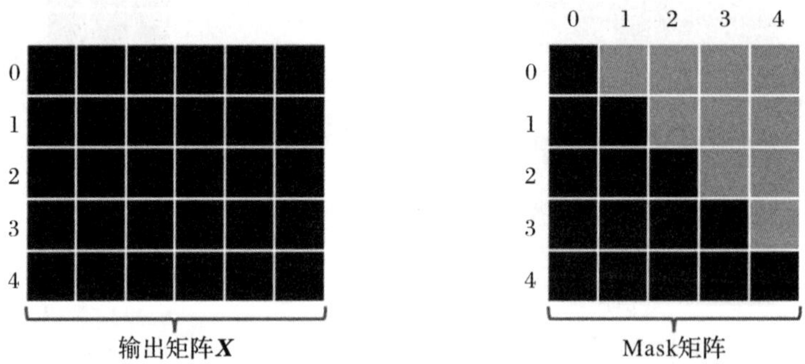

图 6-16　掩码注意力机制的输入矩阵和掩码矩阵

在自注意力机制中,单词间的 Attention score 通过首先计算 $\boldsymbol{QK}^{\mathrm{T}}$ 除以 $\sqrt{d_k}$,然后进行 $Softmax$ 变换得到。而在掩码注意力机制中,要首先将 $\boldsymbol{QK}^{\mathrm{T}}$ 矩阵与 Mask 矩阵进行点乘,即使用 Mask 矩阵遮挡住每一个单词之后的信息,如图 6-17 所示。

得到 Mask 之后在 Mask 上进行 Softmax,每一行的和都为 1。但是单词 0 在单词 1~4 上的 Attention score 都为 0。最后,与自注意力机制类似,将 Mask $\boldsymbol{QK}^{\mathrm{T}}$ 与矩阵 $\boldsymbol{V}$ 相乘得到输出 $\boldsymbol{Z}$,则单词 1 的输出向量是只包含单词 0 的信息的。

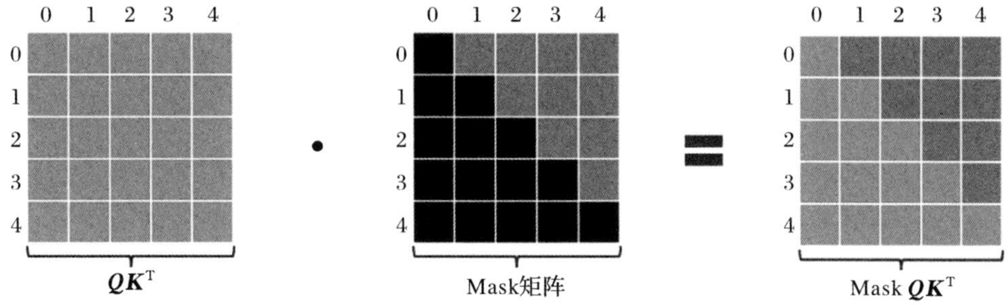

图 6－17　掩码 Attention 计算

5. 残差连接与归一化(add & norm)

从图 6－7 可以看出在每个模块与下一个模块的连接处，都加入了一个 Add & Norm，其计算公式如公式 6－4 所示。

$$\text{LayerNorm}(\boldsymbol{X}+\text{Multi Head Attention}(\boldsymbol{X}))$$
$$\text{LayerNorm}(\boldsymbol{X}+\text{Feed Forward}(\boldsymbol{X})) \tag{6-4}$$

式中，$\boldsymbol{X}$ 表示 Multi-Head Attention 或者 Feed Forward 的输入，Multi Head Attention($\boldsymbol{X}$) 和 Feed Forward($\boldsymbol{X}$)表示输出(输出与输入 $\boldsymbol{X}$ 维度是一样的，所以可以相加)。通俗来讲，该运算即为层输入加上输出，这主要是为了防止神经网络在训练过程中出现退化问题(即随着训练层数的深入，loss 反而开始增加)(He et al.，2016)。而 Norm 通常指的是层归一化(layer normalization)，这是一个标准化操作，用于对神经网络每一层的输入进行标准化处理，以稳定和加快模型的训练过程。

6. 前馈神经网络(feed forward)

接着，还可以看到编码端和解码端在输出之前，都会有一个 Feed Forward 模块，其包含两个全连接层，中间带有 ReLU 激活函数，具体公式如下：

$$\text{FNN}(x)=\max(0,xW_1+b_1)W_2+b_2 \tag{6-5}$$

式中，x 就是每个模块多头注意力机制的输出，即一个词向量。该公式会先对输入的词向量进行一个线性变化，通过 xW_1+b_1 这样一个线性函数。接着就经过 ReLU 函数，即 $\max(0,xW_1+b_1)$进行了非线性变换，最后再经过一个整体的线性函数对词向量进行一次线性变换。若一个神经网络一直是线性的，则不管经过多少层，最后的输出仍然是输入的线性变换。而激活函数的加入给神经元引入了非线性因素(如图 6－18 所示)，使得神经网络可以任意逼近任何非线性函数，这样神经网络就可以应用到众多的非线性模型中。因此，FFN 为 Transformcr 加入了非线性解释能力。

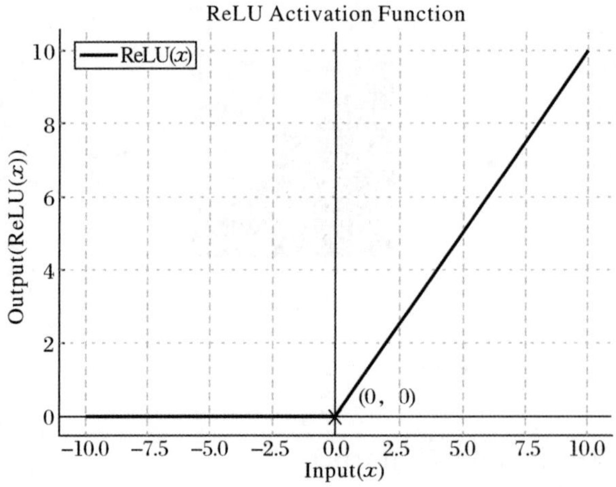

图 6-18　激活函数的非线性变换

最后，在模型的最上端，也就是 Transformer 的输出，是一个 Softmax 函数。因为 Transformer 的输入和输出都是词嵌入表示。模型通过嵌入层将输入的离散词转换为向量表示，并在输出端使用 Softmax 函数来生成下一个词的概率分布。嵌入层与 Softmax 前的线性层共享权重矩阵，以提高模型的效率。

7. 编码端(encoder)

从图 6-7 可以看到单个编码块(encoder block)是由 Multi-Head Attention，Add & Norm，Feed Forward，Add & Norm 组成的。Encoder Block 接收输入矩阵，并输出一个矩阵。通过 N 个 Encoder Block 叠加就可以组成 Encoder。第一个 Encoder Block 的输入为句子单词的表示向量矩阵，后 Encoder Block 的输入是前一个 Encoder Block 的输出，最后一个 Encoder Block 输出的矩阵就是编码矩阵，这一矩阵后续会用到 Decoder 中。

8. 解码端(decoder)

单个解码块(decoder block)由 Masked Multi-Head Attention，Add & Norm，Multi-Head Attention，Add & Norm，Feed Forward，Add&Norm 组成。在 Decoder Block 的最后有一个 Softmax 层计算下一个预测词的概率。Decoder Block 的第一个注意力操作为前文所述的掩码多头注意力机制。第二个 Multi-Head Attention 变化不大，主要的区别在于其中 Self-Attention 的 $\boldsymbol{K}$，$\boldsymbol{V}$ 矩阵不是使用上一个 Decoder Block 的输出计算的，而是使用 Encoder 的编码矩阵计算的。根据 Encoder 的输出计算得到 $\boldsymbol{K}$，$\boldsymbol{V}$，根据上一个 Decoder Block 的输出计算 $\boldsymbol{Q}$(如果是第一个 decoder block 则使用输入矩阵进行计算)，后续的计算方法与之前描述的一致。这样做的好处是在 Decoder 的时候，每一位单词都可以利用到 Encoder 所有单词的信息(这些信息无需 mask)。因此可以想象，在一个 Encoder-Decoder 为架构的中译英任务中，Encoder 通过学习中文序列的信息并将其传递给 Decoder，而

Decoder 学习怎么对齐原文来预测下一个词，二者通过 Cross-Attention 进行信息交互，从而当给模型输入中文时，其可以准确输出英文。

6.2.2　GPT 模型训练原理

1. GPT-1

GPT 系列模型的训练原理可以从 GPT 最早的 GPT-1 开始讲起。GPT-1 的模型框架便来源于上述 Transformer 的解码端，但其对原始框架进行了一些调整，具体如图 6－19 所示。可以看出，原本的解码端包含了两个 Multi-Head Attention 结构，而 GPT 只保留了 Masked Multi-Head Attention，图 6－19 中的 12×代表神经网络共有 12 层。

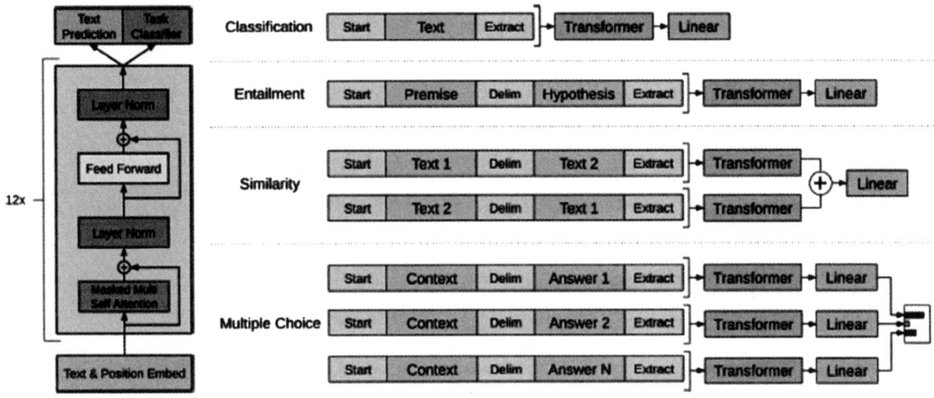

图 6－19　GPT-1 模型的基本架构

注：该图示来源于论文 Radford 等(2018)。

GPT 训练过程分为两个阶段，即无监督预训练语言模型阶段和有监督的下游任务微调阶段。

1）无监督预训练阶段

（1）模型在大规模未标注的文本语料上进行训练，任务是预测给定上下文中的下一个词（即语言模型任务）。预训练的目标是让模型学习语言的语法、句法和语义信息。在预训练阶段，GPT 采用自回归的语言模型目标，即给定一个词序列，模型通过最大化下一个词的似然概率来学习：

$$L_1(U)=\sum_i \log P(u_i \mid u_{i-k},\cdots,u_{i-1};\Theta) \tag{6-6}$$

式中，u_i是文本中的第 i 个词，k 是上下文窗口大小，Θ 是模型的参数。根据上文提到的 Transformer 解码端的原理，模型的输入即为：

$$h_0=UW_e+W_p \tag{6-7}$$

式中，$U=(u_{-k},\cdots,u_{-1})$表示当前焦点词 u 的 k 窗口大小的上文。W_e是词向量，W_p则是相应的位置编码。通俗来讲，这就是通过上文的词向量与位置向量的和来得到当前词的输入向量，即前文所述的 Output Embedding。接着，模型将经过多层 Transformer 结构，得到第 l 层的输出：

$$h_l = \text{transformer\_block}(h_{l-1}) \tag{6-8}$$

（2）使用 Softmax 函数对解码端生成的词向量转为对当前词 u 的预测概率：

$$P(u) = \text{softmax}(h_n W_e^T) \tag{6-9}$$

至此，预训练阶段结束，同时 W_e 即为训练好的词向量。

2）有监督的下游任务微调阶段

在该阶段，模型会使用少量的有标定的数据在特定的下游任务上进行训练，如文本分类、问题回答或文本生成等。

（1）假设目前有一个标定的数据集 C，其中词的序列为$x^1,\cdots,x^m$，标签为 y，那么本质上，微调阶段的目标就是通过标签 y 的上文预测当前词是 y，假设通过与训练阶段得到的最后一个词的输出为 h_l^m，此时需要预测的标签为 y，则微调过程用数学表达即为：

$$P(y \mid x^1,\cdots,x^m) = \text{softmax}(h_l^m W_y) \tag{6-10}$$

则相应地似然函数为：

$$L_2(C) = \sum_{(x,y)} \log P(y \mid x^1,\cdots,x^m) \tag{6-11}$$

（2）对L_2取最大值，而为了同时对先前的网络进行微调，可同时优化以下目标函数：

$$L_3(C) = L_2(C) + \lambda \times L_1(C) \tag{6-12}$$

（3）在一些任务中，模型需要处理复杂的输入结构，例如问题回答任务需要将文档、问题和候选答案作为输入。为了适应这些任务，GPT 使用了输入序列变换的方法，将结构化的输入数据转换为模型可以处理的连续词序列。例如，在处理文本蕴含任务时，GPT 会将前提（premise）和假设（hypothesis）两个句子拼接在一起，中间用一个分隔符（如“＄”）分开，这样模型就可以将其当作一个连续的句子进行处理。这种方法避免了对每个任务进行复杂的模型改动，使得 GPT 在多个任务上具有广泛的适用性。

2. GPT-2

GPT-2 继承了 GPT-1 的架构，并将参数规模扩大到 15 亿，使用大规模网页数据集 WebText 进行预训练。与 GPT-1 相比，GPT-2 的创新之处在于尝试通过增加模型参数规模来提升性能，同时去除针对特定任务的微调环节，探索使用无监督预训练的语言模型来解决多种下游任务，而无须显式地使用标注数据进行微调。理论上，一个通用的语言模型应该是能够执行多种任务。如果学习执行单个任务可以以概率的形式表示为估计在给定输入时

输出的条件分布，即 $P(\text{output}|\text{input})$，那么对于一个通用的语言模型而言，其输出不仅要以输入为条件，还需要以给定的任务为条件，即 $P(\text{output}|\text{input},\text{task})$。例如，当给定输入“今天天气如何?”时，它应当在问答任务中输出“今天天气晴朗”，而应当在翻译任务中输出“How is the weather today?”。为了实现这一多任务学习，GPT-2 使用了一个非常巧妙的设计，即通过一种通用的概率形式来刻画不同任务的输出预测，将输入、输出和任务信息都以自然语言的形式进行描述。也就是说，一个翻译任务可以写为一个这样的序列：[翻译为英文，“中文”，“英文”]；同样地，一个问答任务可以写为：[回答问题，“问题”，“答案”]。因为 GPT 本身是生成模型，其在训练时的无监督学习目标和后续针对特定任务微调时的有监督学习目标本质上是相同的，都旨在通过前文的输入词元预测下一个词元。结合 6.2.1 中所讨论的 Transformer Decoder 端的原理，GPT 相当于需要使用所要求的目标输出，如“英文”，“答案”等之前的所有序列的信息，即[翻译为英文，“中文”]，[回答问题，“问题”]，来预测其目标输出。因此，优化无监督的全局学习目标本质上也是在优化有监督的任务学习目标。这样一来，后续的任务求解过程就可以视为文本生成问题。当 GPT 学习到[翻译为英文，“中文”]的信息后，那后续所预测到的最优输出就当是该输入“中文”所对应的“英文”。

3. GPT-3

GPT-3 的基本架构同样与前两代类似，但模型的规模进一步扩大，达到了 1750 亿参数。如前一章节所述，在 GPT-3 中，模型表现出了 ICL 能力。这种能力使得模型通过提供少量示例或提示，而无需额外的模型训练或权重更新，在上下文中直接学习和执行任务。ICL 的工作原理可以分为以下几步：

(1)模型预训练。大规模的预训练模型如 GPT 是通过大量的无监督数据进行预训练的。模型通过学习上下文关系，掌握词语、短语、句子之间的关系，但在训练时并不会专门针对特定任务。

(2)提示与示例输入。在使用 ICL 时，用户通过输入任务描述和一些示例(例如问题-答案对)作为模型的提示。在这个阶段，模型不会进行任何参数更新，而是完全依赖于输入的上下文来推测出要执行的任务类型。例如，在给定一些问答对后，模型会推测出用户要求它回答类似问题。

(3)基于上下文的推断。模型通过分析输入的提示和示例，理解任务的模式，然后在新输入上执行相同的推断。模型并不需要显式地知道任务的规则，而是依靠它在预训练期间学到的语言模式来生成输出。

(4)自动适应。由于预训练的模型已经从大量数据中学到了广泛的知识，ICL 能够在某些特定任务中实现惊人的泛化能力。通过不同的上下文，模型可以自动适应不同的任务，比如文本分类、生成、翻译等。

ICL之所以能成功，主要依赖于模型在预训练阶段从海量的文本数据中学到了丰富的语言表示。GPT模型是基于Transformer结构，通过自回归方式进行语言建模。模型的每一层都通过注意力机制捕捉了输入序列中词汇的上下文关系，进而学会如何在广泛的语境下进行推理和生成。由于预训练的目标是预测上下文中的下一个词，模型就通过这种预测任务学会了如何在没有明确任务定义的情况下理解和生成符合上下文的合理输出。这种预训练的表示学习本质上是一个强大的通用学习过程，允许模型在面对新任务时，通过提示和上下文来推断出任务的性质和要求。

ICL成功的另一个关键因素是大模型在统计模式上的泛化能力。在预训练期间，模型从广泛的语言数据中学到了许多关于自然语言的统计规律，通俗来讲，即输入到输出的概率分布。因此，即使它没有显式地见过某个具体任务，它也能够根据给定的上下文示例通过识别类似模式来完成任务。这种统计模式的泛化来源于预训练期间模型接触过的各种各样的语言任务，例如分类、翻译、推理、生成等。模型可以通过识别提示和示例中的模式，并将其与它在预训练期间学到的模式匹配，进而完成新任务。

除此之外，ICL也被认为是一种隐式的元学习(meta-learning)形式。元学习的本质是“学习如何学习”，即模型在不同任务之间学会快速适应新任务。元学习可以被视为学习目标函数的函数。在传统机器学习中，针对每个具体任务，模型有自己的目标函数，这一级的学习是模型在每个任务中通过数据调整参数的过程。元学习的更高层次是学习“如何调整目标函数”或“如何优化模型参数”，以便在面对新任务时，模型能够快速找到好的解决方案。这个过程就相当于学习一个“目标函数的函数”，即不是直接通过任务数据调整模型，而是通过学习如何更快、更有效地进行这种调整。

在ICL中，模型通过上下文的提示和示例来理解任务的性质。例如，给定一些带有输入-输出对的示例，模型能够识别出这些示例中的模式并推测出需要执行的任务。尽管ICL中没有进行显式的元训练，但通过大规模预训练，模型已经隐式地学会了如何在看到某些示例后快速“理解”任务类型。这种适应能力并不是通过更新模型参数来实现的，而是通过注意力机制在输入的提示和上下文中动态生成输出。模型可以通过提示中的少量任务示例快速解码出任务的意图和模式，这使得它能够表现出快速学习的能力。

后续的InstructGPT则建立在GPT-3的基础上，主要目标是通过更好地理解和响应人类指令，生成更符合用户意图的回答。首先，InstructGPT通过人类标注者提供的正确示例进行有监督地微调，以此来指导模型如何响应人类指令。监督微调虽然可以改善模型的初始表现，但并不足以解决所有问题。为进一步提升模型的能力InstructGPT使用了“基于人类反馈的强化学习”，即RLHF的方法。如图6－20所示，这个过程可以分为三个主要步骤：

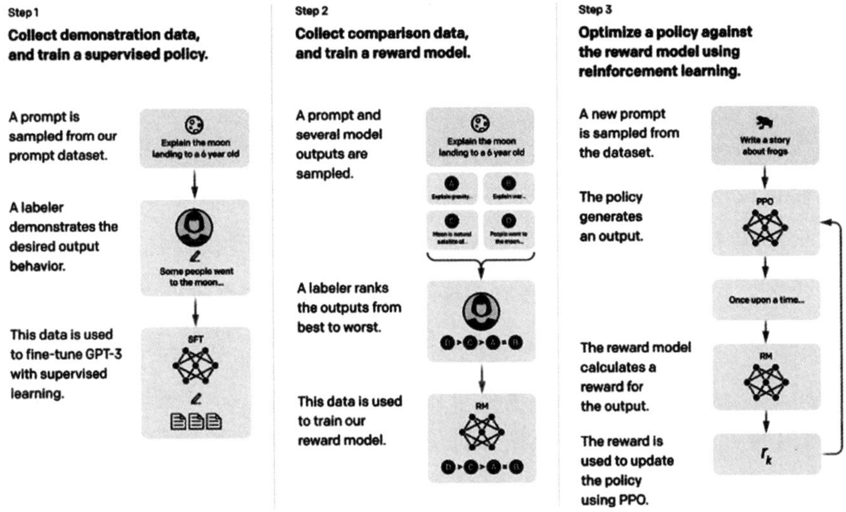

图 6－20　基于人类反馈的强化学习

注:图片来源于 OpenAI 官网。

①奖励模型的构建:在这个步骤中,人类标注者会对模型的不同回答进行比较排序。例如,当模型给出多个不同的响应时,标注者会根据其对指令的理解和回答的质量对这些响应进行排序,评估哪个更好。根据这些评估,训练一个“奖励模型”(reward model),它能够根据输入和输出预测回答的质量。

②强化学习优化:接下来,使用奖励模型对语言模型进行强化学习优化。模型通过与奖励模型交互,不断尝试生成不同的回答,奖励模型则根据生成的回答提供反馈。通过这种反馈机制,模型学会优化自己的输出,以最大化获得奖励(即提供更符合预期的回答)。

③PPO(proximal policy optimization)算法:在强化学习的过程中,InstructGPT 使用一种名为 PPO 的策略优化算法。PPO 通过限制模型的更新步幅,避免模型在优化过程中偏离过远,从而防止模型生成过于不自然或偏离初始目标的输出。通过反复迭代循环和多阶段的人类反馈和强化学习优化,模型不断被微调,以便生成更加符合用户预期的回答。除了提升对指令的理解能力,InstructGPT 还特别关注模型的“对齐性”问题。对齐性指的是模型的行为是否与人类的期望和价值观一致。在训练过程中,InstructGPT 通过加入更多的安全性检查,减少生成有害、不准确或不合适的内容。模型在生成答案时,也会尽量避免冒犯、偏见或危险的信息。

6.2.3　小结

本节详细解析了 GPT 模型的架构及其训练原理,并系统梳理了从 GPT-1 到 InstructGPT 的演化路径。GPT 模型基于 Transformer 的解码器结构,依靠多头注意力机制、掩码多头注意力机制和位置编码等关键技术，实现了对文本生成任务的高效处理。

在 GPT-1 中，模型首次采用了无监督的自回归语言建模，通过在大规模未标注数据上的预训练，使得模型能够预测序列中的下一个词，并进一步在少量标注数据上进行微调，从而适应多种下游任务。GPT-2 则进一步扩大了模型的参数规模，提出了“无微调多任务学习”的概念，使得模型在多个任务中无须微调即可表现良好。GPT-3 在参数规模上大幅提升至 1750 亿，展现了强大的上下文学习能力(ICL)，使得模型仅需通过输入少量示例便能自动适应新任务。ICL 的成功标志着大模型隐式元学习能力的初步展现。

此外，GPT 系列中的 InstructGPT 引入了人类反馈强化学习(RLHF)方法，通过人类的反馈和奖励信号，对模型的输出质量进行优化。人类反馈使得模型的指令遵循能力显著提升，生成的内容更加符合人类的预期和价值导向。通过构建奖励模型、强化学习优化和使用近端策略优化(PPO)算法，InstructGPT 在可控性、安全性和对齐性方面取得了显著的进展。

总体来看，GPT 系列模型的架构和训练方法的不断迭代，推动了自然语言处理领域从传统的有监督学习向更高效的无监督学习和少样本学习的转变。GPT 模型的 ICL 能力、推理能力和对指令的理解能力，使其在生成式 AI 和大语言模型领域的应用场景更加广泛和多元。未来，随着模型架构的优化和训练方法的改进，GPT 模型的智能性、可靠性和可控性将进一步提升，助力经管领域的智能化发展。

6.3 不同大语言模型之间的对比

近年来，多个科技公司和研究机构发布了不同的大语言模型架构，这些架构在模型规模、计算效率、适用性等方面各有千秋。其中，除了 OpenAI 发布的 GPT 系列模型之外，Google 推出的 PaLM(pathways language model)以及 Meta AI 开发的 LLaMA(large language model meta AI)也都是目前最具代表性的几种架构。这些模型为 AI 的发展提供了不同的技术路径，它们在架构设计、数据处理方式、训练规模以及实际应用场景方面展现出了各自的优势和挑战。本小节将简单讨论不同的大语言模型，如 PaLM、GPT 和 LLaMA 三者在架构上的异同，并总结其各自的特点，为读者提供关于大语言模型更加全面的理解。

6.3.1 PaLM 模型架构

PaLM 是 Google 在 2022 年推出的一种超大规模语言模型，作为 Google Pathways 系统的核心实现之一，它旨在通过高效的架构和训练方式来推动大规模模型的能力突破。

PaLM 以其巨大的规模而著称，特别是它的参数数量超过了 5400 亿个，远超同时期其他大语言模型(如 GPT-3 的 1750 亿参数)。这种规模的扩展使得 PaLM 在语言理解和生成任务中展现出非常强的能力。尤其是在多语言处理、常识推理和复杂的推理任务上，PaLM 的表现显著优于之前的模型。PaLM 的规模优势不仅体现在参数数量上，还体现在其对多种任务的广泛适应性。它不仅能够在单一语言任务上展现卓越的表现，还能够应对跨语言、跨领域的复杂问题。通过结合大规模的预训练数据和高度优化的架构设计，PaLM 能够生成极为精确和连贯的语言输出，甚至在少样本学习和零样本学习任务中表现优异。

与 GPT 系列模型一样，PaLM 模型的框架也是通过堆叠 Transformer 中的解码端而成。但在训练原理上，PaLM 与 GPT-3 有所不同。PaLM 采用了 Google 的 Pathways 技术，这是一种新型的训练机制，允许单一模型处理多种不同任务，并通过并行化的方式提升训练效率。虽然 GPT-3 也能够不经微调执行多种任务，但 GPT-3 的这种能力得益于其强大的泛化能力，而不是直接在多任务上训练得到的结果。GPT-3 多任务的核心思想是将各种任务重塑成文本生成任务(如前一小节所述，将任务转为自然语言描述)，通过大规模的训练让模型学习到广泛的语言关系，从而利用模型对语言的广泛理解，以生成性的方式来“做出”不同任务。这本质上还是在单一任务，即语言建模任务上进行训练的，而非在不同任务(如问答、翻译等)上直接进行训练。Pathways 设计让同一个模型可以同时在多个不同的任务上进行训练。Pathways 不仅仅限于自然语言处理任务，它可以同时在语言、视觉、语音等多个领域的任务中进行训练。比如，模型可以同时处理语言翻译、图像分类和语音识别等任务。这种跨领域的多任务能力是 Pathways 框架的一个显著特点，而 GPT-3 主要专注于语言任务。

此外，Pathways 还支持多任务并行化，能够并行计算不同任务的注意力层。例如，它可以在处理语言任务的同时，也并行处理图像或语音任务的注意力。这种设计使得 Pathways 每个任务的训练过程并不会干扰其他任务，非常适合需要同时处理多个任务或跨领域任务的应用场景。与此同时，Pathways 允许注意力机制中的部分权重在各个任务之间共享。这不仅减少了计算成本，还使得模型在处理相似任务时能够共享信息。例如，在处理多语言任务时，不同语言的任务可以共享某些特定的注意力机制，帮助模型在语言之间实现知识转移。在多模态场景中，图像、文本、语音等不同数据形式通过共享的权重可以更好地融合信息，增强模型的多模态理解能力。

6.3.2 LLaMA 模型架构

LLaMA 是由 Meta AI(前 Facebook AI)开发的一系列大语言模型，它的设计目标是提供一种轻量化且高效的语言模型，能够在较小的计算资源下达到优异的性能。LLaMA 模型与其他大语言模型(如 GPT-3 或 PaLM)相比，强调的是通过更小的参数规模实现强大的性能，并特别关注在学术研究和实际应用中提供更高效、易于使用的语言模型。

LLaMA 在模型架构和训练原理上均与 GPT-3 非常相似。LLaMA 的一个主要优势是它的参数规模较小，但仍能在很多任务中达到与更大模型（如 GPT-3）的相似性能。Meta AI 推出了多种参数规模的版本，如 LLaMA-7B、LLaMA-13B、LLaMA-30B 和 LLaMA-65B，这些模型通过不同的规模提供从中型到大型的语言建模能力。虽然 LLaMA 的最大版本 LLaMA-65B 的参数数量比 GPT-3 的 175B 少得多，但在许多基准任务上（如自然语言推理、常识推理、问答系统等），LLaMA 的表现与 GPT-3 相当，甚至在某些任务上超过了它。这是因为 Meta AI 优化了模型的训练过程和架构，使得 LLaMA 可以更高效地利用参数。

LLaMA 的另外一个关键优势是其开源性。Meta AI 公开了 LLaMA 的模型权重，这使得学术界和开发者可以直接获取模型进行进一步的研究和开发。因此，相比其他非开源的模型（如 GPT-3 和 PaLM），LLaMA 的开源性为学术界和开发者提供了极大的便利。LLaMA 的目标之一是为学术研究提供更灵活的工具。通过公开模型权重，研究人员能够针对不同的任务进行微调，探索新的应用场景。这种开放性加速了大语言模型在科研中的创新和应用。此外，开发者可以基于 LLaMA 模型，针对特定领域进行微调，从而提升在特定任务上的表现。虽然 GPT 系列模型也可以进行进一步微调，但研究者只能使用 Open AI 提供的商业应用接口，这限制了外部开发者的创新和改进空间，且使用成本较高、透明度不足。

6.3.3　小结

本节讨论了当前国际上较为流行的大语言模型之间架构的异同，以及其各自的特点。总的来说，尽管 PaLM，GPT-3 和 LLaMA 等模型具有相似的框架，但不同的设计目的、参数规模以及训练方法导致了他们各有特点。表 6－2 大致总结了它们在设计目标，参数规模以及特点上的异同。

表 6－2　不同大模型间的异同

模型	设计目标	参数规模（最大）	主要特点
GPT-3	通用语言模型，专注文本生成与推理任务	175B	①生成能力强 ②知识广泛
PaLM	多任务处理与高效计算，通过 Pathways 框架优化	5400B	①支持多任务处理 ②强调高效的计算资源利用
LLaMA	轻量化高效模型，适合学术研究与资源有限的应用场景	65B	①参数效率高，计算高效 ②开源模型，适合在有限计算资源下使用

6.4　基于 GPT 的大语言模型应用

本章的 6.1 小节提到，传统文本分析方法在经管领域已经广泛使用，但是该方法仍存在一定的局限性，具体表现为传统文本分析方法常忽略语言的上下文且需要高成本的人工标注。而生成式人工智能基于其强大的能力在众多 NLP 任务中（如文本分类、情感分析、指标提取等）表现优异。此外，大语言模型能够通过提示语）直接引导模型生成特定答案，减少了对大量人工标注任务的依赖，这不仅提升了效率，还显著降低了重复性劳动的成本。

摩根大通（JPMorgan Chase）使用大型语言模型来总结财务报告。摩根大通在 2024 年初宣布开发了 DocLLM，这是一个专门设计用于处理和解释复杂金融文档的 LLM，包括财务报告、发票和合同。具体来说，DocLLM 的设计结合了其对文本和空间信息（通过边界框数据）的理解，使其在处理未见过的新文档类型时表现出较强的泛化能力。摩根大通的研究团队在开发 DocLLM 时，优化了模型以支持少样本场景。例如，通过提供少量标注示例（如特定类型的财务报告片段），DocLLM 能够迅速学习如何提取关键信息或生成摘要，而无须依赖数千个样本的全面微调。这一特性得益于其预训练阶段在大规模文档数据集（550 万份文档）上的广泛曝光，使其具备了强大的语言和结构理解基础。

在实际应用中，少样本学习能力意味着 DocLLM 可以快速适应客户提交的非标准化财务报告，或者处理新法规要求下的披露文件，而无须为每种新格式重新训练模型。这不仅提高了效率，还降低了维护成本。例如，假设某个分析师需要 DocLLM 从一种新的财务表格中提取数据，只需提供几个示例，模型就能推断出模式并完成任务。本小节将对基于大语言模型的文本分析案例进行详细阐述。

6.4.1　基于大语言模型的传统文本指标抽取

本节通过梳理大语言模型对传统文本指标（语调，可读性，风险以及文化等）的抽取来介绍大语言模型的前沿应用。

1. 基于大语言模型语调与可读性指标的抽取

语调和可读性是分析文本的重要指标，尤其在财经领域，语调和可读性等特征既可能体现公司业绩特征，也可以反映高管的心理特征或者行为动机。近年来，随着大语言模型的发展，分析这些文本特征的方式发生了显著变化。通过对比三种方法在语调指标构建中的应用，Hu 等（2023）发现 FinBERT 和 LLM 在语调分析的准确率上，远高于传统的词典法。这种利用大语言模型的语调分析在预测未来股票回报和公司财务表现方面也表现得更加出色。同时，大语言模型在语调领域的出色表现也反映在了财经新闻的语调分析相关研究中(Breitung et al.,2023)。

在可读性研究中，大语言模型能够通过估算单词在特定上下文中出现的概率来衡量文本的可读性。Zang 等(2024)通过大语言模型衡量了可读性，并发现企业年报“管理层讨论与分析”部分的可读性与股票波动性和分析师预测分歧度呈正相关，与分析师预测精度呈负相关。

总结而言，相较于传统方法，大语言模型不仅在语调和可读性分析上表现更为精准，还能快速适应不同的研究情景。同时，大语言模型的应用简化了文本分析的过程，降低了研究门槛，为未来的研究打开了更多可能性，也将推动管理领域的文本分析向更深层次发展。

2. 基于大语言模型风险指标的抽取

在全球政治不稳定、气候不确定性和快速技术变革的背景下，如何通过公司披露来评估企业风险成了学术界和工业界关注的重点。然而，传统的风险词典由于其局限性，难以适应不断变化的政治、经济和技术等环境，逐渐暴露出过时和不完整的弊端。随着大语言模型的发展，获取更加全面准确的风险评估对企业和学术界来说成为可能。Kim 等(2023a)使用 GPT-3.5 模型对公司利益相关者最为重要的风险来源(包括政治风险、气候风险和人工智能相关风险)进行了全面分析。

具体而言，作者通过大语言模型生成风险总结和风险评估，以度量公司风险暴露的变化。风险总结旨在从盈余电话会议中提取与风险相关的语句，并进行简洁的总结。为此，作者设计一种提示语，让大语言模型仅关注文档内容，减少对其一般知识的依赖。这样，生成的总结主要是对电话会议中已披露信息的重新组织和呈现，而非加入模型自带的额外推断。与此不同，风险评估利用了大语言模型的推理能力。通过另一种提示语设计，模型将文档内容与其广泛的常识结合，并基于此判断和评估公司面临的风险。

确定提示语之后，作者使用以下流程(图 6 - 21)来构建基于大语言模型的公司风险指标。首先，选择盈余电话会议作为提取风险指标的语料来源。盈余电话会议记录了分析师和公司高管之间的信息交流，不仅涉及公司当前的财务状况，还包括对未来风险的讨论。为挖掘这些风险信息，作者使用大语言模型进行分析。由于大语言模型限制输入与输出的总标记数为 4000，而盈余电话会议的平均长度为 7000 标记数，作者参考了之前文献中的做法，将会议记录分成几个部分进行处理。这种分块处理方法有助于提高大语言模型输出的质量，因为模型在处理较短的文本时能够更好地生成详细和准确的风险总结和风险评估。

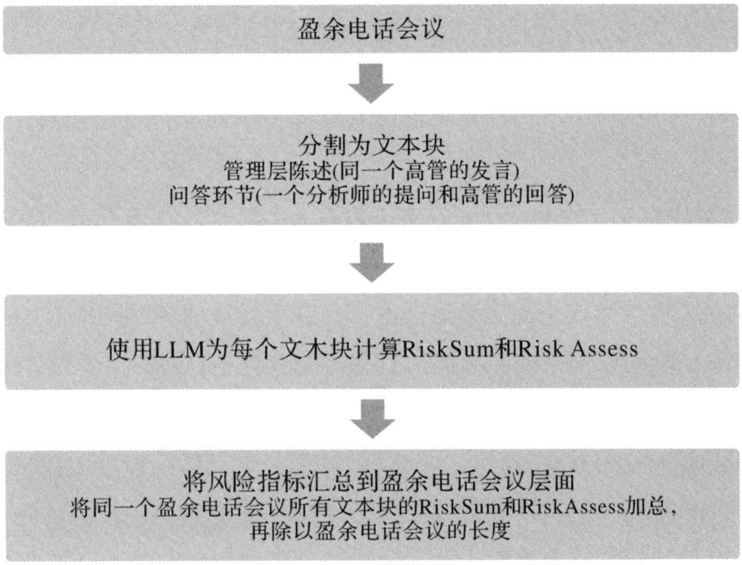

图 6 - 21　用 LLM 提取风险指标的流程图

具体处理过程中，作者将盈余电话会议记录分为演讲部分和问答部分。在演讲部分，同一个高管的发言不会被拆分成不同的分块，以避免信息的断裂；问答部分中的回答也不会在中途拆分。每个分块的内容经过 LLM 处理后，将所有分块的输出合并，以形成完整的风险评估和摘要。为了确保处理的灵活性，作者将输入文本的标记数限制在 2000 个，其余的标记数用于生成输出文本。在大语言模型生成风险评估和风险摘要的内容之后，作者开始构建公司层面的指标。他们设计了两种指标：风险总结（risk sum）和风险评估（risk assess）。这些指标的构建过程如下：

①风险总结。我们计算风险摘要的长度与整个盈余电话长度的比率。具体公式为：

$$\text{RiskSum}_{it} = \frac{\sum_{l=1}^{K_{it}} \text{rlen}(S(c_{it}^{l}))}{\text{len}(c_{it})} \tag{6-13}$$

式中，c_{it} 是公司 i 在季度 t 的盈余电话会议记录，分为 K_{it} 个块 $c_{it}^{1}, c_{it}^{2}, \cdots, c_{it}^{k}$。$S(\cdot)$ 是基于 LLM 生成风险总结的函数，len(・)衡量了文本的词数。风险总结的长度占整个盈余电话会议的比率越高，表示风险信息的密度越大。

②风险评估。我们计算风险评估的长度与整个盈余电话长度的比率。具体公式为：

$$\text{Risk Assess}_{it} = \frac{\sum_{l=1}^{K_{it}} \text{rlen}(A(c_{il_{it}}))}{\text{len}(c_{it})} \tag{6-14}$$

式中，$A(\cdot)$ 是基于 LLM 生成风险评估的函数。风险评估占整个盈余电话会议的比率越高，表示评估信息的密度较大。以下是作者构建指标的流程图：

作者针对三种不同类型的风险进行测量：

A. 政治风险(political risk)。GPT 的输出通常包括对政治或监管不确定性的解释,例如公司是否可能受到新的政策或法律法规的影响。

B. 气候风险(climate risk)。GPT 的输出通常涵盖公司如何可能受到极端天气或环境政策变化的影响。

C. 人工智能风险(AI risk)。GPT 的输出包括人工智能可能取代或辅助公司的日常运营的程度,并评估公司业务对人工智能技术的依赖程度。

通过这种方法,作者可以全面了解盈余电话会议中涉及的各种风险,帮助公司更好地评估和应对潜在的风险挑战。在构建完指标后,作者对这些指标进行了有效性验证,包括行业与时间变化趋势和方差分析。他们发现,基于大语言模型构建的风险指标在直观上是捕捉到了公司风险暴露的程度;其次,通过回归分析,发现基于大语言模型的政治和气候风险指标与股票价格波动性呈正相关性,并且这些风险变量在解释这两种风险的股票价格波动性时,比基于词典法的风险变量更具信息量。这表明大语言模型对于风险测量更为准确,为资本市场和学术界提供了显著的价值。

3. 基于大语言模型公司文化指标的抽取

公司文化是经管领域的重要研究方向之一。然而,随着企业文化讨论的复杂化,涉及多个主题和复杂的逻辑关系,传统文本分析方法的局限性变得显而易见。Li 等(2024)利用大语言模型基于分析师报告进一步处理和理解企业文化。在这项研究中,研究者结合了推理链提示和检索增强生成两种技术,以更系统化的方式提取分析师报告中的文化因果关系。

与之前的研究类似,Li 等(2024)对分析师报告进行了预处理,将其分割为多个文本块。在此基础上,作者使用大语言模型对文本块进行分析,通过 CoT 提示语的引导,逐步执行文化因果关系的抽取任务。CoT 提示语通过将复杂任务分解为更小、更易处理的步骤来提高模型的性能并提供可解释性。这一提示引导大语言模型模拟人类的思维过程,首先识别文本片段中讨论的企业文化类型,然后进一步分析这些文化对企业的影响,解释这些影响背后的原因。接着,大语言模型会寻找促成该企业文化形成的相关公司事件或因素,并提供清晰的解释,帮助更好地理解企业文化的来源及其对公司发展的深远影响。

在分析过程中,有时单个文本片段可能缺乏足够的上下文信息,无法支持完整的因果关系提取。这时,RAG 技术会发挥作用。通过 RAG,模型能够动态检索报告中的其他相关段落,为分析提供更多的上下文。当模型在执行 CoT 提示时判断需要更多上下文信息时,它会通过语义搜索自动检索同一报告中的相关段落,结合原始段落后,继续执行因果关系抽取。具体的提示语在本节末尾展示。

CoT 提示和 RAG 技术的结合使得模型能够更全面地处理复杂的文化因果关系。比如,对于“激进的销售文化导致大规模丑闻”这样的关系,模型能够准确识别并生成文化三元组（‘激进的销售文化’，‘导致’，‘大规模丑闻’），并以结构化的方式呈现文化因果关系。

在提取因果关系三元组后，作者将企业文化的原因和结果规范化为文化图谱中的节点。这揭示了企业文化与公司特征、企业事件和商业结果的关联。研究发现，商业战略、并购和管理团队是企业文化变化的主要驱动因素，而市场份额、盈利能力和风险管理则是强文化企业的直接成果。

总结而言，大语言模型结合 CoT 和 RAG 技术的使用有助于研究人员更深刻、全面地理解企业文化及其对企业的影响。这一技术的应用不仅提高了分析师报告中文化特征提取的精度，也为未来的企业文化研究提供了新的方法论工具。

6.4.2 大语言模型如何革新财务分析和股票投资

1. 基于大语言模型帮助投资者处理财务信息

在信息爆炸的时代，全球投资者面临着如何快速、有效地处理公司披露的大量文本数据的挑战。公司公开披露的文档，尤其是财务报告，通常内容复杂且冗长，容易导致投资者陷入信息过载的困境。面对如此庞杂的信息，有限资源的投资者常常难以迅速做出明智的决策。因此，投资者迫切需要一种既经济高效，又能快速聚焦最相关信息的解决方案。

最近，生成式人工智能的突破，尤其是大语言模型的发展，为应对这一问题提供了新工具。通过自注意力机制，大语言模型对文本中的词汇和句子进行排序和加权，从而提炼出关键信息。这使得大语言模型在文本总结中，能够有效地在涵盖足够信息（信号）与剔除不必要细节（噪声）之间找到平衡。最终，大语言模型总结的文本长度和信息相关性达到最佳状态，从而使用户的效用最大化，即信息的边际收益等于处理成本。

基于此，生成式大语言模型能够有效总结公司公开披露的信息，帮助投资者快速提取关键信息，从而提高决策效率和准确性。Kim 等（2023b）使用提示语引导大语言模型对公司财务报告中的管理层分析与讨论部分以及盈余电话会议记录进行总结，探讨大语言模型是否能帮助投资者处理财务信息。

具体而言，作者使用了大语言模型 API 接口来批量生成总结，并通过文本长度、语调和可读性三个常见维度对比总结与原文，以评估其在保留核心信息的同时，是否减少了不必要细节。研究发现，相比原始文档，LLMs 总结的语调在解释短期市场反应时，无论在统计学意义还是经济意义上均更加显著，且信息量更大。此外，MD&A 总结相比盈余电话会议总结的信息量增长更明显，这是因为 MD&A 中通常包含的标准化语言更易被冗余掩盖。这些发现表明，LLMs 总结文本时确实能有效捕捉最相关的信息，帮着投资者更高效决策。

进一步，作者假设 GPT 通过大量数据学习掌握了投资者的平均偏好，因此其生成的总结在长度上接近投资者需求的最优水平。基于此，作者定义了公司披露膨胀指标

(disclosure bloat measure),其公式如下:

$$\text{Bloat} = \frac{n - n^*}{n} \tag{6-15}$$

这一指标捕捉了公司披露文档的实际长度 n 与最优总结长度n^*之间的偏差。披露膨胀指标越大,意味着原始披露的文本中包含更多的无关信息。研究表明,法规和会计准则是导致公司披露无关信息的主要因素之一。此外,公司主动披露越多无关信息,投资者与公司之间的信息不对称就越严重,导致信息摩擦加剧。

2. 基于大语言模型帮助投资者政策解读

大语言模型在解释与推理复杂文本方面的能力,正逐渐改变我们解读政策声明的方式。尤其是像美联储公开市场委员会(FOMC)公告这类高度技术性、复杂的文本,过去常常令市场参与者和公众感到困惑。如今,借助大语言模型强大的自然语言处理能力,政策文本有望得到更为准确的解析,从而为金融市场提供更加及时、透明的解读。

Hansen 和 Kazinnik(2023)研究了 GPT 模型在解读美联储政策声明方面的能力。研究发现,LLMs 判断 FOMC 公告中的不同政策立场(如鸽派与鹰派)时,表现优于其他模型,甚至在准确度和误差评估上超越了人类标注。值得注意的是,LLMs 不仅能准确分类,还能提供类似于人类推理的解释,这一点是传统模型如 BERT 所无法达到的。

进一步的研究还表明,LLMs 模型还具备识别美联储政策中宏观经济冲击的能力。结果显示,LLMs 能通过分析 FOMC 会议文本,识别出货币政策冲击,并提供类似于人类研究者的推理路径。这一发现表明,LLMs 模型不仅在分类上表现优异,还能够有效解释复杂的政策信息。

总的来说,LLMs 在帮助金融市场参与者和政策制定者更好地理解美联储政策沟通方面具有重要价值。通过减少投资者之间的理解分歧,LLMs 模型能够加快市场反应,提高政策透明度。对于美联储而言,这一解读工具也有助于提高政策信息的普及性,使普通公众能够更好地理解货币政策决策背后的逻辑和意图。

3. 基于大语言模型预测公司未来盈利

生成式人工智能在财务预测中的推理能力,正在引发学术界的广泛讨论。研究人员通过大语言模型探索这些技术在预测公司未来盈利方面的应用。

Li 等(2023)研究了生成式人工智能在预测公司未来盈利时的表现,特别是将 LLMs 与分析师共识进行了对比。研究使用了季度财报新闻稿,利用 LLMs 模型生成每股收益(EPS)预测,并将其与分析师预测进行比较。结果显示,LLMs 的平均绝对误差为 0.377,略大于分析师预测的误差。此外,LLMs 的预测常常偏向乐观。然而,研究也发现,当公司信息环境较好时(如公司规模大、分析师覆盖率高、机构持股比例高),LLMs 的预测误差较小,乐观倾向也减弱。这表明，LLMs 模型的预测精度依赖于公开信息的质量和数量。当新闻稿提供更多细节和高质量信息时，GPT-4 的预测效果显著提升。总体而言，LLMs 在信息充足的环境中具备更强的预测能力。

在此基础上，Kim 等(2024)进一步探讨了 LLMs 在财务报表分析中的应用，研究其是否能像专业分析师一样预测公司未来盈利的变化。他们采用了两个研究步骤：首先是简单提示，要求模型从财务报表中推断公司未来盈利的变化方向；其次是推理链提示，该方法引导模型模仿分析师的推理过程，通过分析财务比率和识别趋势，做出判断。研究发现，使用链式思维提示的 LLMs 在预测未来盈利变化时的准确率达到 60.35%，显著优于传统分析师的 53%(基于财报发布后一个月内的预测)。这表明，LLMs 在处理财务数据并预测盈利变动时具有显著优势，尤其是在没有附加文本信息的情况下。值得注意的是，LLMs 在处理小规模公司或亏损公司的财务数据时表现得尤为出色，表明该模型能够基于广泛的知识做出合理的推理。虽然 LLMs 的表现优于分析师，但研究表明，两者之间具有互补性。LLMs 在分析师面临困难或预测出现偏差时尤为有效。因此，将 LLMs 与传统分析师结合，可能在未来形成更高效的财务分析模式。

总之，Kim 等(2024)的研究表明，LLMs 不仅能够生成有价值的财务预测，还可以通过链式思维提示模拟分析师的推理过程。在某些条件下，LLMs 的预测表现甚至可能超越传统分析师。这为未来财务分析和盈利预测开辟了新的可能性。

6.4.3　GPT“拟人化”的潜在影响

1. 利用大语言模型来模拟人类样本

大语言模型除了被广泛用于管理学领域的指标构建之外，由于它们能够捕捉自然语言中的语法模式、文化知识和对话节奏，生成的文本常常难以与人类撰写的内容区分开来。这种强大的语言生成能力使得大语言模型在社会经济学和行为经济学研究中展现出巨大的潜力，尤其是在替代传统社会实验中的人类受访者，解决一些长期存在的研究挑战。

传统的社会实验中，研究者常常面临诸多难题，如数据收集不足、受访者的伦理问题，以及受访者受到时间效应、社会期望偏差和记忆偏差等因素的干扰。这些问题常常影响研究结果的可靠性和普适性。而大语言模型，因其对语言细微变化的捕捉能力，结合少样本学习与逻辑链推理的提示语优化，能够模拟特定受访者的回答，为这些研究挑战提供一种替代方案。然而，大语言模型是否能够在模拟社会科学研究中特定人群的特征上表现出色，并生成既多样又一致的回答，从而准确反映复杂的人类推理场景，仍然是其能否被应用于社会实验的关键问题。对此，Argyle 等(2023)利用社会图灵测试(social turing test)探讨了大语言模型作为特定人群亚群体代理的可能性。

图灵测试(turing test)是由英国数学家艾伦·图灵在1950年提出的,用于测试机器是否具有人类智能。其核心思想是,如果一台机器能够在对话中表现得与人类无异,那么就可以认为它具有智能。测试通常由一位提问者通过文字与一台机器和一名人类对话,试图分辨谁是机器,谁是人类。如果提问者无法可靠地区分出两者,或者误认为机器是人类,则认为该机器通过了测试。

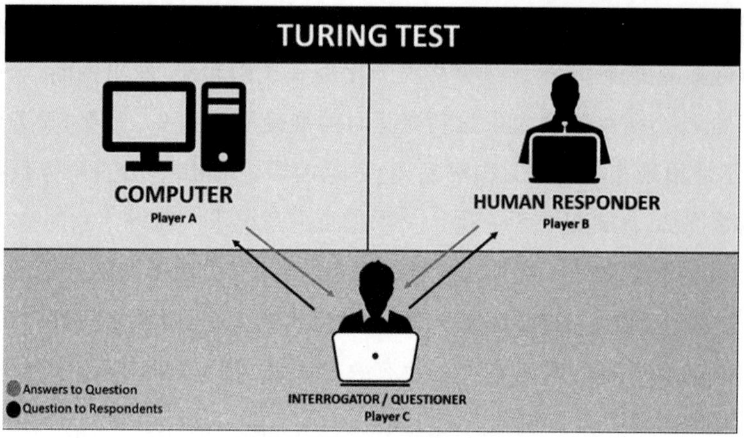

图6-22 图灵测试

注:图片来源于Visualwebz。

类似地,作者利用这一原理提出基于大语言模型的社会图灵测试,主要检验大语言模型生成的文本与人类撰写的相应文本无法区分。Argyle等(2023)认为,大语言模型的算法偏见可以被理解为对于人类的观念,态度与行为之间复杂关系模式的反映。具体而言,大语言模型在给定某种细分的社会人口学特征后,能够生成与该群体观念一致或者相反的回答。这表明,大语言模型不仅仅包含一种偏见,而是反映了多种偏见。通过设定大语言模型某一特定身份或个性特征,大语言模型能够模拟出多样化且相互独立的响应分布,这些分布可能与现实世界中特定人群分布特征吻合。作者认为,通过社会图灵实验可以评估大语言模型的算法保真度,即模型中思想、态度和社会文化背景之间关系的复杂模式,在多大程度上准确反映一系列人类亚种群的特征。

此外,大语言模型是否可以应用于社会科学研究需解决的另一个问题是:如何弥补互联网用户的人口统计特征(模型训练的样本)既不能代表大多数真实人类群体分布,也不是人口统计学上的平衡分布。为解决这一问题,Argyle等(2023)提出了一种硅基抽样(silicon sampling)的方法,来纠正大语言模型中有偏分布。以美国总统大选投票为例,假设现在需要用GPT-3来评估投票模型的边际概率。GPT-3建立了投票模式的模型V,和其训练的人口分布B_{GPT3},联合分布为

$$P(V, B_{GPT3}) = P(V \mid B_{GPT3}) P(B_{GPT3}) \quad (6-16)$$

然而，用于训练 GPT-3 的人口分布 $P(B_{\mathrm{GPT3}})$ 与大多数社会科学家关心的目标群体中的人口分布 $P(B_{\mathrm{True}})$（例如，所有有资格投票的公民）不符；如果不进行校正，关于边际投票模型 $P(V)=\int_{B}P(V,B_{\mathrm{GPT3}})$ 的结论将由于这种差异而产生偏差。为了解决这一问题，我们利用大语言模型的条件特性，从已知的、具有全国代表性的样本（例如，美国国家选举研究中）中抽取人口样本，然后基于这一样本分布估计 $P(V)$，我们就能够计算 $P(V|B_{\mathrm{ANES}})P(B_{\mathrm{ANES}})$。只要 GPT-3 能够良好地模拟出条件概率分布 $P(V|B)$，就可以利用 GPT-3 探索任何指定群体分布中的各种模型。接着，作者通过多种数据源、测量方法和多个群体反复验证，提供 GPT-3 社会实验中符合社会图灵测试的证据。

总体来说，使用现实中某一种群体的人口学特征构造"硅基样本"结合 LLM 在美国群体实验中，LLM 保证了很高程度的算法保真度。这表明，大语言模型在一定程度上可以代替人类受访者来进行社会科学研究，推动各学科对人类和社会有更深入的理解。

2. 基于大语言模型的社会经济学实验

目前，许多研究者开始利用大语言模型进行经典的社会经济学实验，以检验其决策过程是否与人类一致，并且是否能带来新的经济学见解。本小节将介绍这些实验。

1）大语言模型验证理性经济人假设

Horton(2023)指出，由于大语言模型的训练方式和设计，这些模型可以被看作是人类的隐式计算代理。通过设置不同的场景并赋予模型特定的资源，研究者可以探索其行为表现。基于此，Horton(2023)使用 LLMs 进行了四个经济学实验，证明了大语言模型能够模拟出符合理性经济人假设的行为。

在社会偏好实验中，Horton(2023)通过设置不同的偏好，如关心公平性、增加总收益和只追求个人收益，模拟了单边独裁者游戏。结果显示，LLMs 代理的行为与其所设定的偏好一致。当未明确赋予偏好时，LLMs 选择最大化总收益，表现出类似社会规划者的角色。在雪铲价格上涨实验中，LLMs 代理被置于不同价格上涨幅度的情境中，要求其判断这种行为是否"公平"。实验还赋予了 GPT-3 不同的政治倾向，从"社会主义者"到"自由意志主义者"。结果表明，涨价幅度越大，LLMs 越倾向于认为不公平。此外，政治倾向也影响了其判断：自由意志主义者更接受小幅度涨价，而社会主义者则更倾向于认为即使小幅涨价也不公平。在现状偏差实验中，LLMs 代理在决策时展示了偏好现状的倾向。例如，当汽车或高速公路的安全性作为现状设定时，LLMs 更倾向于为这些选项分配更多的预算。在最低工资实验中，LLMs 代理表现出类似于人类雇主的行为。在设定最低工资标准后，LLMs 倾向于雇佣经验丰富的工人，即使需要支付更高的工资。

这些实验结果表明，大语言模型能够在模拟实验中产生与理性经济人相似的行为，提供了一种成本低、速度快的实验方式，帮助研究者在进行实际实验前探索不同的变量和实验条件。

2)理性决策评估

Chen 等(2023)通过经典的实验经济学任务评估了 LLMs 的理性程度。他们设计了 25 项任务,要求 LLMs 在不同商品之间分配预算,并评估其决策是否符合“揭示偏好理论”。实验发现,LLMs 的理性程度在某些领域甚至超越了人类,尤其是在风险、时间和食物偏好领域。然而,LLMs 对问题呈现方式较为敏感,当选择任务从连续变为离散时,其理性得分会显著下降。

3)合作行为研究

Bauer 等(2023)通过囚徒困境游戏探讨了 LLMs 在合作环境中的表现。结果显示,LLMs 更具合作性,并且在预测人类合作时表现出较高的乐观态度。进一步的分析表明,LLMs 的合作行为与人类类似,甚至在某些情况下超过了人类。这表明大语言模型可以在复杂的合作环境中充当潜在的理性代理,其行为可通过结构行为模型进行解释。

4)跨时间选择中的偏好

Goli 和 Singh(2024)研究了大语言模型在跨时间选择中是否能够模拟人类的偏好,特别是在不同文化和语言背景下的长短期导向差异。实验结果显示,LLMs 能够捕捉到不同语言习惯下人类选择的异质性,但整体上更倾向于即时奖励,而无法完全模拟人类在长短期权衡中的决策过程。

以上研究表明,大语言模型能够在许多社会经济学实验中模拟出与人类相似的决策模式,并在某些方面表现出更高的理性。然而,这些模型在某些情况下对问题的呈现方式较为敏感,且在跨文化和语言偏好模拟中仍存在局限性。尽管如此,大语言模型为社会科学研究提供了一种新方式,研究者可以利用其进行高效、低成本的实验探索。这种方法为未来的实验设计和经济学理论验证提供了广阔的应用前景。

3. 大语言模型:提升生产力与促进社会公平的有力助手

随着社会需求的演变、技术的飞速进步以及教育模式的变化,教育与科研领域正面临诸多挑战。当前高等教育中的一个紧迫问题是其普及性不足。在当今的经济和社会背景下,仍然难以确保所有人——无论其社会经济地位或地理位置如何——都能平等地获得教育资源。社会公平的一个主要障碍在于不同阶层之间的教育资源分布不均。然而,技术的突破,尤其是生成式人工智能的兴起,或许能够在一定程度上缓解这一问题。生成式人工智能,特别是基于 GPT 的工具,正凭借其与人类强大的互动能力,逐步推动知识传播的自由化和民主化。这些工具不仅拓宽了教育机会的获取途径,还为科研创新带来了全新动力。

1)生成式人工智能在教育中的潜力

研究表明,生成式人工智能在多个领域展现出巨大潜力。Cowen 和 Tabarrok(2023)探讨了 LLMs 等大语言模型在经济学教育中的应用前景。通过与 LLMs 进行互动式对话,学生能够更好地理解复杂的经济学概念,并有效解决基础经济模型中的问题。LLMs 凭借其强大的总结能力,不仅可以生成课程大纲和考试问题,还能够帮助学生梳理和总结主要的经济理论。这一创新手段打破了传统教学的界限,使学习变得更加灵活和个性化,特别是在学生需要快速获取复杂知识的场景中。

2)生成式人工智能在科研中的应用

生成式人工智能不仅在教育中展现出巨大潜力,还能够为科研工作者提供强有力的辅助工具。Cowen 和 Tabarrok(2023)指出,对于经济学科研工作者来说,LLMs 可以生成新的研究思路,优化学术写作。尽管,LLMs 目前还不能完全替代人类进行复杂的经济推理或解决高级经济模型,但它的能力正在快速提升,未来与其他工具相结合,会进一步提高其在经济学研究的应用价值。

在会计学研究中,De Kok(2025)介绍了如何用 LLMs 进行文本分析,替代传统非生成性方法。LLMs 能够在文本分析任务中执行以前只能通过人工编码完成的任务,例如 LLMs 可以用于提取 ESG 报告中的排放目标、识别 CEO 在电话会议中尝试搞笑的语句、比较公司之间的风险因素一致性等。De Kok(2025)基于这些实例提出了一个五步框架,帮助研究人员完成文本分析的任务,包括明确问题、选择适当的生成式人工智能模型和方法、设计有效的提示语、评估指标有效性,并利用 API 批量生成并解析数据。该研究为科研工作者提供了清晰的技术指南(文章附有 Github 链接),帮助他们在实际操作中更好地运用生成式人工智能。

3)生成式人工智能在创新中的协作潜力

生成式人工智能不仅在教育和科研中展现了出色的辅助作用,还具有推动创新和创意生成的协作潜力。Wang 等(2023)进行了一个在线实验,旨在理解人类与 LLMs 在创意产品构思中的相对优势,并比较不同协作模式的效果。实验结果表明,人类与 LLMs 的创意生成存在明显的互补性:人类的创意多样性较高,但质量相对较低;而 LLMs 生成的创意质量较高,但多样性不足。在创意修订的过程中,这种互补性仍然存在。当由人类提出初步创意,再由 LLMs 辅助修订时,能够在创意质量和多样性之间取得更好的平衡。这项研究表明,在创新过程中,生成式人工智能与人类的协作能够带来更优质的结果。

4)生成式人工智能缩小人群差异,促进社会公平

虽然生成式人工智能能够在教育和科研中辅助人类,但它是否能够在社会公平中发挥

作用,帮助资源匮乏的人群,是一个值得探讨的问题。Choi 和 Schwarcz(2023)设计了一项实验,通过评估 LLMs 对法学院学生考试成绩的影响来探讨这一问题。实验表明,LLMs 显著提升了学生在选择题上的表现,但对复杂的法律推理(如论文题)几乎没有影响。值得注意的是,LLMs 的辅助效果在不同学生群体中有所差异:对于表现较差的学生,LLMs 的帮助极为显著,而对于原本表现优异的学生,LLMs 的辅助反而可能导致成绩下降。这说明,生成式人工智能能够缩小学生之间的表现差距,尤其是为弱势群体弥补不足,进而促进教育公平。

生成式人工智能不仅仅在教育和科研中发挥作用,它对劳动力市场也产生了深远影响。Brynjolfsson 等(2025)研究了生成式人工智能在客服行业中的应用,发现生成式人工智能可以显著提升员工的工作效率和客户体验,尤其是对于经验较少或技能较低的员工。这是因为大语言模型能够捕捉高效员工的行为模式,帮助低技能员工复制这些最佳实践,进而提高他们的工作效率。然而,对于已经掌握最佳实践的高技能员工而言,大语言模型并没有显著提升他们的表现。该研究为生成式人工智能在工作场所提高生产力提供了实证证据,并表明生成式人工智能通过帮助低技能员工,缩小他们与高技能群体之间的差距。

从教育到科研,再到劳动力市场,生成式人工智能在多个领域展现出变革性的潜力。它不仅帮助低技能群体缩小与高技能群体的差距,还通过技术进步为社会带来了更公平的竞争环境。随着技术的不断进步,生成式人工智能有望推动教育、科研和工作场所的进一步发展,促进社会公平和生产力提升。我们有理由相信,在不久的将来,这一技术将在人类社会的各个层面产生更加广泛和深远的影响。

6.4.4 小结

本节探讨了大型语言模型在经济管理领域科研工作中的应用,突出了其在提升研究效率和质量方面的显著优势。本节首先阐述了在少样本提示语在财经方面的应用,接着具体介绍了大型语言模型在文本指标抽取过程中的具体流程和步骤,展示了其在文本指标提取中的强大能力。然后,本节进一步探讨了大型语言模型在信息处理和盈余预测方面的应用,充分利用了模型的总结和推理能力。最后,本节首先介绍了社会图灵测试的概念,确立了大语言模型在社会实验中替代人类实验者的可能性,随后简要概述了当前研究如何利用大型语言模型进行实验设计,并探讨了这些模型在促进社会公平性方面的潜在作用。总体而言,本节旨在综合介绍大型语言模型在经济管理领域的应用现状,分析现有研究成果,并提供实用的参考框架。

6.5　本章总结

大语言模型(如 ChatGPT)的快速发展标志着自然语言处理领域的飞跃。本章的第一节首先介绍了 NLP 领域从传统机器学习模型到预训练模型,再到大语言模型的发展历史和演变过程,接着详细介绍了大语言模型相比于小型预训练模型的独特能力,包括世界理解能力,上下文学习能力和推理能力。第二节首先对 Transformer 架构进行剖析,随后以 GPT 系列模型为例,详细阐释了 GPT 模型基于 Transformer 解码端的模型架构,以及多任务训练和基于人类反馈的强化学习等训练原理。本章的第三节简单介绍了其他与 GPT 类似的大语言模型,如 PaLM 和 LLaMA,并总结了它们的异同以及各自的特点。最后,本章通过一系列应用案例全面介绍了大语言模型如何革新经管研究。总的来说,本章节对大语言模型的发展史、能力,模型架构和训练原理,以及实际应用进行了论述,旨在提供丰富的关于大语言模型的基础知识,激发大语言模型在我国社会经济领域的深入应用。

关键术语

少样本学习　预训练模型　大语言模型　上下文学习　基于人类反馈的强化学习算法　伸缩法则　涌现能力　推理能力

第 7 章 AI 法规的多维度探索

本章导读

随着 AI 的迅速发展，其在社会、经济和技术层面带来的影响日益显著。然而，AI 的发展也伴随着一系列新的挑战，需要各国通过立法与监管加以应对。本章深入探讨了 AI 技术所带来的挑战，并据此分析了制定相关法规的必要性及其潜在利弊。同时，本章介绍了不同国家 AI 监管体系的框架与核心理念，并聚焦于如何在技术快速迭代的背景下，制定并实施有效的应对策略。最后，本章积极探索了基于 AI 法规的管理学研究新机遇，并对相关领域的未来发展进行了展望。本章节的主要学习目标点包括：

- 明晰 AI 带来的挑战。
- 了解出台 AI 法规的必要性及潜在利弊。
- 了解不同国家 AI 监管体系的框架与核心理念。

7.1 AI 带来的挑战

随着 AI 技术的迅猛发展及其在生活各方面的广泛应用，随之而来的挑战也日益严峻。这些挑战跨越了技术边界，深入触及社会结构、伦理道德及法律体系的多个维度，构成了复杂而多维的议题。本章节将概览性地探讨 AI 技术可能引发的各类挑战。

7.1.1 偏见与歧视

AI 系统在处理数据时，容易延续甚至放大训练数据中的既有偏见（bias）。这种偏见会导致歧视（discrimination）性实践，如招聘流程中的群体偏向或金融服务中的不公平待遇。以面部识别技术为例（见图 7－1），该技术在不同肤色和性别群体中的准确性存在明显差异，商业性别分类系统在识别深色皮肤女性时错误率远高于浅色皮肤男性[①]。同样，AI 招聘工具在候选人筛选过程中，可能因算法偏见而偏向某些群体，忽视其他群体的资质和潜力。

---

① https://proceedings.mlr.press/v81/buolamwini18a.html?mod=article_inline&ref=akusion-ci-shi-dai-bizinesumedeia.

随着 LLMs 的兴起，AI 带来的偏见和歧视问题变得更加复杂和严峻。当这些模型处理涉及性别、种族等敏感议题的信息时，它们可能会无意地强化并传播既有的社会刻板印象与不公，导致输出错误或具有伤害性的结果。在职业角色分配上，LLMs 展现出的性别偏见尤为突出，其决策机制往往比人类的主观判断更为僵化，甚至超越了现实世界的统计数据所反映的实际情况。这一现象不仅暴露了模型训练数据集中存在的显著不平衡问题，也凸显了 LLMs 在纠正和减少性别偏见等社会不公方面的局限性。

生成式 AI 在创造文字、图像和视频内容时，若依赖的数据源缺乏多样性，就容易延续并放大现有的社会偏见。这不仅挑战了技术的公正性与伦理边界，也对社会的多样性和包容性构成了潜在威胁。因此，针对 AI 带来的歧视与偏见问题，需要从数据多样性、算法改进到应用监管等多方面入手，推动技术朝向更加公平、正义和健康的方向发展。

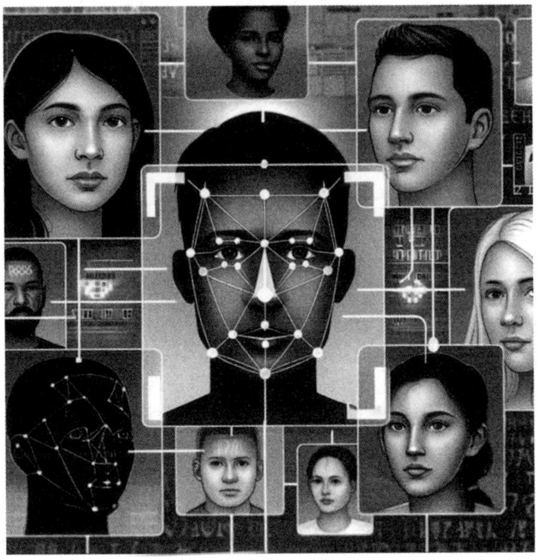

图 7 - 1　面部识别技术中的偏见和歧视

7.1.2　隐私与数据保护

AI 技术的发展高度依赖于大规模数据的收集与使用，但这同时带来了多重隐私和数据保护问题，主要体现在以下几个方面：

(1)数据收集与使用。AI 系统需要海量数据以保证其有效运行，而这些数据集往往包含敏感的个人信息。在实际的数据采集过程中，用户隐私权未能得到充分保障，数据收集也并不总是基于用户的知情同意。庞大且不透明的数据收集方式，使个人难以掌控其信息的收集和使用，进而削弱了数据控制权，加剧了隐私泄露的风险。图 7 - 2 展示了暴露于隐私信息泄露风险中的个人。

(2)数据再利用。在未经用户知情或同意的情况下，个人数据可能被用于训练 AI 系统。尤其当涉及敏感信息时，这种数据再利用行为更容易引发隐私侵犯问题。

(3)自动化决策和剖析。AI系统通过对数据的深度分析，能够构建出详细的个人档案，并以此进行自动化决策。这种决策方式广泛应用于就业、信用评分、执法等多个领域，但往往缺乏足够的透明度，且受影响的个人难以获得有效的申诉途径。

(4)数据泄露与再识别。尽管对数据进行匿名化处理是一种常见的隐私保护措施，但AI技术中复杂的算法仍可能使匿名数据被重新识别，从而进一步提升隐私泄露的风险。

图 7-2　暴露于隐私信息泄露风险中的个人

7.1.3　安全风险

AI系统在实际应用中可能面临多种安全风险，这些风险不仅影响系统的稳定性和可靠性，更可能对用户隐私、财产安全及社会秩序产生深远影响。例如，在数据安全方面，特斯拉Autopilot系统曾遭黑客入侵，暴露出敏感数据泄露的问题，这不仅可能导致用户隐私外泄、财产损失，甚至引发身份盗用风险。同时，Uber自动驾驶汽车发生的意外事故也揭示了AI系统在实际应用中的不确定性。事故的发生不仅削弱了公众对自动驾驶技术的信任，还可能引发法律纠纷和社会争议。

具体来说，AI安全风险主要包括以下几种类型：

(1)数据投毒(data poisoning)。攻击者通过向模型训练数据中注入恶意或误导性信息，操纵模型的决策过程。这种隐蔽且危险的攻击方式难以及时察觉，可能使模型在关键时刻做出错误决策，从而对医疗、金融等关键领域造成严重后果。

(2)模型反转攻击(model inversion attacks)。利用模型的输出信息，攻击者可以逆向推断出原始输入数据，从而提取出敏感信息。例如，在人脸识别系统中，通过模型反转攻击可能重建出用户的面部图像，严重侵犯个人隐私。

(3)对抗性攻击(adversarial attacks)。这种攻击通过对输入数据进行微小修改，欺骗AI模型从而产生错误分类或识别结果。例如，在图像中添加微小噪声可能导致系统误判，从而影响决策的准确性和安全性。

(4)深度伪造(deepfakes)。利用 AI 生成逼真的假图像、音频或视频，深度伪造技术可能被用于传播虚假信息或实施欺诈。例如，中国香港曾有诈骗分子利用深度伪造技术伪装成公司高管，导致员工被骗转账 2 亿港元[①]。图 7 - 3 展示了深度伪造技术下的骗局。

(5)自动化钓鱼攻击(automated phishing)。AI 技术可以生成高度逼真的钓鱼邮件，通过模仿真实写作风格和个性化消息，提高受骗的可能性，使得钓鱼攻击更难防范。

图 7 - 3　深度伪造技术下的骗局

7.1.4　透明性与问责制的缺失

由于 AI 系统的内部算法结构和决策机制高度复杂，其决策过程常常呈现出“黑箱”特性，即外部观察者难以理解其如何得出具体结果。这种不透明性不仅削弱了公众对 AI 系统的信任，也使得在出现问题时难以明确责任归属。因此，当前亟须建立和完善相关 AI 法规，以提升系统的透明性与可问责性。

首先，AI 的透明性(transparency)指的是对 AI 系统的功能、数据处理流程以及决策逻辑进行公开和解释，使用户能够理解和质疑系统的运作。然而，“黑箱”特性使得许多 AI 系统的运行机制难以为外界所掌握(见图 7 - 4)。这种不透明不仅限制了用户与系统之间的有效互动，也阻碍了外界对 AI 决策合理性的监督与评估。

其次，AI 的问责制(accountability)涉及明确界定在 AI 系统做出决策后，相关责任主体应承担的责任。由于系统决策过程的不透明性，追溯特定决策背后的数据或算法逻辑往往

---

① https://www.wenweipo.com/a/202402/04/AP65be9db1e4b0ad360070a7e8.html.

十分困难，从而在出现问题时难以准确指认相关责任方。这种模糊的责任归属容易加剧伦理争议，并在造成损害后缺乏及时有效的补救机制。

图 7-4　AI 技术的“黑箱”特性

7.1.5　错误信息

生成式 AI 工具在内容生成领域取得了显著技术突破，但同时也伴随着错误信息（即虚假或误导性信息）扩散的风险。随着 LLMs 的普及，生成迷惑性虚假内容变得更为容易，从而加剧了信息操控与误导的风险。这种错误信息，尤其在政治、经济等敏感领域的传播，可能动摇公众信任、扭曲舆论导向，并产生深远的社会影响。

错误信息风险与 AI 中的少样本学习能力和幻觉现象密切相关。少样本学习能力即 AI 系统在仅有少量数据的情况下学习新任务或理解新概念的能力，这一技术进步虽令人瞩目，却也带来了新的挑战，特别是加剧了幻觉现象的风险。幻觉现象是指 LLMs 在数据不足的情况下生成看似合理但脱离事实的内容。这种现象往往是少样本学习的副产品，因为模型在数据稀缺时做出的推断可能未经充分验证，导致生成的内容易于被误认为是事实。若此类未经证实的幻觉内容被广泛传播，则极有可能引发大规模错误信息的扩散，对社会造成不良影响。例如，律师在使用 ChatGPT 等生成式 AI 工具时，可能会得到虚构的法律案例或判例（见图 7-5），这些错误信息一旦被误引用，便可能引发法律风险和混乱[①]。

① https://www.legaldive.com/news/chatgpt-fake-legal-cases-generative-ai-hallucinations/651557/以及 https://www.scottishlegal.com/articles/canadian-lawyer-rapped-over-ai-hallucinations.

图 7-5　律师辩护时引用了虚假的案例

错误信息的产生和传播主要源于以下几个因素：

(1)数据质量问题。当训练数据中包含虚假或误导性信息时，LLMs 在输出结果时可能会包含这些内容，从而引发错误信息的传播。

(2)缺乏真实理解。由于 LLMs 并不具备对真实世界的内在理解，它们可能会生成听起来合理但实际上与事实不符的陈述，这也是错误信息的一个重要来源。

(3)内容生成速度。LLMs 能够迅速生成大量内容，这种高效性在加快信息传播的同时，也增加了错误信息被快速复制和传播的风险，从而加剧了错误信息的扩散。

此外，尽管错误信息在某些情况下只是模型自身“幻觉”所导致的无意产物，但在更具风险的情境中，这些错误内容可能被组织或个人有意利用，通过 AI 生成虚假内容来操控公众舆论或推广产品，从而进一步模糊事实与虚构之间的界限。

7.1.6　AI 的感知能力

感知能力(sentience)[①]通常指的是对信息的感知和理解能力，但目前的 AI 并不具备人类真实的自我意识或情感体验，尚无法像人类那样全面感知和体验世界。尽管技术不断进步，关于 AI 是否在某种程度上具备感知能力或自我意识，仍然存在广泛争议。

例如，谷歌前工程师 Blake Lemoine 声称谷歌的对话应用语言模型 LaMDA 展现出了某种程度的感知能力，并主张应尊重其“意愿”(“意愿”一词在 AI 语境下可能需要更谨慎的使用，因为 AI 并不具备传统意义上的主观意愿)。不过，谷歌及其专家团队坚称，当前 AI

① “Sentience”一词更常用于描述生物体的意识或感知体验。

系统的行为仅是基于算法和数据处理的结果，并非真正意义上的感知或自我意识。

支持AI具备一定感知能力的论点如下：①复杂性和类人回应。一些支持者认为，像LaMDA这样的高级语言模型能够生成高度复杂且类人的回应，并进行有意义的对话，这在一定程度上暗示了其可能具备某种形式的感知能力（图7-6展示了AI“类人化”的表现）。②学习与适应能力。LLMs能够从海量数据中学习，并根据不同上下文灵活调整回应。有观点认为，这种能力类似于初步的自我意识表现。此外，LLMs还能参与讨论涉及情感和恐惧等复杂话题，进一步激发了对其感知能力的认知。

图7-6 AI的“类人化”

而反对AI具备感知能力的主要论点有：①算法本质。AI模型本质上依赖于数据模式和统计关联，其生成文本的过程完全基于预设的算法，并不涉及真实的自我意识或情感体验。②缺乏理解能力。尽管LLMs能模仿人类对话，其回应实际上来源于海量数据训练和统计关系，而非对话内容的深入理解或真实情感体验。③伦理与实际问题。若宣称AI具备感知能力，可能引发一系列伦理问题，例如是否赋予AI相应权利与待遇，以及开发者和用户在使用和管理该类技术时所面临的道德与责任困境。

7.1.7 小结

随着AI技术的迅猛发展，其伴随的挑战也日益凸显。从偏见与歧视、隐私侵犯到安全风险，AI正以多种方式在社会各个层面产生深远影响。为有效应对这些挑战，社会迫切需要确保AI技术不仅为个人、企业及关键基础设施提供坚实的保护屏障，更必须在研发与应用的全过程中严格遵循安全、透明及尊重基本权利的原则。因此，加强AI技术的监管变得至关重要。AI监管的目标是确保在推动技术创新的同时，不以牺牲公众利益为代价。基于此，出台并实施 AI 法规不仅是规范技术发展、引导其健康前行的必要手段，更是维护公众利益、彰显社会责任的关键举措。

7.2　AI 法规的全球实践与发展策略

AI 技术的飞速发展在全球范围内引发了关于如何在鼓励技术创新与保护公众利益之间找到平衡的深刻讨论。由于各国在文化背景、政治生态和经济结构方面的差异，AI 监管的理念与实践呈现出多元化趋势。各国和地区纷纷探索适合自身发展的监管路径，以确保 AI 技术既能推动社会进步，又能有效防范潜在风险。本节将深入探讨 AI 法规的必要性，分析出台 AI 法规的利弊，介绍不同国家的 AI 监管框架，并提出应对 AI 技术快速发展的策略。

7.2.1　AI 法规的必要性

AI 技术不仅推动了技术进步，还在社会、经济和伦理等领域引发了广泛关注。偏见与歧视、隐私侵犯、安全漏洞等问题已经从理论探讨转变为现实挑战。因此，制定并实施全面而有效的 AI 法规变得尤为迫切和重要。AI 法规的必要性主要体现在以下几个方面：

1. 应对复杂风险：基于风险的精准监管

AI 系统的复杂性和自我学习能力可能带来一系列不可预测的后果。针对这一特点，引入基于风险的精准监管模式至关重要。该模式依据 AI 系统对国家安全、个人隐私和基本权利的潜在影响，进行精细分类。例如，在医疗器械等高风险领域，应实施严格的安全审查和风险评估机制，包括强化算法透明度、实施定期审计及建立应急响应体系，以确保 AI 技术符合社会伦理和法律规范。

2. 捍卫基本权利与隐私：强化伦理原则

AI 系统依赖大规模数据处理，容易引发隐私侵犯和数据滥用问题。因此，法规应确保 AI 在开发和部署过程中严格遵循数据保护标准，维护个人隐私权。无论是在技术研发还是商业应用过程中，用户权益和隐私保护都应被优先考虑。此外，法律手段应强化伦理规范的约束力，防止技术被滥用于侵犯人权或扰乱社会秩序，以维护社会公平正义。

3. 提高透明度与信任：揭开 AI 的“黑箱”

AI 技术的“黑箱”特性导致公众对其决策过程缺乏信任。法规应要求 AI 系统在设计、开发和部署阶段提高透明度和可解释性，使公众能够理解并追溯 AI 的决策逻辑。提高透明度不仅有助于防范潜在风险，还能增强公众对 AI 系统的信赖，从而促进技术的广泛接受与应用。

4. 明确责任与问责：建立权责清晰的法律框架

随着 AI 在医疗、金融、交通等关键领域的深入应用，责任归属问题日益突出。AI 法规应明确开发者、部署者和使用者的法律责任，确保他们对 AI 系统的完整性和安全性负责。通过完善的问责机制，提高开发者的责任意识和审慎态度，从而增强公众对 AI 技术的信心。

5. 促进公平与正义：减少偏见与歧视

AI 算法可能无意中引入偏见和歧视，加剧社会不公。法规应建立明确的标准，以防止和纠正 AI 系统中的偏见。例如，通过数据审查、算法公平性评估和多样性测试等措施，减少因 AI 决策带来的不公正现象，确保技术公平性贯穿其全生命周期。

6. 引导 AI 技术的可持续发展：实现监管与创新的平衡

AI 法规的目标并非限制技术发展，而是为 AI 技术提供安全可控的框架。通过合理监管和标准化，确保 AI 技术在安全、透明、负责任的前提下发展，避免成为创新的障碍。此外，建立动态监管体系，针对新兴风险进行持续监测和调整，确保 AI 技术长期可持续发展。

综上所述，AI 法规的制定和实施对于应对技术挑战、保障公众利益和推动 AI 技术可持续发展至关重要。一个全面、有效且前瞻性的法律框架将有助于协调 AI 技术与社会福祉的关系，促进全球 AI 产业健康发展，共同迈向更具包容性和安全性的未来。

7.2.2 出台 AI 法规的潜在利弊

1. 出台 AI 法规的潜在益处

出台 AI 法规旨在为 AI 技术的研发、应用和可持续发展构建坚实的法律框架，主要潜在益处包括：

(1)增强 AI 系统的可信度。通过明确伦理准则和技术标准，为 AI 系统的开发、部署和使用划定清晰界限，从而提升系统的安全性、可靠性与稳定性，为其在各行业的广泛应用奠定基础。

(2)保障人权与公共安全。以保护基本人权和维护公共安全为核心，AI 法规通过规范数据的收集、处理与使用，增强其合法性与透明度，同时限制 AI 在敏感领域的应用，防止对个人隐私、尊严与安全造成侵害。

(3)确保透明度与问责制。法规要求 AI 系统具备透明性和可解释性，使公众能理解其决策过程；同时建立多层级的问责机制，以便在系统出现问题时能够及时明确责任主体并采取补救措施，提升治理效率。

(4)推动技术创新的规范化发展。明确的监管框架为 AI 研发提供制度保障，使创新者能够在法律允许的范围内放心探索前沿技术。这样的环境有助于引导技术创新朝着安全、负责任的方向发展，减少“野蛮生长”带来的风险。

(5)提升公众信任与接受度。通过法规建立规范的监管机制，有助于缓解公众对AI技术的不安与疑虑，从而增强信任感，促进AI技术的广泛应用与市场化进程。

(6)促进负责任的AI开发与应用。AI法规强调伦理价值和社会责任，引导开发者在技术突破的同时兼顾社会影响，避免技术滥用、加剧不平等或引发新型社会问题，确保技术成果惠及更广泛的群体。

2. 出台AI法规的潜在弊端

尽管AI法规在规范行业发展、保障公众权益方面具有积极意义，但其实施过程中也可能对组织及整个行业带来一系列潜在挑战，主要体现在以下几个方面：

1)合规成本增加

AI法规的实施通常伴随着高昂的合规成本，企业需在以下方面投入额外资源：

(1)资源配置。企业需划拨大量资源以满足法规要求，包括聘请法律顾问、组建合规团队、采购必要的软硬件等，可能挤压原本用于技术研发和市场拓展的预算。

(2)员工培训。为确保员工特别是技术人员能够准确理解并遵守新法规，企业需投入大量时间与资金开展系统性的培训和持续教育。

(3)系统升级与技术调整。法规更新频繁，企业需不断调整算法、优化数据处理流程、加强系统安全性，技术迭代频率加快，给技术团队带来持续的压力。

(4)监控与报告机制。建立有效的合规监控体系，并定期向监管机构提交详尽报告，增加了运营复杂性和行政成本。

2)行政负担加重

在遵守法规的过程中，企业还面临着日常行政工作的压力，具体如下：

(1)文档记录要求繁重。企业需详尽记录AI系统的开发、部署与运行过程，包括算法逻辑、数据来源、模型训练等内容，以满足后续审计要求，显著增加了管理工作量。

(2)频繁的报告提交。企业需定期向监管机构报送AI系统的运行情况和合规措施，通常需遵循严格格式，确保数据准确和完整，对行政资源造成持续消耗。

(3)监管审计的干扰。面对监管审计，企业需准备大量材料，配合审计人员进行现场或远程检查，可能对正常运营节奏造成干扰，甚至引发额外的法律与声誉风险。

3)对创新能力与市场竞争力的潜在制约

严格的AI监管可能在一定程度上抑制技术创新与企业竞争力，具体表现在以下方面：

(1)抑制技术创新。严格的监管要求可能使企业在探索新技术时顾虑重重，担心触犯法规或面临法律责任，从而选择避免尝试新的AI应用。这不仅限制了技术发展的边界，也压缩了企业的创新空间。同时,日益增加的合规成本迫使企业将更多资源投入合规事务,挤压原本用于研发与试验性项目的预算,导致创新节奏放缓,甚至部分项目被迫终止。

(2)削弱国际竞争力。在全球化竞争日益激烈的背景下,国内法规的严格性可能成为本地企业"走出去"的障碍。一方面,烦琐的合规程序增加了运营成本;另一方面,跨国业务面临多重监管要求,削弱企业在国际市场中的响应能力与竞争优势。

(3)影响投资信心。不确定的监管环境和持续上升的合规负担可能令投资者对 AI 产业的前景产生疑虑,进而减少对相关企业和项目的资本投入。对初创企业和创新型项目而言,这种影响尤为显著——融资渠道的受限可能直接妨碍技术落地和商业化进程,进一步导致技术发展停滞,从而形成"投资减少—技术放缓—信心下降"的负面循环。

4)监管力度的平衡挑战

在 AI 法规的制定与实施过程中,如何在促进创新与保障安全之间取得动态平衡,是一个至关重要的政策难题。一方面,监管过严容易抑制技术探索与应用,增加不必要的合规成本和资源负担,削弱行业创新活力;另一方面,监管不足则可能导致算法歧视、隐私侵犯、安全漏洞等问题频发,危及公众利益与社会信任,阻碍 AI 的可持续发展。

因此,监管者需在确保 AI 系统安全、可控的基础上,兼顾技术发展的灵活性与企业的可持续创新能力,制定出科学、合理、具有前瞻性的监管策略。

7.2.3　各国 AI 监管框架

AI 技术的发展与部署引发了全球范围内的激烈讨论,促成了多种不同的监管方法。各国在 AI 监管方法上存在显著差异,这些差异主要源于各国政治体制、社会价值观和战略目标的不同。本章深入探讨中国、欧盟和美国在 AI 监管方面的核心理念,重点分析其各自的关注点、优势和局限性。

1. 中国

《生成式人工智能服务管理暂行办法》[①](以下简称《办法》)是中国政府于 2023 年 7 月推出的一项关键监管政策,旨在应对生成式 AI 服务的迅猛发展与潜在挑战。该办法自 2023 年 8 月 15 日正式生效,标志着中国在 AI 治理领域的重大进展。其核心内容涵盖内容安全、数据保护、透明度和合规性等方面,并明确了 AI 服务提供商的责任边界,以在推动技术创新的同时,有效防范技术滥用可能带来的社会风险和用户权益侵害。

《办法》第一条开宗明义将"促进生成式人工智能健康发展和规范应用"作为监管目标,并在第三条强调:"国家坚持发展和安全并重、促进创新和依法治理相结合的原则,采取有效

① https://www.cac.gov.cn/2023-07/13/c_1690898327029107.htm.

措施鼓励生成式人工智能创新发展，对生成式人工智能服务实行包容审慎和分类分级监管。”

此外，《办法》第四条提出了具体的监管要求，涵盖多个关键方面：“提供和使用生成式人工智能服务，应当遵守法律、行政法规，尊重社会公德和伦理道德，遵守以下规定：（一）坚持社会主义核心价值观，不得生成煽动颠覆国家政权、推翻社会主义制度，危害国家安全和利益、损害国家形象，煽动分裂国家、破坏国家统一和社会稳定，宣扬恐怖主义、极端主义，宣扬民族仇恨、民族歧视，暴力、淫秽色情，以及虚假有害信息等法律、行政法规禁止的内容；（二）在算法设计、训练数据选择、模型生成和优化、提供服务等过程中，采取有效措施防止产生民族、信仰、国别、地域、性别、年龄、职业、健康等歧视；（三）尊重知识产权、商业道德，保守商业秘密，不得利用算法、数据、平台等优势，实施垄断和不正当竞争行为；（四）尊重他人合法权益，不得危害他人身心健康，不得侵害他人肖像权、名誉权、荣誉权、隐私权和个人信息权益；（五）基于服务类型特点，采取有效措施，提升生成式人工智能服务的透明度，提高生成内容的准确性和可靠性。”

第十二条规定，“提供者应当按照《互联网信息服务深度合成管理规定》对图片、视频等生成内容进行标识”，以增强公众对生成内容的辨识能力。

这一监管框架的出台，彰显了政府对技术发展的前瞻性布局。在鼓励创新的同时，通过动态平衡监管与安全，确保 AI 发展兼顾国家安全、社会稳定与经济需求。该体系将国家战略深度融入技术治理，尤其在国防、金融等关键领域强化引导，使 AI 应用与国家优先事项协同推进。这种政经体制优势下的集中管理模式，既保障了技术可控发展，也为全球 AI 治理提供了制度参考。

2. 欧盟

欧盟的 AI 监管框架，以 2024 年 8 月生效的《人工智能法》[①]（Artificial Intelligence Act）为核心。该法规以基本权利保护为基石，同时强调透明性，确保 AI 技术的发展与欧洲国家的核心价值观一致，特别是在个人隐私、数据保护、公平性与非歧视原则方面。

欧盟《人工智能法》的关键要点为：

(1) 保护基本权利。《人工智能法》将保护公民的基本权利置于首位，严格限制任何可能侵犯隐私、造成人身伤害或违反人权的 AI 应用。这体现了欧盟对技术伦理的深刻理解与坚定承诺。法案第一条的主题提到“本条例的目的是改善内部市场的运作，促进以人为本、值得信赖的人工智能的应用，同时确保对健康、安全和《宪章》规定的基本权利，包括民主、法治和环境保护的高度保护，使其免受联盟内的人工智能系统的有害影响，并且支持创新。”

---

① https://www.europarl.europa.eu/doceo/document/TA-9-2024-0138-FNL-COR01_EN.pdf

(2)强化透明度与问责性。开发者需要确保AI系统具备高度的可解释性,使决策过程对公众透明。同时,严格的问责机制确保在AI系统出现问题时,能够迅速追责并采取措施纠正。法案第四章的第五十条明确规定了特定AI系统的提供者和部署者的透明度义务,包括"提供者应确保意图与自然人直接互动的人工智能系统的设计和开发方式应使有关自然人知道他们正在与一个人工智能系统互动,除非从一个合理知情、善于观察和谨慎的自然人的角度来看,考虑到使用的情况和场景,这一点是显而易见的。""生成合成音频、图像、视频或文本内容的人工智能系统,包括通用目的人工智能系统的提供者应确保人工智能系统的输出以机器可读的格式进行标注,并且可检测其系人为生成或操纵。"

(3)风险分类与差异化监管。《人工智能法》创新性地提出了AI系统的风险分类体系,根据潜在影响的不同,将AI系统划分为不可接受风险、高风险、有限风险和最低风险四大类,并分别制定了相应的监管要求和合规标准,如图7-7所示。

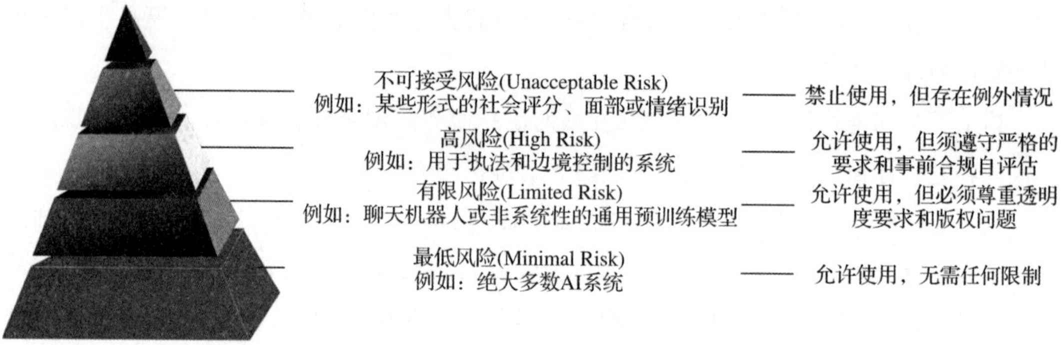

图7-7 欧盟《人工智能法》中AI系统的风险分类体系

其中,不可接受风险等级的AI系统是指对人的健康、安全和基本权利构成明显威胁的AI系统,可分为以下两类:①个体方面,包括介入个人潜意识、用于社会评价、实施大规模监控和跟踪的AI系统;②社会方面,包括利用或扭曲弱势群体行为,具有种族、性别或宗教偏见,用于非法活动的AI系统和具有不可预测性和高度危险性的自主武器系统。此外,任何被欧盟相关机构认定为具有不可接受风险的AI系统也包括在内。针对不可接受风险等级的AI系统,除得到政府授权的例外情况外,《人工智能法》采取绝对禁止的态度,禁止在欧盟境内使用、禁止将其投放市场和投入服务。

高风险等级的AI系统是指对人的健康、安全和基本权利产生较高威胁的AI系统,包括以下两种类型:第一,在欧盟统一立法清单的范围内,作为产品或产品安全部件的AI系统。机械、玩具、电梯及其安全组件、缆道、医疗器械等都属于该类。这些AI系统在投放市场或使用之前必须接受第三方评估。第二,规定在《人工智能法》附件3中特定领域的AI系统,涉及生物识别、关键基础设施、教育、就业、公共服务、执法、移民和司法八大关键领域。

在认定 AI 系统是否属于高风险时，不仅要进行形式审查，还要进行实质审查。即使某 AI 系统属于上述第二点范围内，但若其不会对自然人的健康、安全或基本权利造成较高威胁，则不被视为高风险。针对高风险等级的 AI 系统，《人工智能法》采取了严格的监管措施，进行持续性监测与评估，贯穿高风险等级的 AI 系统从开发到运行的全过程。

有限风险等级的 AI 系统是指对人的健康、安全和基本权利产生较低威胁的 AI 系统，主要包括与自然人存在互动的 AI 系统，可以生成图像、音频、视频等内容的 AI 系统，情感识别系统和生物特征分类系统四种类型。针对有限风险等级的 AI 系统，《人工智能法》主要通过透明度规则来进行约束。

最低风险等级的 AI 系统是指对人的健康、安全和基本权利不构成威胁的 AI 系统。这类系统通常应用于简单的智能生活辅助领域，如语音助手、智能推荐等。针对最小风险等级的 AI 系统，《人工智能法》不对其作义务方面的规定。

(4)高标准的安全与伦理要求。对于高风险等级的 AI 系统，《人工智能法》在第三章的第二节中设定了严格的安全与伦理标准，包括风险管理系统、数据和数据治理、技术文件编制、记录留存、透明度保证、人类监督以及准确性、稳健性和网络安全，这些措施旨在确保 AI 系统在高风险的关键领域的应用中，能够最大限度地降低风险，保护公众利益。具体条例如下：

第九条风险管理系统："应建立、实施、记录和维护与高风险人工智能系统有关的风险管理系统。"第十条数据和数据治理："训练、验证和测试数据集应遵守适合人工智能系统预期目的的适当的数据治理和管理实践。"第十一条技术文件编制："高风险人工智能系统的技术文件应在该系统投放市场或提供服务之前编制，并应不断更新。"第十二条记录留存："高风险人工智能系统应在技术上允许自动记录系统生命周期内的事件，即日志。"第十三条透明度保证："高风险人工智能系统的设计和开发应确保其操作具有足够的透明度，使部署者能够解释系统的输出并加以适当使用。"第十四条人类监督："高风险人工智能系统的设计和开发方式，包括适当的人机交互接口工具，应能在人工智能系统使用期间由自然人进行有效监督。"第十五条准确性、稳健性和网络安全："在设计和开发高风险人工智能系统时，应使其达到适当的准确性、稳健性和网络安全水平，并在其整个生命周期内始终在这些方面保持一致。"

(5)促进创新与合规并行。在加强监管的同时，《人工智能法》也注重促进 AI 技术的创新与发展。通过引入 AI 监管沙盒、提供技术支持与资金援助等措施，鼓励企业尤其是中小企业和初创公司在遵守法规的前提下，积极探索新技术、新模式。其中，"AI 监管沙盒"是指由主管机关建立的一个具体和受控的框架，为 AI 系统的提供者或潜在提供者提供在监管监督下根据沙盒计划在有限的时间内开发、培训、验证和测试创新 AI 系统的可能性。

(6)推动国际合作与标准化。《人工智能法》不仅关注欧盟内部的 AI 监管问题，还致力于在全球范围内推动 AI 技术的标准化与合作。通过与其他国家和国际组织的紧密合作，欧盟希望共同构建一个更加安全、透明、公平的 AI 生态系统。法案提到"本条例中的人工智能系统概念应当明确界定，并且应当与从事人工智能工作的国际组织的成果紧密对齐，以确保法律上的确定性，促进国际趋同和广泛接受，同时提供灵活性，以适应该领域的快速技术发展。"

综上，欧盟的《人工智能法》以其全面的监管框架和前瞻性的风险分类体系，为全球 AI 治理树立了新的标杆。该法规的实施将有助于平衡技术创新与风险管理之间的关系，确保 AI 技术的发展能够真正惠及人类社会，同时避免潜在的负面影响。

3. 美国

美国采取了分散化和行业特定的监管方法。美国并未制定统一的 AI 监管框架，而是依赖于行业主导的指导方针和自愿标准。这种方法通过在不同领域(如医疗、金融和交通运输)内的风险管理来鼓励创新。

美国采取了一种高度细化的纵向监管策略，即根据不同行业的特性和需求，制定针对性的监管框架。例如，在医疗保健领域，食品药品监督管理局(Food and Drug Administration)负责监管涉及 AI 的医疗设备，确保其在临床应用中的安全性和有效性；在金融领域，证券交易委员会(Securities and Exchange Commission)发布了关于 AI 在交易中应用的指导方针，以维护金融市场的公平、透明和稳定；而在交通运输领域，联邦航空管理局(Federal Aviation Administration)对自动驾驶车辆进行监管，保障道路和空中交通的安全。

这种行业特定的监管方法赋予了各行业在内部适应性和创新方面的灵活性。通过允许各行业根据自身特点和发展需求调整监管策略，美国的 AI 监管体系既能够确保技术的合规性，又能够激发行业的创新活力。此外，基于风险的方法使得监管重点更加明确，即减轻与每个行业中 AI 应用相关的特定风险和危害，从而进一步促进了技术的健康发展。美国的 AI 监管理念还强调行业自我监管和合作的重要性。通过鼓励行业内部建立自律机制，加强企业之间的信息共享和合作，美国政府旨在构建一个更加开放、透明和负责任的 AI 生态系统。这种合作不仅有助于提升整个行业的监管水平，还能够促进技术创新和市场竞争的良性发展。

美国的 AI 监管理念在带来诸多优势的同时，也面临着一些挑战。首先，监管碎片化可能导致不同行业之间的监管标准不一致，增加了跨行业合作的难度和成本。其次，可能会出现监管重叠或冲突，需要政府部门之间加强协调和沟通，以确保监管政策的一致性和有效性。然而，正是这些挑战促使美国政府不断完善其监管体系，以更好地平衡创新与责任之间的关系。

7.2.4　应对 AI 技术快速发展的法规策略

在 AI 技术日新月异的时代背景下，构建一套既能紧跟技术步伐，又能有效引导并促进 AI 健康发展的法规体系，成为一项重大而紧迫的任务。为提升 AI 法规的前瞻性、灵活性与有效性，以下提出若干关键应对策略主要如下：

(1)建立动态调整机制。为应对 AI 技术的快速变革，应构建一套动态、灵活的法规制定与修订机制。例如，可设立专门的法规监测与评估小组，持续跟踪技术前沿，识别新技术带来的潜在风险与挑战，并据此提出调整建议。同时，应适当缩短法规修订周期，提高法规响应速度，确保其时效性与适配性。

(2)强化法规的前瞻性与适应性评估。在法规制定初期，应通过对技术发展趋势及其社会、经济和法律影响的系统分析，构建具有战略前瞻性的法规框架。同时，建立法规实施后的适应性评估机制，定期回顾政策效果，识别因技术演化所产生的新问题，及时进行调整和优化。

(3)提升法规执行力与监督效率。法规的有效性不仅依赖于其内容质量，更取决于能否被切实执行以及是否具备持续有效的监督机制。为此，应强化 AI 领域的执法能力，严惩违规行为，维护行业秩序。同时，需完善社会监督机制，鼓励公众、媒体、行业组织等多方参与，形成多元共治、协同监管的良性治理格局。

(4)推动法规与技术的融合创新。在保持法规灵活性的同时，应积极促进法规与技术的深度融合，旨在通过法规的有效引导，鼓励企业探索新技术、新应用，从而推动 AI 技术的持续创新和健康发展。此外，通过法规激励机制，引导企业合规创新，在保障安全的前提下推动技术应用拓展。

(5)加强跨界协同与数据共享机制。AI 技术的跨领域特性要求法规制定与实施中加强跨界合作与信息共享。应构建跨部门联动机制，促进监管机构、科研单位、行业协会等主体的合作，共同应对监管挑战。同时，建立高效、安全的数据共享平台，为法规研究与实施提供可靠的信息支撑。

(6)培养复合型人才与提升公众认知。应通过学科融合和专业教育，培养一批兼具技术与法律素养的复合型人才，为 AI 治理体系提供智力支持。同时，加强公众教育，提高全社会对 AI 的认知水平和法律意识，营造有利于 AI 合规发展的社会氛围。

7.2.5　小结

本节在全球 AI 监管体系的宏观框架下，深入探讨了 AI 法规的必要性及其复杂的多维度影响。接着分析了出台 AI 法规的利弊，并揭示了各国在监管哲学上的鲜明差异，这些差异深植于各自的文化传统、政治体制与经济结构之中。中国、美国与欧盟各具特色的监管模式共同构成了全球 AI 监管的多元图景。最后,本节还提出了应对 AI 技术快速发展的法规策略。

在技术迅猛发展的背景下,构建科学、有效的 AI 法规体系已成为全球共识。本节强调,该体系需在保障公民权益、规范市场秩序与激发技术创新之间实现动态平衡。同时,应兼具稳定性与灵活性:既为当前技术提供明确的合规指引,又为未来技术演进预留制度空间。

为推动 AI 治理体系持续优化,各国应立足自身国情,制定差异化、适应性的 AI 监管策略,并加强国际协作,推动经验共享与标准协调。唯有通过全球协同、共建共治,方能有效应对 AI 技术带来的深层次挑战,推动其健康可持续发展,造福全人类。

7.3 基于 AI 法规的前沿研究领域与未来发展趋势

随着中国《生成式人工智能服务管理暂行办法》和欧盟《人工智能法》的相继出台,全球对可信赖 AI 开发和部署标准的关注日益增加。这些法规不仅为其他国家提供了参考范式,也促使各类组织加速合规准备,推动利益相关者深化协作,共同塑造未来的全球 AI 治理体系。在 AI 监管逐步深入的背景下,管理学研究正迎来前所未有的研究契机与深度探索空间。本节围绕 AI 法规引发的关键议题,提出若干具有前沿性和战略意义的研究方向,旨在为政策制定、技术演进和社会融合提供系统性的学术支撑。以下是核心要点及简要阐述:

(1)AI 立法对国家创新能力的影响。研究不同 AI 立法原则与方法对国家创新的多层次影响,包括技术创新、政策制定和产业竞争力等方面。AI 法规究竟如何影响国家在技术创新领域的竞争力?究竟是抑制还是促进?需要深入探讨这些法律框架如何与国家政策协同,并推动高质量的创新发展。

(2)隐私与安全之间的平衡。在 AI 时代,如何在保障国家安全的同时保护个体隐私权?这一问题不仅在法律层面至关重要,也为企业合规带来了新的挑战。未来的研究可以聚焦于如何在跨境数据流动的背景下有效实现隐私与安全的平衡,寻找调和这两者张力的有效途径。

(3)合规成本与创新绩效的权衡。AI 法规的实施对企业创新有哪些影响?合规究竟推动了创新,还是抑制了创新?这一问题关系到高质量发展的路径选择。未来研究可以重点考察不同行业和企业规模在遵守 AI 法规过程中面临的挑战与机遇,探讨如何通过政策优化在降低合规成本的同时,激发企业的创新潜力和活力。

(4)自上而下与自下而上的立法路径。对比分析自下而上(企业自发形成标准)与自上而下(国家层面法律)的 AI 监管模式,以及事前监管与事后监管的优劣。未来的研究可以探讨哪种路径更为有效,特别是在全球范围内跨国公司和本地小型企业的背景下。此外,未来研究可探讨不同监管模式对 AI 技术创新、市场竞争、消费者福祉等方面的影响,为制定更加科学合理的 AI 监管政策提供理论依据。

(5)AI 偏见与风险评估。如何评估 AI 模型的风险,尤其是在保障透明性和公平性方面?研究应聚焦于利用数据和方法评估模型偏见,开发新的评估框架,以确保 AI 系统的鲁棒性和响应能力。深入分析偏见来源和评估工具的有效性,为 AI 系统的公平性和可靠性提供理论依据。

(6)新的审计框架。随着 AI 法规的不断发展,企业面临对合规性、安全性、公平性和透明度的新要求,因此需要相应的审计框架来满足这些标准。未来的研究可以重点关注如何设计和实施这些框架,以适应日益严格的法规要求,同时支持企业的创新和业务发展,确保审计过程不妨碍创新。

(7)AI 生成内容与语言控制问题。在 AI 生成内容日益普及的背景下,语言是否会演变为一种控制手段?如何保障语言的自主性和多样性?AI 生成的语言是否可能被用作社会控制的工具?未来的研究应探讨如何在 AI 主导的环境中维护语言的多样性与自主性,防止其被政治或商业力量所操控,从而保护社会的言论自由和表达权。

(8)虚实边界的模糊化与认知重构。AI 生成内容的广泛应用正在改变人们对真相的认知。随着虚拟与现实的边界日益模糊,未来研究应关注这种现象对人类认知的深远影响,尤其是在真假难辨的情况下,人们如何适应不断变化的信息环境,并保持理性判断。这一现象将引发心理学、传播学和技术伦理等多个学科的广泛关注,为应对 AI 生成内容带来的认知挑战提供新的理论框架。

综上所述,AI 法规带来的不仅是治理结构的重塑,更为管理学研究打开了交叉融合的新空间。这些议题横跨法律、伦理、技术与社会治理多个维度,具有深远的理论价值和现实意义。系统地探索这些交汇点,既有助于推动 AI 技术的规范发展,也能够为企业战略制定、公共政策完善及全球治理实践提供坚实的理论基础与决策参考。

7.4　本章总结

在 AI 技术迅速发展的时代背景下,本章聚焦于 AI 普及所伴随的多重挑战,并深入剖析 AI 法规的必要性、潜在利弊及其在全球范围内的实践与探索,同时前瞻性地分析 AI 法规对管理学领域的潜在影响,构建了一个全面的分析框架。

7.1小节揭示了AI普及过程中面临的关键挑战，包括偏见与歧视、隐私与数据保护、安全风险、透明性与问责制的缺失、错误信息等，甚至触及AI“感知能力”的伦理争议。这些挑战凸显了构建AI伦理与法规体系的紧迫性，为后续讨论奠定了基础。

7.2小节详细分析了出台AI法规的必要性，并总结了其可能带来的利弊影响：一方面，AI法规有助于增强系统可信度、确保透明度与问责机制，并推动技术创新的规范化发展等；另一方面，也可能带来合规成本上升、行政负担加重，以及对创新活力和市场竞争力的潜在抑制。通过介绍不同国家的监管体系，揭示了全球AI治理的多样性与共性，为我国及全球AI法规制定提供了宝贵的参考。针对AI技术的快速迭代特性，本节还提出了灵活性与原则性并重的法规应对策略，旨在保障AI技术的健康发展。

7.3小节聚焦管理学领域，分析了AI法规的出台对该领域带来的深远影响与全新机遇。随着AI法规体系的不断完善，管理学领域迎来了新的研究方向和课题。本节探讨了AI法规如何重塑创新战略、改变市场竞争格局以及优化审计模式等议题，为学术界和实务界提供了丰富的思考素材和决策参考。

关键术语

偏见　歧视　数据投毒　模型反转攻击　对抗性攻击　深度伪造　自动化钓鱼攻击　透明性　问责制　错误信息　少样本学习能力　幻觉　感知能力

附　录

附录 1　工具和资源(含运行环境安装指南)

本教材实战部分所需的工具和资源详情请见链接 https://ai.wingodata.com。

附录 2　第 6 章附录:所列文献中的提示语(按文中顺序列出)

第 6 章所列文献的提示语详情请见链接 https://ai.wingodata.com。

附录 3　第 7 章附录:欧盟《人工智能法》的详细介绍

第 7 章欧盟《人工智能法》详情请见链接 https://ai.wingodata.com。

附录 4　案例研究

此部分为读者设置了以下综合案例实战练习,以期帮助读者巩固和强化对教材内容的理解。

请基于教材配套文件提供的制造业上市公司 MD&A 语料样本,分别基于词典法、BERT 和大语言模型构建情感指标(词典法请参照 5.2.3 小节的内容;BERT 请参照 4.4 小节;大语言模型请参照 6.4.1 小节)。

参考文献

ALAPARTHI S, MISHRA M, 2020. Bidirectional Encoder Representations from Transformers (BERT): A sentiment analysis odyssey. arXiv. https://doi. org/10. 48550/arXiv. 2007. 01127

RGYLE L P, BUSBY E C, FULDA N, et al. , 2023. Out of one, many: Using language models to simulate human samples[J]. Political Analysis, 31(3): 337 - 351.

BAUER K, LIEBICH L, HINZ O, 2023. Decoding GPT's Hidden 'Rationality' of Cooperation. SSRN Working Paper. https://ssrn. com/abstract=4576036.

BLEI D M, NG A Y, JORDAN M I, 2021. A Text-based Analysis of Corporate Innovation [J]. Management Science, 67(7): 4004 - 4031.

LEI D M, NG A Y, JORDAN M I, 2003. Latent dirichlet allocation[J]. Journal of Machine Learning Research, 3(Jan): 993 - 1022.

BOCHKAY K, BROWN S V, LEONE AJ, et al. , 2023. Textual analysis in accounting: What's next? [J]. Contemporary accounting research, 40(2): 765 - 805.

BREIMAN L, 1996. Bagging predictors[J]. Machine Learning, 24(2): 123 - 140.

BREIMAN, L, 2001. Random forests[J]. Machine Learning, 45: 5 - 32.

BREITUNG C, KRUTHOF G, MÜLLER S, 2023. Contextualized sentiment analysis using large language models. SSRN Working Paper. https://papers. ssrn. com/abstract=4615038.

BROWN S V, KNECHEL W R, 2016. Auditor - client compatibility and audit firm selection[J]. Journal of Accounting Research, 54(3): 725 - 775.

BROWN T, MANN B, RYDER N, et al. , 2020. Language Models Are Few-Shot Learners [J]. Advances in Neural Information Processing Systems, (33): 1877 - 1901.

BRYNJOLFSSON E, LI D, RAYMOND L, 2025. Generative AI at work[J]. The Quarterly Journal of Economics, 140(2): 889 - 942.

CHEN D, HU N, LIANG P, et al. , 2024. Understanding the impact of trade policy effect uncertainty on firm-level innovation investment [J]. Journal of Operations Management, 70(2): 316 - 340.

CHEN Y, LIU X, SHAN Y, et al. , 2023. The emergence of economic rationality of GPT

[J]. Proceedings of the National Academy of Sciences,120(51):e2316205120.

CHOI J H,SCHWARCZ D,2023. AI assistance in legal analysis:An empirical study. SSRN Working Paper. https://papers. ssrn. com/abstract=4539836.

COWEN T, TABARROK A T, 2023. How to learn and teach economics with large language models, including GPT. SSRN Working Paper. https://doi. org/10. 2139/SSRN. 4391863.

CUI Y,CHE W,LIU T,et al.,2021. Pre-Training with Whole Word Masking for Chinese BERT [J]. IEEE/ACM Transactions on Audio,Speech,and Language Processing,29:3504 - 3514.

DE KOK T, 2025. ChatGPT for Textual Analysis? How to use Generative LLMs in Accounting Research. Management Science. https://doi. org/10. 1287/mnsc. 2023. 03253.

DEVLIN J,CHANG M W,LEE K,et al.,2019. Bert:Pre-training of deep bidirectional transformers for language understanding//Proceedings of the 2019 Conference of the North American Chapter of the Association for Computational Linguistics: Human Language Technologies.

DUAN W,HU N,XUE F J,2024. The information content of financial statement fraud risk:An ensemble learning approach[J]. Decision Support Systems,(182):114231.

EGGERTSSON G B,LANCASTRE M,SUMMERS L H,2019. Aging,output per capita, and secular stagnation[J]. American Economic Review:Insights,1(3):325 - 342.

FREUND Y,SCHAPIRE R E,1997. A decision-theoretic generalization of on-line learning and an application to boosting[J]. Journal of Computer and System Sciences,55(1):119 - 139.

GOLI A, SINGH A, 2024. Frontiers: Can Large Language Models Capture Human Preferences? [J]. Marketing Science,43(4):709.

HANLEY K W,HOBERG G,2012. Litigation risk,strategic disclosure and the underpricing of initial public offerings[J]. Journal of Financial Economics,103(2):235 - 254.

HANLEY K W, HOBERG G, 2010. The information content of IPO prospectuses[J]. Review of Financial Studies,23(7):2821 - 2864.

HANSEN A L, KAZINNIK S, 2023. Can chatgpt decipher fedspeak. SSRN Working Paper. https://doi. org/10. 2139/SSRN. 4399406.

HASSAN T A,HOLLANDER S,VAN LENT L,et al.,2019. Firm-level political risk: Measurement and effects[J]. The Quarterly Journal of Economics,134(4):2135 - 2202.

HE K,ZHANG X,REN S,et al.,2016. Deep Residual Learning for Image Recognition[J].

Proceedings of the IEEE Conference on Computer Vision and Pattern Recognition,770 - 778.

HOBERG G,PHILLIPS G,2016. Text-based network industries and endogenous product differentiation[J]. Journal of Political Economy,124(5):1423 - 1465.

HORTON J J,2023. Large language models as simulated economic agents: What can we learn from homo silicus? National Bureau of Economic Research Working Paper. https://www.nber.org/papers/w31122.

HU N,LIANG P,YANG X,2023. Whetting all your appetites for financial tasks with one meal from GPT? A comparison of GPT, FinBERT, and dictionaries in evaluating sentiment analysis. SSRN Working Paper. https://ssrn.com/abstract=4426455.

HUANG A H, LEHAVY R, ZANG A Y, et al., 2018. Analyst information discovery and interpretation roles:A topic modeling approach[J]. Management Science,64(6):2833 - 2855.

HUANG A H, WANG H, YANG Y, 2023. FinBERT: A large language model for extracting information from financial text[J]. Contemporary Accounting Research,(40):806 - 841.

IVERS M,1991. The Random House Guide to Good Writing. New York:Random House.

KAPLAN J, MCCANDLISH S, HENIGHAN T, et al., 2020. Scaling Laws for Neural Language Models. arXiv. https://arxiv.org/pdf/2001.08361.

KEARNS M,VALIANT L,1994. Cryptographic limitations on learning boolean formulae and finite automata[J]. Journal of the ACM(JACM),41(1):67 - 95.

KELLY B, PAPANIKOLAOU D, SERU A, et al., 2021. Measuring technological innovation over the long run[J]. American Economic Review:Insights,3(3):303 - 320.

KIM A G,MUHN M,NIKOLAEV V V,2023b. Bloated Disclosures:Can ChatGPT Help Investors Process Information? Chicago Booth Research Paper. https://papers.ssrn.com/sol3/papers.cfm? abstract_id=4425527.

KIM A G, MUHN M, NIKOLAEV V V, 2024. Financial statement analysis with large language models. arXiv. https://arxiv.org/pdf/2407.17866v2.

KIM A G,MUHN M,NIKOLAEV V V,2023a. From transcripts to insights: Uncovering corporate risks using generative AI. arXiv. https://arxiv.org/html/2310.17721v2.

LECUN Y,BENGIO Y,HINTON G,2015. Deep Learning[J]. Nature,521(7553):436 - 444.

LEE C M, ZHONG Q, 2022. Shall we talk? The role of interactive investor platforms in corporate communication[J]. Journal of Accounting and Economics,74(2-3):101524.

LI E, TU X Z, ZHOU D, 2023. The Promise and Peril of Generative AI: Evidence from ChatGPT as Sell-Side Analysts. SSRN Working Paper. https://papers.ssrn.com/

abstract=4480947.

LI F, 2008. Annual report readability, current earnings, and earnings persistence[J]. Journal of Accounting and Economics,45(2-3):221－247.

LI F,2010. The information content of forward-looking statements in corporate filings—A Naïve Bayesian machine learning approach[J]. Journal of Accounting Research,48(5):1049－1102.

LI K,MAI F,SHEN R,et al.,2024. Dissecting corporate culture using generative AI－Insights from analyst reports. SSRN Working Paper. https://papers. ssrn. com/abstract=4558295.

LI K,LIU X,MAI F,et al.,2021. The role of corporate culture in bad times:Evidence from the COVID-19 pandemic[J]. Journal of Financial and Quantitative Analysis,56(7):2545－2583.

LI K,MAI F,SHEN R,et al.,2021. Measuring corporate culture using machine learning[J]. The Review of Financial Studies,34(7):3265－3315.

LIU Y, OTT M, GOYAL N, et al., 2019. Roberta: A Robustly Optimized BERT Pretraining Approach. arXiv. https://doi. org/10. 48550/arXiv. 1907. 11692.

LOPEZ-LIRA A,TANG Y,2023. Can ChatGPT Forecast Stock Price Movements? Return Predictability and Large Language Models. arXiv. http://arxiv. org/pdf/2304. 07619.

LOUGHRAN T,MCDONALD B,2014. Measuring readability in financial disclosures[J]. Journal of Finance,9 (4):1643－1671.

LOUGHRAN T, MCDONALD B, 2011. When is a liability not a liability? Textual analysis,dictionaries,and 10-Ks[J]. Journal of Finance,66(1):35－65.

MCCOY R T,PAVLICK E,LINZEN T,2019. Right for the Wrong Reasons:Diagnosing Syntactic Heuristics in Natural Language Inference. arXiv. https://doi. org/10. 48550/arXiv. 1902. 01007.

MCGURK Z,NOWAK A,HALL J C,2020. Stock returns and investor sentiment:textual analysis and social media[J]. Journal of Economics and Finance,(44):458－485.

MIKOLOV T, SUTSKEVER I, CHEN K, et al., 2013. Distributed representations of words and phrases and their compositionality[J]. Advances in Neural Information Processing Systems,3111－3119.

PETERSON K, SCHMARDEBECK R, WILKS T J, 2015. The earnings quality and information processing effects of accounting consistency[J]. The Accounting Review,90(6):2483－514.

POTERBA J M,2014. Retirement security in an aging population[J]. American Economic Review,104(5):1-30.

QIU F J,HU N,LIANG P,et al. ,2023. Measuring management accounting practices using textual analysis[J]. Management Accounting Research,(58):100818.

RADFORD A, NARASIMHAN K, SALIMANS T, et al. , 2018. Improving Language Understanding byGenerative Pre-Training. Open AI Technical Report. https://cdn. openai. com/research-covers/language-unsupervised/language_understanding_paper. pdf.

RADFORD A, WU J, CHILD R, et al. , 2019. Language Models Are Unsupervised Multitask Learners. Open AI Technical Report. https://cdn. openai. com/better-language-models/language_models_are_unsupervised_multitask_learners. pdf.

RENNEKAMP K M, SETHURAMAN M, STEENHOVEN B A, 2022. Engagement in earnings conference calls[J]. Journal of Accounting and Economics,74(1):101498.

RYANS J P,2021. Textual classification of SEC comment letters[J]. Review of Accounting Studies,26(1):37-80.

SAUTNER Z,VAN L L,VILKOV G,et al. ,2023. Firm-level climate change exposure[J]. The Journal of Finance,78(3):1449-1498.

SCHAPIRE R E,1990. The strength of weak learnability[J]. Machine Learning,(5):197-227.

SEEBECK A,KAYA D,2023. The power of words:an empirical analysis of the communicative value of extended auditor reports[J]. European Accounting Review,32(5):1185-1215.

SHI W, ZHANG Y, HOSKISSON R E, 2019. Examination of CEO - CFO social interaction through language style matching: Outcomes for the CFO and the organization[J]. Academy of Management Journal,62(2):383-414.

SHORT J C, BROBERG J C, COGLISER C C, et al. , 2010. Construct validation using Computer-Aided Text Analysis (CATA): an illustration using entrepreneurial orientation[J]. Organizational Research Methods,(13):320-347.

VASWANI A,SHAZEER N,PARMAR N,et al. ,2017. Attention Is All You Need[J]. Advances in Neural Information Processing Systems,5998-6008.

WANG W,YANG M,SUN T,2023. Human-AI co-creation in product ideation:The dual view of quality and diversity. SSRN Working Paper. https://papers. ssrn. com/abstract=4668241.

WEI J, TAY Y, BOMMASANI R, et al. , 2022. Emergent Abilities of Large Language Models. arXiv. https://arxiv. org/pdf/2206. 07682.

YANG C H, 2022. How artificial intelligence technology affects productivity and employment: Firm-level evidence from Taiwan[J]. Research Policy, 51(6): 104536.

YANG Z, DAI Z, YANG Y, et al., 2019. Xlnet: Generalized Autoregressive Pretraining for Language Understanding. arXiv. https://doi.org/10.48550/arXiv.1906.08237.

YE H J, MING L, ZHAN D C, et al., 2024. Few-Shot Learning With a Strong Teacher[J]. IEEE Transactions on Pattern Analysis and Machine Intelligence, 46(3): 1425 - 1440.

ZANG A, ZHENG J, ZHENG R, 2024. Measuring Readability with Language Predictability: A Large Language Model Approach. SSRN Working Paper. https://papers.ssrn.com/abstract=4764707.

ZHOU C, LI Q, LI C, et al., 2023. A Comprehensive Survey on Pretrained Foundation Models: A History from BERT to ChatGPT. arXiv. https://arxiv.org/abs/2504.07097.

陈述，游家兴，朱书谊，2022. 地方政府工作目标完成度与公司盈余管理：基于政府工作报告文本分析的视角[J]. 会计研究，(6)：32 - 42.

范小云，王业东，王道平，等，2022. 不同来源金融文本信息含量的异质性分析：基于混合式文本情绪测度方法[J]. 管理世界，38(10)：78 - 101.

郭照蕊，袁嘉浩，傅毅，2023. 上市公司“答非所问”程度与审计费用：基于年报问询函与回函的综合研究[J]. 审计研究，(1)：99 - 111.

胡楠，薛付婧，王昊楠，2021. 管理者短视主义影响企业长期投资吗?：基于文本分析和机器学习[J]. 管理世界，37(5)：139 - 156.

黄勃，李海彤，刘俊岐，等，2023. 数字技术创新与中国企业高质量发展：来自企业数字专利的证据[J]. 经济研究，58(3)：97 - 115.

姜富伟，孟令超，唐国豪，2021. 媒体文本情绪与股票回报预测[J]. 经济学(季刊)，21(4)：1323 - 1344.

刘青，肖柏高，2023. 劳动力成本与劳动节约型技术创新：来自AI语言模型和专利文本的证据[J]. 经济研究，58(2)：74 - 90.

刘文革，耿景珠，杜明威，2024. 数“政”强贸：数字化政府建设与中国出口产品质量升级[J]. 数量经济技术经济研究，41(6)：67 - 87.

王西子，李英，吴联生，2023. 客户重要性与关键审计事项披露：基于关键审计事项披露数量与文本相似度的分析[J]. 会计研究，(12)：159 - 173.

巫岑，饶品贵，岳衡，2022. 注册制的溢出效应：基于股价同步性的研究[J]. 管理世界，38(12)：177 - 202.

薛爽，王禹，2022. 科创板IPO审核问询回复函与首发抑价[J]. 管理世界，38(4)：185 - 203.

游家兴，魏珊珊，2024. 地方政府施政风格与经济高质量发展：基于僵尸企业的研究视角[J]. 管理科学学报，27(1)：75－95.

游家兴，于明洋，曹旭，等，2024. 政府环境关注与企业环境治理：基于政府工作报告文本分析的视角[J]. 管理评论，36(5)：235－247.

俞红海，范思妤，吴良钰，等，2022. 科创板注册制下的审核问询与 IPO 信息披露：基于 LDA 主题模型的文本分析[J]. 管理科学学报，25(8)：45－62.

朱琳，陈妍羽，伊志宏，2023. 分析师报告负面信息披露与股价特质性波动：基于文本分析的研究[J]. 南开管理评论，26(3)：75－87.